C·H·Beck
PAPERBACK

D1942708

Stell dir vor, «Per Anhalter durch die Galaxis» wäre ein echter Reiseführer …

Eine unglaubliche Reise durch die Vergangenheit, Gegenwart und Zukunft des Universums – und das alles, ohne vom Sofa aufzustehen. Mit seinem lebhaften Gesprächsstil und einem Gespür für die neuesten Forschungstrends ist «Das Universum in deiner Hand» der perfekte Reiseführer für alle, die dunkle Energie nicht für einen neuen Schokoriegel halten und wissen wollen, warum Gott manchmal die Würfel dorthin wirft, wo sie nicht gesehen werden können, nämlich in ein schwarzes Loch. Ein Buch wie ein Pop-Song.

Christophe Galfard, ein Schüler von Stephen Hawking und der neue helle Stern am Himmel der Astrophysik, erklärt einige der wichtigsten und verblüffendsten Ideen unserer Zeit – Quantenmechanik, Relativität, Zeitreisen, parallele Realitäten und Multiversen – mit dem Versprechen, dass nur eine einzige Formel in diesem Buch vorkommt (Einsteins legendäres $E = mc^2$) und niemand auf der Strecke bleibt. Ein Buch, das aus Wissenschaft wieder eine spannende, unterhaltsame Geschichte macht – als würde Hollywood sie erzählen.

Dr. *Christophe Galfard*, geb. 1976, ist ein französischer Astrophysiker. Als Doktorand von Stephen Hawking hat er das sogenannte Informationsparadoxon schwarzer Löcher erforscht und gemeinsam mit ihm ein Jugendbuch verfasst.

CHRISTOPHE GALFARD

DAS UNIVERSUM IN DEINER HAND

Die unglaubliche Reise durch die Weiten von Raum und Zeit und zu den Dingen dahinter

Aus dem Englischen von Jens Hagestedt und Ursula Held

C.H.Beck

Titel der englischen Originalausgabe:
«The Universe in Your Hand. A Journey through Space, Time and Beyond»

Zuerst erschienen 2015 bei Macmillan, London.

Für Marius & Honoré

Dieses Buch erschien zuerst 2017 in
gebundener Form im Verlag C.H.Beck.
2. Auflage. 2018
3. Auflage. 2018
1. Auflage in C.H.Beck Paperback. 2019

2. Auflage in C.H.Beck Paperback. 2020

Für die deutsche Ausgabe:

www.chbeck.de
Umschlaggestaltung: Rothfos & Gabler, Hamburg
Umschlagabbildungen: © Shutterstock
Gesetzt aus der Apollo MT: Janß GmbH, Pfungstadt
Druck und Bindung: Druckerei C.H.Beck, Nördlingen
Printed in Germany
ISBN 978 3 406 73180 8

myclimate

klimaneutral produziert
www.chbeck.de/nachhaltig

Inhalt

Vorwort

Zwei Versprechen vorab.

Erstens: Das Buch enthält nur eine einzige Gleichung. Hier ist sie:

$\mathbf{E = mc^2}$

Zweitens: Das Buch wird niemanden überfordern.

Du stehst vor einer Reise durch das Universum nach dem heutigen Erkenntnisstand der Naturwissenschaft. Ich bin zutiefst davon überzeugt, dass das jeder verstehen kann.

Diese Reise beginnt sehr weit von deinem Zuhause entfernt, auf der anderen Seite der Welt.

Teil eins

Der Kosmos

I
Ein lautloser Knall

Stell dir vor, du befindest dich in einer warmen, wolkenlosen Sommernacht auf einer fernen Vulkaninsel. Das Meer um die Insel herum ist so unbewegt wie ein See. Nur flache Wellen laufen auf den weißen Sand. Kein Geräusch ist zu hören. Du liegst am Strand und hast die Augen geschlossen. Der knochentrockene, sonnenwarme Sand heizt die mit süßen, exotischen Düften gesättigte Luft auf. Alles ist friedlich.

Plötzlich ein gellender Schrei in der Ferne. Du springst auf und starrst in die Dunkelheit.

Nichts. Was immer da aufschrie, ist jetzt still. Es gibt keinen Grund, sich zu fürchten. Vielleicht ist diese Insel für manche Geschöpfe gefährlich; für dich ist sie es nicht. Schließlich bist du ein Mensch, ein Individuum der mächtigsten Raubtierart. Nicht mehr lange, dann kommen deine Freunde, um dir bei einem Drink Gesellschaft zu leisten. Du bist im Urlaub, und so legst du dich wieder in den Sand, um dich Gedanken zuzuwenden, die deiner Spezies würdig sind.

Zahllose winzige Lichter flimmern am unermesslichen Nachthimmel: Sterne. Überall Sterne. Du kannst sie mit bloßem Auge erkennen. Und dir fallen Fragen aus deiner Kindheit ein: Was hat es auf sich mit diesen Sternen? Warum flimmern sie? Wie weit sind sie entfernt? Aber dann fragst du dich: Werden wir das jemals wissen? Achselzuckend entspannst du dich und schiebst die dummen Fragen beiseite. Du denkst: Warum sollte uns das interessieren?

Eine kleine Sternschnuppe streicht sanft über den Himmel, und gerade als du dir etwas wünschen möchtest, geschieht etwas höchst Ungewöhnliches: Wie um deine letzte Frage zu beantworten, sind im Nu fünf Milliarden Jahre vergangen. Du liegst nicht mehr an einem Strand, sondern gleitest im Weltall durch die Leere. Du kannst sehen, hören und fühlen, aber dein Körper ist verschwunden. Du bist ätherisch. Reiner Geist. Und du hast nicht einmal Zeit, dich zu fragen, was gerade geschehen ist, oder um Hilfe zu rufen, denn du befindest dich in der befremdlichsten Situation, die du dir vorstellen kannst.

Vor dir, ein paar hunderttausend Kilometer entfernt, schwebt vor einem Hintergrund aus kleinen, noch weiter entfernten Sternen ein kugelförmiges Gebilde. Es leuchtet dunkel orangefarben und kommt, sich drehend, auf dich zu. Du erkennst schnell, dass seine Oberfläche von geschmolzenen Gesteinsmassen bedeckt ist und dass es sich um einen Planeten handelt. Um einen geschmolzenen Planeten!

Du bist geschockt, und eine Frage kommt dir in den Sinn: Welche monströse Wärmequelle konnte ihn schmelzen?

Aber dann taucht rechts von dir ein gewaltiger Stern auf. Seine Größe ist, verglichen mit der des Planeten, einfach erstaunlich. Auch er dreht sich und fliegt durchs All. Und er scheint größer zu werden.

Obwohl er viel näher ist, wirkt der Planet jetzt wie die kleine orangefarbene Murmel eines Kindes neben einer gigantischen Kugel, die in erstaunlichem Tempo weiterwächst: Sie ist jetzt schon doppelt so groß wie vor einer Minute. Sie hat eine rote Färbung angenommen und spuckt wütend ellenlange Fäden von eine Million Grad heißem Plasma aus, die anscheinend fast mit Lichtgeschwindigkeit durchs All schießen.

Alles, was du siehst, ist von einer monströsen Schönheit. Du erlebst ja auch eines der gewaltigsten Ereignisse, die das Universum zu bieten hat. Und doch ist nichts zu hören. Alles ist still, denn Geräusche verbreiten sich nicht im luftleeren Raum des Weltalls.

Sicher, denkst du, wird der Stern nicht in diesem Tempo weiterwachsen. Und doch, er tut's! Er hat jetzt eine Größe, die du dir nicht hättest vorstellen können, und der geschmolzene Planet, zerstört von Energien, denen er nicht standhalten konnte, zergeht in

Nichts. Der Stern nimmt davon nicht einmal Notiz. Er wächst weiter, bis zum Hundertfachen seiner ursprünglichen Größe, und explodiert dann plötzlich, wobei er die ganze Materie, aus der er bestand, ins Weltall feuert.

Eine Schockwelle geht durch deine geisterhafte Gestalt, dann ist der Stern zu Staub geworden, der in alle Richtungen geblasen wird. Der Stern existiert nicht mehr. Er hat sich in eine eindrucksvolle farbenprächtige Wolke verwandelt, die sich jetzt in einer Geschwindigkeit, die Göttern Ehre machen würde, in die interstellare Leere hinein verteilt.

Langsam kommst du wieder zu Sinnen, und du begreifst, was gerade geschehen ist. Eine furchtbare Wahrheit ergreift von dir Besitz: Der Stern, der da gestorben ist, war kein x-beliebiger. Es war die Sonne. Unsere Sonne. Und der geschmolzene Planet, der in ihrer gleißenden Helle verschwand, war die Erde.

Unser Planet. Deine Heimat. Weg!

Du hast das Ende unserer Welt miterlebt. Kein spekulatives Ende, keine weithergeholte, angeblich auf die Mayas zurückgehende Phantasie. Nein, das wirkliche Ende. Ein Ende, von dem die Menschheit schon einige Zeit vor deiner Geburt, also fünf Milliarden Jahre vor dem, was du gerade gesehen hast, wusste, dass es eintreten würde.

Als du versuchst, deine Gedanken zu ordnen, wird dein Geist jäh in die Gegenwart zurückversetzt, in deinen am Strand liegenden Körper.

Dein Herz rast, du setzt dich auf und siehst dich um, als wärest du gerade aus einem seltsamen Traum erwacht. Die Bäume, der Sand, das Meer und der Wind sind noch da. Deine Freunde sind auf dem Weg, du kannst sie in der Ferne erkennen. Was ist geschehen? Warst du eingeschlafen? Hast du geträumt, was du gesehen hast? Ein unheimliches Gefühl kriecht in dir hoch, als dir andere Fragen in den Sinn kommen: Kann es sein, dass das real war? Wird die Sonne wirklich eines Tages explodieren? Und wenn, was wird dann aus der Menschheit? Kann irgendjemand eine solche Apokalypse überleben? Oder wird alles und jedes, auch die Erinnerung an unser Dasein, in kosmischer Vergessenheit versinken?

Du blickst wieder in den sternenklaren Himmel über dir und versuchst verzweifelt zu verstehen, was geschehen ist. In deinem tiefsten Innern weißt du, dass du das alles nicht nur geträumt hast. Obwohl dein Geist wieder auf dem Strand ist, wiedervereinigt mit deinem Körper, weißt du, dass du wirklich eine Zeitreise in eine ferne Zukunft getan und etwas gesehen hast, das niemand jemals sehen sollte.

Du atmest langsam ein und aus, um zur Ruhe zu kommen, als merkwürdige Geräusche an dein Ohr dringen, so als ob der Wind, die Wellen, die Vögel und die Sterne ein Lied flüsterten, das nur du allein hören kannst. Und plötzlich verstehst du, wovon sie singen. Es ist zugleich eine Warnung und eine Einladung. Egal, was die Zukunft bringen wird, murmeln sie, die Menschheit kann nur *einen* Weg beschreiten, um den unvermeidlichen Tod der Sonne und die meisten anderen Katastrophen zu überleben:

Den Weg des Wissens, der Wissenschaft. Auf einer Reise, die nur Menschen machen können.

Einer Reise, die du anzutreten im Begriff bist.

Wieder durchbohrt ein gellender Schrei die Nacht, aber diesmal hörst du ihn kaum. Als ginge schon ein Same auf, der gerade erst in deinen Geist gepflanzt wurde, verspürst du den Drang herauszufinden, was man weiß über das Universum.

Demütig richtest du den Blick wieder nach oben. Du betrachtest die Sterne jetzt mit den Augen eines Kindes.

Woraus besteht das Universum? Was liegt im Nahbereich der Erde? Und was weiter entfernt? Wie weit kann man sehen? Weiß man etwas über die Geschichte des Universums? Hat es überhaupt eine?

Als die Wellen sanft über den Strand streichen und du dich fragst, ob man jemals in der Lage sein wird, diese kosmischen Geheimnisse zu lüften, beginnt das Blinken der Sterne dich einzulullen, deinen Körper in einen halbbewussten Zustand zu versetzen. Du kannst hören, wie deine näher kommenden Freunde sich unterhalten, aber seltsam, du empfindest die Welt schon nicht mehr so wie noch vor einigen Minuten. Alles scheint irgendwie reicher, tiefer, so als wären dein Geist und dein Körper Teil von etwas, was viel, viel größer ist als alles, woran du je gedacht hast. Deine Hände, deine Beine, deine Haut … Die Materie … Die Zeit … Der Raum … Überall Kraftfelder um dich herum, die ineinandergreifen …

Ein Schleier, von dessen Existenz du nicht einmal wusstest, ist von der Welt gezogen worden und hat den Blick auf eine unerwartete geheimnisvolle Wirklichkeit freigegeben. Dein Geist verlangt danach, wieder unter den Sternen zu sein, und du fühlst, du wirst eine außergewöhnliche Reise machen, die dich weit weg führen wird von deiner heimischen Welt.

2
Der Mond

Wenn du dies liest, bist du schon fünf Milliarden Jahre in die Zukunft gereist. Ein guter Anfang! Du kannst also überzeugt sein, dass deine Phantasie funktioniert. Mehr wirst du auch nicht brauchen, um durch Raum und Zeit und Materie und Energie zu reisen und zu entdecken, was aus Sicht des frühen 21. Jahrhunderts bekannt ist über unsere Wirklichkeit.

Du hast gesehen, welches Schicksal die Menschheit, ja alle Erscheinungsformen des Lebens auf der Erde erwartet, wenn wir uns nicht bemühen zu verstehen, wie die Natur funktioniert. Wenn wir auf lange Sicht überleben wollen, statt von einer grimmigen, sterbenden Sonne verschlungen zu werden, haben wir nur eine Chance: Wir müssen lernen, unsere Zukunft in die eigenen Hände zu nehmen. Dafür müssen wir die Naturgesetze entschlüsseln und lernen, sie uns zunutze zu machen. Vor uns liegt eine Menge Stoff, das solltest du wissen. Dafür wirst du aber auf den folgenden Seiten so gut wie alles erfahren, was bisher bekannt ist.

Auf deiner Reise durch unser Universum wirst du entdecken, was es mit der Schwerkraft auf sich hat und wie sowohl Atome als auch Elementarteilchen miteinander interagieren, ohne sich zu berühren. Du wirst erfahren, dass unser Universum zum größten Teil aus Geheimnissen besteht und dass man bei den Versuchen, sie zu entschlüsseln, auf vorher unbekannte Formen von Materie und Energie gestoßen ist.

Wenn du dann alles Bekannte gesehen hast, springst du hinein ins Unbekannte und erfährst, woran einige der klügsten Köpfe unter den Physikern der Gegenwart arbeiten, um die überaus merkwürdigen Wirklichkeiten zu erklären, deren Teil wir sind.

Von Paralleluniversen, Multiversen und Extradimensionen wird die Rede sein. Danach werden deine Augen wahrscheinlich leuchten von dem Licht des Wissens, das die Menschheit in Jahrtausenden erworben hat. Du solltest aber auf einiges gefasst sein. Entdeckungen der letzten Jahrzehnte haben alles über den Haufen geworfen, was wir zu wissen glaubten: Demnach ist unser Universum nicht nur unermesslich viel größer als erwartet, es ist auch unendlich viel schöner, als unsere Vorfahren es sich hätten vorstellen können. Eine weitere gute Nachricht: Dass wir imstande waren, so viel herauszufinden, unterscheidet uns Menschen von allen anderen Erscheinungsformen des Lebens, die es je auf der Erde gegeben hat. Das kann uns zugutekommen, denn die meisten anderen Lebensformen sind ausgestorben. Die Dinosaurier etwa haben die Oberfläche unseres Planeten ungefähr 200 Millionen Jahre lang beherrscht, wir dagegen bis heute nur einige hunderttausend Jahre. Sie hatten jede Menge Zeit, ihre Umwelt zu befragen und das eine oder andere herauszufinden. Doch sie haben es nicht getan, und so sind sie gestorben. Wir Menschen könnten heute zumindest hoffen, einen uns bedrohlich nahe kommenden Asteroiden früh genug zu entdecken, um dann zu versuchen, ihn von seinem Kurs abzubringen. Wir können also schon einiges, was die Dinosaurier nicht konnten. Es ist vielleicht unfair, das zu sagen, aber im Rückblick können wir das Aussterben der Dinosaurier mit ihren mangelnden Kenntnissen in theoretischer Physik in Verbindung bringen.

Du liegst am Strand und erinnerst dich lebhaft an die sterbende Sonne. Noch weißt du nicht viel, etwa von den flimmernden Punkten, die den Nachthimmel zieren und umgekehrt gar nichts von dir wissen. Das Leben und Sterben irdischer Spezies sind ihnen vollkommen schnuppe. Die Zeit scheint im Weltall Dimensionen zu haben, die dein Körper nicht fassen kann. Für so ferne leuchtende Götter wie diese Sterne währt das Leben einer ganzen Spezies auf Erden wahrscheinlich nicht länger als ein Fingerschnippen …

Vor dreihundert Jahren glaubte einer der berühmtesten und brillantesten Naturwissenschaftler aller Zeiten, der in Cambridge lehrende englische Physiker und Mathematiker Isaac Newton, dem wir die Kenntnis der Schwerkraft verdanken, es gebe zwei Arten von Zeit: die Zeit der Menschen, von uns allen gefühlt und mit unseren Uhren gemessen, und die stehende, nicht vergehende Zeit Gottes. Aus Sicht von Newtons Gott ist der endlose Strahl der menschlichen Zeit, der sich rückwärts und vorwärts bis ins Unendliche erstreckt, nur ein Augenblick. Dieser Gott erfasst alles mit einem einzigen Blick.

Aber du bist nicht Gott. Als du in den Sternenhimmel schaust und einer deiner Freunde dir einen Drink reicht, kommt dir die Unermesslichkeit der Aufgabe beängstigend vor. Das ist alles zu groß, zu weit weg, zu fremd … Wo beginnen? Du bist doch kein Physiker! Aber du bist auch nicht der Typ, der aufgibt. Du hast Augen im Kopf, und du bist neugierig. Also legst du dich in den Sand und machst einen Anfang, indem du dich auf das fokussierst, was du sehen kannst.

Du siehst den Himmel; der größte Teil ist dunkel. Und du siehst Sterne.

Du siehst aber noch etwas: Zwischen den Sternen erkennst du mit bloßem Auge einen schummrigen, blass weißlich leuchtenden Streifen.

Was immer dieses Leuchten ist, du weißt, dass der Streifen *Milchstraße* genannt wird. Sie scheint etwa zehnmal so breit wie ein Vollmond. Als du jünger warst, hast du oft zu ihr hinaufgeblickt. Sie ist so unübersehbar, dass du denkst, auch all deine Vorfahren müssten sie gekannt haben, und du hast recht. Männer und Frauen haben sogar jahrhundertelang zu ergründen versucht, was es mit diesem Streifen auf sich hat, und es liegt eine Ironie darin, dass wir heute die Antwort kennen – heute, da die Milchstraße aufgrund von Lichtverschmutzung von den meisten bewohnten Gebieten der Erde aus nicht mehr sichtbar ist.

Doch von deiner tropischen Insel aus ist sie überwältigend klar zu erkennen, wobei sie aufgrund der Erddrehung mit fortschreitender Nacht, wie die Sonne bei Tag, von Ost nach West zu wandern scheint.

Du fängst an zu glauben, dass die Zukunft der Menschheit irgendwo da draußen liegen könnte, jenseits des irdischen Himmels, und findest diese Möglichkeit faszinierend. Du fokussierst deinen Blick und fragst dich, ob es möglich ist, alles, was es gibt im Universum, mit bloßem Auge zu erkennen. Aber du schüttelst den Kopf. Du weißt, dass die Sonne, der Mond, Planeten wie die Venus, der Mars und der Jupiter, einige hundert Sterne* und dieser verschwommene Streifen weißlichen Staubs namens Milchstraße nicht alles sind. Dort oben, außer Sichtweite, zwischen den Sternen, verbergen sich Geheimnisse, die darauf warten, enthüllt zu werden … Wenn du das alles erforschen könntest, wie würdest du es anstellen? Du würdest natürlich mit dem Nahbereich der Erde beginnen, und dann – dann würdest du davonschießen, so weit wie möglich, und dann – dein Geist gehorcht!

So unglaublich es klingt, dein Geist fängt wirklich an, sich von deinem Körper zu entfernen – aufwärts, den Sternen entgegen.

Ein Schwindel befällt dich, alles dreht sich um dich, als dein Körper und die Insel, auf der er liegt, rasch unter dir zurückbleiben. Dein Geist, ein ätherisches Ich, fliegt auf- und ostwärts. Du hast keinen Schimmer, wie das möglich ist, aber du stehst jetzt höher als der höchste Berg. Ein tiefroter, über einem fernen Horizont hängender Mond taucht auf, und in Nullkommanichts befindest du dich außerhalb der Erdatmosphäre, durchfliegst die 380 000 Kilometer Leere, die unseren Planeten von unserem einzigen natürlichen Satelliten trennen. Vom All aus erscheint der Mond genauso weiß wie die Sonne.

Deine Reise durch die Welt des Wissens hat begonnen.

Du hast, wie nur ein Dutzend Menschen vor dir, den Mond erreicht. Dein Geistleib spaziert auf ihm herum. Die Erde ist unter

* Du glaubst vielleicht, du könntest in einer tiefschwarzen Nacht Millionen von Sternen sehen, doch in Wirklichkeit kann das menschliche Auge in der Stadt nur einige hundert, auf dem Land, also ohne Lichtverschmutzung, nur vier- bis sechstausend erkennen.

dem Mondhorizont verschwunden. Du befindest dich auf der sogenannten *Nachtseite* des Mondes, von der aus unser Planet nicht zu sehen ist. Es gibt keinen blauen Himmel und auch keinen Wind, und die Sterne über dir – viel mehr, als du von irgendeinem Punkt der Erde aus sehen kannst – funkeln nicht. All das ist so, weil der Mond keine Atmosphäre hat. Auf dem Mond beginnt das Weltall einen Millimeter über dem Boden. Keine Witterung tilgt je die Schrunden, die seine Oberfläche zerklüften. Überall Krater, erstarrte Andenken an das, was einst diesen kargen Boden traf.

Als du dich zur erdzugewandten Seite des Mondes aufmachst, strömt die Geschichte seiner Geburt auf magische Weise in deinen wissbegierigen Geist, und du starrst sprachlos auf den Boden unter deinen Füßen.

Was für eine Urgewalt!

Vor ungefähr vier Milliarden Jahren wurde unser junger Planet von einem anderen Planeten – etwa von der Größe des Mars – getroffen, der ein riesiges Stück von ihm herausriss und ins All schleuderte. In den Jahrtausenden danach setzten sich die aus dieser Kollision stammenden Trümmer zu einer einzigen Kugel im Orbit der Erde zusammen. Der Mond, auf dem du jetzt stehst, war geboren.

Geschähe das heute, würde eine solche Kollision vollauf genügen, um alle Lebensformen auf der Erde auszulöschen. Damals jedoch war unsere Welt noch öde und leer, und es ist eine seltsame Vorstellung, dass wir ohne diesen katastrophalen Zusammenstoß weder einen Mond hätten, der unsere Nächte erhellt, noch nennenswerte Gezeiten und dass es auf unserem Planeten wahrscheinlich kein Leben gäbe, wie wir es kennen.

Jetzt taucht vor dir, über dem Mondhorizont, die blaue Erde auf, und du begreifst, dass katastrophale Ereignisse in kosmischem Maßstab auch ihr Gutes haben können.

Dein Heimatplanet, eine blaue, vor schwarzem, sternenübersätem Hintergrund schwebende Perle, ist von hier aus gesehen nur so groß wie vier Vollmonde.

Die wirkliche Größe unserer Erde im All ist ein Anblick, der demütig macht und immer machen wird.

Als du weitergehst, siehst du, wie die Erde am Mondhimmel aufgeht; alles scheint ruhig und friedlich. Aber du weißt bereits, diesem scheinbaren Frieden ist nicht zu trauen. Zeit hat hier eine andere Bedeutung, und wenn du an die Äonen denkst, die noch kommen werden, dann scheint die Gewaltsamkeit des Universums unvermeidlich. Die Krater, die den Mond entstellen, erinnern daran. Hunderttausende im All treibende Felsbrocken von der Größe eines Berges müssen seine Oberfläche im Laufe der Zeiten zerstampft haben. Auch die Erde muss getroffen worden sein – aber die Wunden unseres Planeten sind verheilt, weil unsere Welt lebt und ihre Vergangenheit tief unter ihrer sich ständig verändernden Oberfläche verbirgt.

Dennoch wird dir plötzlich klar, dass deine heimische Welt, trotz ihrer Fähigkeit, ihre Wunden zu heilen, in einem solchen Universum fast schutzlos ist …

Fast.

Nicht ganz. Denn sie hat jetzt uns. Sie hat dich.

Kollisionen wie die, die zur Geburt des Mondes geführt hat, gehören zum größten Teil der Vergangenheit an. Gegenwärtig gibt es keine verirrten Planeten, die unsere Welt bedrohen, nur Asteroide und Kometen – und der Mond schützt uns zum Teil vor solchen Gefahren. Doch Gefahren lauern überall, und als du das bläuliche, am dunklen Himmel hängende Bild der Erde betrachtest, steigt hinter dir plötzlich ein ungemein heller Lichtball auf.

Du drehst dich um und erblickst einen Stern. Er ist das hellste und gewalttätigste Objekt, das sich in der Nähe unseres Heimatplaneten befindet.

Wir haben ihm den Namen *Sonne* gegeben.

Diese Sonne ist 150 Millionen Kilometer von unserer Erde entfernt.

Sie ist die Quelle all unserer Macht.

Überwältigt von der schieren Lichtmenge, die von dieser

außergewöhnlichen kosmischen Lampe ausgeht, lässt du den Mond hinter dir, um zu ihr hinzufliegen, zu unserem Stern, der Sonne, und um herauszufinden, warum sie leuchtet, warum sie «scheint».

3
Die Sonne

Wenn die Menschheit die Energie speichern könnte, die die Sonne in einer Sekunde abstrahlt, würde diese Menge genügen, um den Energiebedarf der ganzen Welt für eine halbe Milliarde Jahre zu decken. Doch während du unserem Stern immer näher kommst, wird dir klar, dass die Sonne nicht so groß ist, wie du sie auf deiner Zeitreise fünf Milliarden Jahre später, als sie ihr Ende erreichte, gesehen hast. Natürlich *ist* sie groß. Um die Relation deutlich zu machen: Hätte die Sonne den Umfang einer Wassermelone, so wäre die kleine Erde gut 43 Meter von ihr entfernt – und du bräuchtest eine Lupe, um sie zu erkennen.

Du befindest dich jetzt ein paar tausend Kilometer oberhalb der Sonne. Die Erde hinter dir ist nur ein heller Punkt. Vor dir füllt die Sonne den halben Himmel. Überall brechen Plasmablasen hervor. Unmittelbar vor deinen Augen werden Milliarden Tonnen ultraheißer Materie ausgestoßen; sie schießen durch deinen ätherischen Leib, während sich im Magnetfeld der Sonne riesige Schleifen von scheinbar zufälliger Gestalt bilden. Die Szenerie ist grandios, um das Mindeste zu sagen, und erregt fragst du dich, was die Sonne im Vergleich zur Erde so besonders macht. Was macht einen Stern zu dem, was er ist? Woher hat er seine Energie? Und warum um Himmels willen muss er eines Tages sterben?

Um das herauszufinden, stürzt du dich in die ungemütlichste Umgebung, die sich denken lässt: ins Herz der Sonne, das mehr als eine halbe Million Kilometer unter ihrer Oberfläche liegt. Zum Vergleich: Die Oberfläche der Erde ist etwa 6500 Kilometer von ihrem Zentrum entfernt.

Als du kopfüber in den gleißend hellen Glutofen springst, erinnerst du dich, dass alle Materie, die wir ein- und ausatmen, sehen oder berühren – auch die Materie, die dein wirklicher Körper enthält –, aus Atomen besteht. Atome sind die Bausteine von allem und jedem. Sie sind, wenn du so willst, die Legosteine, aus denen deine Umwelt zusammengesetzt ist. Im Unterschied zu Legosteinen sind Atome allerdings nicht rechteckig, sondern meistens rund, und sie bestehen aus einem dichten, kugelförmigen Kern, den in relativ großer Entfernung kleine Elektronen umschwirren. Ebenso wie Legosteine kann man Atome jedoch nach ihrer Größe klassifizieren. Das kleinste Atom ist das Wasserstoff-, das zweitkleinste das Heliumatom. Diese beiden machen ungefähr 98 Prozent aller bekannten Materie im bekannten Universum aus. Das ist eine Menge, aber es ist weniger, als es einmal war. Vor ungefähr 13,8 Milliarden Jahren, so glaubt man heute zu wissen, machten diese beiden Atome fast 100 Prozent aller bekannten Materie aus. Heute gibt es ja außer Wasserstoff und Helium zum Beispiel Stickstoff, Kohlenstoff, Sauerstoff und Silber. Diese Atome müssen also später entstanden sein. Wie? Du bist dabei, es herauszufinden.

Du tauchst tiefer und tiefer in die Sonne ein; die Temperatur steigt und wird irre heiß. Im Zentrum unseres Sterns beträgt sie 16 Millionen Grad Celsius. Vielleicht sogar mehr. In diesem Zentrum befinden sich jede Menge Wasserstoffatome, allerdings ohne die sie normalerweise umgebende Energie: Ihre Elektronen sind frei, die Kerne liegen nackt. Der Druck ist so hoch, diese Kerne sind so dicht gepackt infolge des Gewichts, mit dem der Stern auf seinem Zentrum lastet, dass sie sich kaum bewegen können, sondern gezwungen sind, miteinander zu größeren Kernen zu verschmelzen. Das, die Erschaffung großer Atomkerne aus kleineren – wir bezeichnen sie als *Kernfusionsreaktion* –, geschieht direkt vor deinen Augen.

Wenn sie fertig sind und den Glutofen verlassen, dem sie ihre Geburt verdanken, tun sich diese schweren Kerne mit den einsamen, frei beweglichen Elektronen zusammen, die von den Wasserstoffkernen abgestreift worden waren. Auf diese Weise entstehen neue, schwerere Atome: Stickstoff, Kohlenstoff, Sauerstoff, Silber und so weiter.

Damit eine Kernfusionsreaktion zustande kommt, ist eine gewaltige Menge Energie nötig, und diese Energie wird hier von der erdrückenden Schwerkraft der Sonne zur Verfügung gestellt, die Richtung Zentrum wirkt und alles ungeheuer komprimiert. Auf (oder in) der Erde ist eine solche Reaktion unter natürlichen Bedingungen nicht möglich, weil unser Planet dafür nicht groß und nicht dicht genug ist: weil seine Schwerkraft die nötige Temperatur und den nötigen Druck im Erdkern nicht erzeugen kann. Das ist auch der Hauptunterschied zwischen Planeten und Sternen: Sowohl diese als auch jene sind mehr oder minder runde kosmische Objekte, aber während Planeten klein sind und einen Kern aus Gestein haben, der manchmal von Gas umgeben ist, sind Sterne sozusagen gewaltige Kernfusionsreaktoren: Ihre Gravitationsenergie ist so groß, dass sie von Natur aus nicht anders können, als in ihrem Zentrum Materie zu schmieden. All die schweren Atome, aus denen die Erde besteht, all die Atome, ohne die es kein Leben gibt – also auch die Atome, die dein Körper enthält –, wurden einst im Zentrum eines Sterns geschmiedet. Wenn du atmest, atmest du welche ein. Wenn du deine Haut berührst oder die Haut eines anderen Menschen, berührst du Sternenstaub. Du hast dich gefragt, warum Sterne wie die Sonne sterben und explodieren müssen. Hier ist die Antwort: Sie müssen sterben, weil es sonst im ganzen All nur Wasserstoff und Helium gäbe. Weil die Materie, aus der wir bestehen, für immer in ewigen Sternen eingeschlossen und die Erde nicht entstanden wäre. Weil es Leben, wie wir es kennen, schlicht und einfach nicht gäbe.

Und da wir nicht nur aus Wasserstoff und Helium bestehen, sondern unsere Körper und alle anderen Dinge um uns herum auch Atome wie Kohlenstoff und Sauerstoff enthalten, wissen wir, dass unsere Sonne ein Stern zweiter oder gar dritter Generation ist. Eine oder zwei Generationen Sterne mussten explodieren, damit ihr Staub zu unserer Sonne, zur Erde und zu uns werden konnte. Was also ist es, was zu ihrem Tod geführt hat? Warum sind Sterne dazu verurteilt, ihr glanzvolles Leben in einer spektakulären Explosion zu beenden?

Eine der verblüffenden Eigenschaften einer Kernfusionsreaktion ist es, dass sie, auch wenn noch so viel Energie dafür nötig war – das Gewicht eines ganzen Sterns! –, noch mehr Energie freisetzt.

Der Grund dafür mag seltsam erscheinen, aber da eine solche Reaktion direkt vor deinen Augen geschieht, bleibt dir gar nichts anderes übrig, als ihn zu akzeptieren: Wenn zwei Atomkerne zu einem größeren verschmelzen, verschwindet ein Teil ihrer Masse. Der aus der Verschmelzung hervorgegangene Kern hat weniger Masse als die beiden, die ihn erschaffen haben, zusammen besaßen. Es ist, als wenn das Vermischen von einem Kilo Vanilleeis mit einem anderen Kilo Vanilleeis nicht zwei Kilo Vanilleeis ergäbe, sondern weniger.

Was in unserer Lebenswelt nicht geschehen würde, geschieht in der Welt der Atome ständig. Doch zu unserem Glück geht die Masse nicht verloren. Sie wird in Energie umgewandelt, und Einsteins berühmte Gleichung $E = mc^2$ gibt dafür den Wechselkurs an.*

In unserer Lebenswelt sind wir mehr an Wechselkurse zwischen Währungen gewöhnt als an solche zwischen Masse und Energie. Stell dir also, um zu sehen, ob die Natur mit $E = mc^2$ ein gutes Geschäft macht, vor, derselbe Wechselkurs würde dir am John F. Kennedy Airport angeboten, um Euro (die Masse, die du hast und gibst) gegen US-Dollar (die Energie, die du dafür erhältst) einzutauschen. Der Wechselkurs wäre dann c^2, wobei ‹c› für die Lichtgeschwindigkeit stünde und ‹c^2› für die mit sich selbst multi-

* Du weißt es wahrscheinlich, aber sicherheitshalber sage ich es trotzdem: In $E = mc^2$ steht das ‹E› für ‹Energie›, das ‹m› für ‹Masse› und das ‹c› für ‹celeritas›, das lateinische Wort für ‹Geschwindigkeit› – gemeint ist die Lichtgeschwindigkeit. Diese Gleichung, die einzige, die du in diesem Buch zu Gesicht bekommen wirst, bedeutet also, dass man buchstäblich Masse in Energie und Energie in Masse verwandeln kann.

plizierte Lichtgeschwindigkeit. Für einen Euro würdest du 90 Millionen Milliarden Dollar erhalten. Nicht schlecht, würde ich sagen! Das ist der beste Wechselkurs, den es in der Natur gibt.

Natürlich ist die Masse, die nach jeder einzelnen Kernfusionsreaktion fehlt, ziemlich klein. Doch werden in jeder Sekunde so viele Atome im Herzen der Sonne miteinander verschmolzen, dass die freigesetzte Energie gewaltig ist und irgendwohin muss. Sie verlässt das Zentrum des Sterns und geht ins All, in alle Richtungen. Dadurch wirkt die aus dieser Kernfusion stammende Energie als Gegenkraft gegen die Schwerkraft, die alles ins Zentrum hinabdrückt, und stabilisiert so die Größe unseres Sterns. Wäre die Schwerkraft die einzige Kraft, würde die Sonne schrumpfen.

Bei Kernfusionen werden ungeheure Mengen Licht und Elementarteilchen emittiert, die alles um sie herum in sogenanntes *Plasma*, eine strahlende Suppe aus Atomkernen und Elektronen, verwandeln.

Diese Eruptionen von Licht, Hitze und Energie sorgen dafür, dass Sterne leuchten.

Als Stern ist die Sonne kein großer Feuerball, denn Feuer benötigt Sauerstoff, und obwohl die Sonne neben anderen schweren Elementen auch ihn erschafft, gibt es im Weltall nicht genügend freien Sauerstoff, der irgendein Feuer unterhalten könnte. Ein angerissenes Streichholz würde sich im Weltall nicht entzünden. Wie alle Sterne am Himmel ist die Sonne nur ein heller Ball aus leuchtendem Plasma, eine heiße Mischung aus freien Elektronen, aus Atomen, die *einige* ihrer Elektronen verloren haben (solche Atome werden *Ionen* genannt), und aus Atomen, die *all* ihre Elektronen verloren haben, aus nackten Atomkernen also.

Solange im Zentrum der Sonne ausreichend kleine Atomkerne vorhanden sind, die die Schwerkraft zusammendrücken kann, werden diese und die Fusionsenergie im Gleichgewicht bleiben. Wir haben das Glück, in der Nähe eines Sterns zu leben, der sich in einem solchen Zustand befindet.

Aber in Wirklichkeit hat das mit Glück natürlich nichts zu tun.

Befände unsere Sonne sich *nicht* in einem solchen Zustand, so gäbe es uns nicht.

Und wie du inzwischen weißt, wird die Sonne nicht ewig in diesem Zustand des Gleichgewichts bleiben: Eines Tages wird unserem Stern der atomare Brennstoff ausgehen. An diesem Tag wird es keine vom Zentrum ausstrahlende, nach außen drängende Kraft mehr geben, die es mit der Schwerkraft aufnehmen könnte. Die Schwerkraft wird übermächtig sein und den letzten Lebensabschnitt unseres Sterns einleiten: Die Sonne wird schrumpfen und an Dichte zunehmen, bis wieder eine Kernfusionsreaktion ausgelöst wird, aber nicht mehr im Zentrum, sondern näher an der Oberfläche. Diese neuerliche Fusionsreaktion wird nicht nur gleich stark sein wie die Schwerkraft, sondern stärker, so dass die Oberfläche der Sonne nach außen getrieben wird. Unser Stern wird größer werden – auf deiner Reise in die Zukunft hast du gesehen, wie das geschieht. Eine letzte Eruption von Energie wird dann den Tod ankündigen, den du miterlebt hast. Sie wird alle Atome, die die Sonne in ihrem Leben geschmiedet hat, ins Universum jagen und einige weitere erschaffen – die schwersten, zum Beispiel Gold. Schließlich werden sich diese Atome mit den Überresten anderer gestorbener Sterne in der Nähe vermengen und riesige Wolken Sternenstaub bilden, aus denen vielleicht in ferner Zukunft neue Planeten entstehen werden.

Aufgrund von Schätzungen der im Zentrum unseres Sterns noch vorhandenen Menge an Wasserstoff können die Wissenschaftler überschlagen, wann es zur Explosion kommen wird. Ihre Prognose: Die Sonne wird in ungefähr fünf Milliarden Jahren zerbersten – an einem Donnerstag oder bis zu drei Tage früher oder später.

4
Unsere kosmische Familie

Was du bisher über die Sonne erfahren hast, ist mehr, als irgendjemand vor der Mitte des 20. Jahrhunderts wusste. Alles Licht, das sich Tag für Tag über deinen Körper ergießt, stammt aus Atomen, die im Zentrum unseres Sterns geschmiedet, aus Teilen ihrer Masse, die in Energie umgewandelt werden. Die Erde ist jedoch nicht das einzige Objekt am Himmel, das von der Energie der Sonne profitiert.

In Nullkommanichts ist dein Geist zurück auf der brodelnden, heißen Oberfläche der Sonne, und du siehst dich mit Adleraugen um. Vor einem scheinbar unveränderlichen Hintergrund aus weit entfernten Sternen bewegen sich acht helle Punkte. Es sind Planeten: Kugeln aus Materie, die zu klein sind, um auch nur davon träumen zu können, eines Tages zum Stern zu werden. Die vier, die der Sonne am nächsten sind, sind klein und felsig. Dagegen bestehen die vier am weitesten entfernten Planeten zum größten Teil aus Gas. Verglichen mit der Sonne sind sie immer noch klein, aber verglichen mit der Erde, dem größten der vier kleinen, felsigen Planeten, sind sie Giganten. Abgesehen von der Erde jedoch ist keiner dieser Planeten und keiner ihrer mehreren hundert Monde eine mögliche Zuflucht für die Zukunft der Menschheit, obwohl sie alle derselben Staubwolke vor langer Zeit gestorbener Sterne entstammen. Sie alle unterliegen der Schwerkraft der Sonne und werden mit dem letzten Knall unseres Sterns dahin sein. Eine Zuflucht, wenn sich denn eine finden lässt, muss noch weiter entfernt liegen.

Daher drängt es deinen Geist, loszujagen und so weit wie möglich zu fliegen, um einen Blick auf das zu werfen, was außerhalb der Einflusssphäre der Sonne liegt. Unterwegs wirst du bei den vier entfernten Cousins unseres Planeten, den Giganten unserer kosmischen Familie, vorbeischauen.

Du bist jetzt ungefähr dreimal so weit von der Sonne entfernt wie die Erde. Merkur, Venus, Erde und Mars, die vier kleinen, felsigen Planeten, die der Sonne am nächsten sind, hast du hinter dir gelassen. Unseren Stern siehst du als leuchtenden Punkt von der halben Größe einer auf Armlänge entfernt gehaltenen Centmünze. Ein Julitag in Deutschland, der heißeste Tag des Jahres, wäre kälter als der kälteste Winter in der Antarktis, wenn die Erde sich hier befände.*

Das Sonnenlicht wird schwächer und schwächer, während du dich von unserem Stern entfernst.

Du schießt an einigen Felsbrocken vorbei, Überbleibseln aus den frühen Tagen der Entstehung unseres Planeten. Die meisten sind kartoffelförmige Asteroide, die zusammen den von den Astronomen so genannten *Asteroidengürtel* bilden, einen gewaltigen Ring von Felsbrocken, der die Sonne umgibt und die vier kleinen, terrestrischen Planeten von einer Welt aus Giganten trennt. Die Felsbrocken selbst sind ziemlich weit voneinander entfernt; während du den Gürtel durchfliegst, merkst du, dass die Wahrscheinlichkeit, mit einem von ihnen zusammenzustoßen, minimal ist. Viele Satelliten von Menschenhand sind unfallfrei zwischen ihnen hindurchgeflogen.

Nachdem du den Asteroidengürtel hinter dir gelassen hast, fliegst du am Jupiter, am Saturn, am Uranus und am Neptun vorbei, an den Gasgiganten, riesigen Planeten mit relativ kleinen, felsigen Kernbereichen, die tief unter gewaltigen turbulenten Atmosphären verborgen sind. All diese Planeten scheinen mit einem großartigen Ringsystem gesegnet, wobei das des Saturn weit größer und schöner ist als die der anderen zusammen.

* Ein Wettersatellit der NASA hat 2013 eine Temperatur von −94,7 °C in der Antarktis gemessen – die tiefste Temperatur, die je auf der Erde registriert wurde. Wo du dich jetzt befindest im Weltraum, wäre es noch kälter.

Du fliegst an diesen Giganten vorbei und betrachtest sie dabei mit dem Respekt, den sie verdienen, auch wenn es auf ihnen kein Leben geben kann.

Wenn du erwartet hast, jenseits des Neptun, jenes Planeten, der die Sonne in der größten Entfernung umkreist, nichts mehr zu sehen, dann hast du dich getäuscht. Du stößt auf einen weiteren Gürtel! Er besteht aus schmutzigen Schneebällen aller Arten und Größen, die wahrscheinlich ebenfalls Nebenprodukte der Geburt unseres Sonnensystems sind, also aus der Zeit stammen, als sich seine gegenwärtigen Mitglieder aus dem Staub längst dahingegangener, explodierter Sterne zusammensetzten. Dieser Gürtel ist der sogenannte *Kuipergürtel*. Die Sonne ist von hier aus gesehen so groß wie ein Stecknadelkopf und nur noch ein Stern unter anderen. Wärme ist in diesen fernen Bereichen des Weltalls kaum noch spürbar, aber es tut sich etwas.

Von Zeit zu Zeit gerät einer dieser schmutzigen Schneebälle aufgrund einer Kollision oder anderen Erschütterung aus seiner stillen, fernen Bahn um die Sonne und wird unserem Stern zugetrieben. Er rast also auf die Sonnenstrahlung zu, kommt dadurch langsam in wärmere Gefilde und fängt an zu schmelzen. Dabei zieht er lange Schwänze aus kleinen eisigen Felsbrocken hinter sich her, die in der Dunkelheit leuchten: Er wird zu einem jener Wunder am Himmel, die wir als *Kometen* bezeichnen. Auf einem von ihnen landete im November 2014 Philae, der robuste Roboter der Europäischen Weltraumorganisation ESA, mit dem Auftrag, seine Oberfläche zu untersuchen. Die Raumsonde Rosetta, die ihn dorthin gebracht hatte, folgt dem Kometen gegenwärtig auf seinem Weg Richtung Sonne, um zu beobachten, wie sich seine äußersten Schichten in Gas verwandeln.

Der arme Pluto, der seinen Planetenrang vor kurzem verloren hat und zu einem Zwergplaneten herabgestuft wurde, ist ebenfalls Teil dieses eisigen Gürtels, zusammen mit (mindestens) zwei weiteren Zwergen namens Haumea und Makemake. Es ist eine komische Vorstellung, dass Pluto mit seinem Mond Charon so weit von der Sonne entfernt ist und für einen einzigen Umlauf um sie eine so große Strecke zurücklegen muss, dass zwischen dem Zeitpunkt, da er entdeckt und als Planet eingestuft wurde, und dem Zeitpunkt, da er, 76 Erdenjahre später, diesen Rang wieder verloren hat, weniger als eines seiner eigenen Jahre vergangen war. Die Astronomen hatten Jahrzehnte gebraucht, um zu erkennen, dass er nur ein Viertel Mal so groß ist wie unser Mond. Natürlich hat die Degradierung den schmutzigbraunen Pluto, an dem du jetzt vorbeifliegst, nicht im Mindesten berührt. Während du dich weiter aus dem sicheren Schutz unseres leuchtenden Sterns entfernst,* kreuzen noch mehr Zwerge und Kometen deinen Weg, und du siehst gefrorene Planeten, die noch kein Mensch entdeckt hat. Aber dann gilt deine ganze Aufmerksamkeit einer gigantischen Sphäre, die alles in den Schatten stellt, was du bisher gesehen hast.

Alle Planeten, Zwergplaneten, Asteroiden und Kometen, die du gesehen hast, liegen mehr oder minder auf einer Scheibe mit der Sonne im Zentrum. Für das, was du jetzt siehst, gilt das nicht. Milliarden und Abermilliarden potentieller Kometen bilden eine gewaltige kugelförmige Wolke – die sogenannte *Oort'sche Wolke* –, die den ganzen Raum zwischen der Sonne und dem Bereich, in dem es andere Sterne gibt, einzunehmen scheint.

Die Größe dieser Wolke ist atemberaubend.

Sie markiert die Grenze der Einflusssphäre unseres Sterns, die alle Mitglieder unserer kosmischen Familie enthält, einer Familie, die als *Sonnensystem* bezeichnet wird.

Jenseits davon trittst du in unerforschte Bereiche ein und näherst dich jenem Stern, von dem du glaubst, er liege dem unseren am nächsten. Er wurde 1915 entdeckt, also vor gut hundert Jahren, als wir anfingen, unser Universum zu verstehen. Der Name dieses Sterns ist *Proxima Centauri*.

* Im Juli 2015 erreichte die NASA-Raumsonde New Horizons Pluto; sie soll ihn – ein Novum in der Geschichte der Raumfahrt – aus nächster Nähe unter die Lupe nehmen.

5
Jenseits der Sonne

Dein Körper liegt noch immer an einem Strand irgendwo auf unserem Planeten, aber dein Geist ist jetzt so weit von der Erde entfernt, wie es nur je ein Objekt von Menschenhand gewesen ist.* Als du den Rand der Oort'schen Wolke überschritten hast, hast du das Sonnensystem verlassen und bist in den Einflussbereich eines anderen Sterns eingetreten. Beim Überqueren dieser unscharfen Linie hast du gesehen, dass einige Kometen am äußersten Rand des Sonnensystems, wie um dir zu verstehen zu geben, was diese Grenze bedeutet, die Umlaufbahn wechselten: Aus einer weiten Bahn um die Sonne wurde eine weite Bahn um einen anderen Stern, auf den du jetzt zusteuerst: Proxima Centauri.

Proxima Centauri gehört zu einer Familie von Sternen, die als rote Zwerge bezeichnet werden. Er hat nur ungefähr ein Siebtel des Umfangs und der Masse der Sonne und – daher sein Familienname – eine tiefrote Färbung. Rote Zwerge gibt es wie Sand am Meer; die Wissenschaftler glauben, dass die meisten Sterne am Himmel zu dieser Familie gehören.

Während du Proxima immer näher kommst, siehst du drama-

* Das am weitesten gereiste Objekt von Menschenhand ist die NASA-Raumsonde Voyager 1, die 1977 ins All geschossen wurde und 2013 die Außengrenze des Sonnensystems erreichte. Sie funkt noch immer Daten zur Erde und reagiert auf neue Befehle. Ihre Batterien werden schätzungsweise noch bis 2025 Strom liefern. 2014 brauchte ein von Voyager 1 gesendetes Signal ungefähr 18 Stunden, um in Lichtgeschwindigkeit die Erde zu erreichen. Diese Übertragungsdauer vergrößert sich, da die Sonde sich von der Erde immer noch weiter entfernt.

tische Veränderungen seiner Helligkeit und gewaltige Mengen glühend heißer Materie, die er in unvorhersehbarer Weise ausstößt.

Gibt es Planeten um diesen cholerischen roten Zwerg herum?

Du siehst keine. Also anscheinend nicht.

Das ist eine Schande. Denn obwohl es sehr schwer wäre, auf einem Planeten, der Proxima umkreist, ein angenehmes Leben zu führen, könnte eine hier entstehende Zivilisation für eine sehr, sehr lange Zukunft planen. Wenn unser Stern, die Sonne, explodiert, wird sich Proxima noch kein bisschen verändert haben. Soweit wir wissen, wird er mit seiner jetzigen Leuchtkraft etwa 300-mal so lange leuchten, wie das Universum heute alt ist. Eine lange Zeit!

Aber warum dieses lange Leben?

Nun, da Proxima kleiner ist als die Sonne, verschmelzen die winzigen Atomkerne, die ihn ausmachen, sehr viel langsamer zu größeren als im Zentrum unseres Sterns. Bei Sternen kommt es durchaus auf die Größe an: je größer der Stern, umso kürzer sein Leben. Für die Planeten hingegen, die die Sterne umkreisen, ist Entfernung entscheidend. Ein Planet kann nur dann flüssiges Wasser auf seiner Oberfläche haben und damit Leben, wie wir es kennen, ermöglichen, wenn er nicht zu kalt und nicht zu heiß ist. Und dafür darf er dem Stern, den er umkreist, weder zu nah noch zu fern sein. Die Zone um einen Stern herum, in der es permanent flüssiges Wasser auf der Oberfläche eines Planeten geben kann, wird als *habitable Zone* bezeichnet. Was wäre also, wenn du einen roten Zwerg fändest, den ein der freundlichen Erde ähnlicher Planet in der richtigen Entfernung umkreist? Dann könnte dieser Planet fast in alle Ewigkeit bestehen …

Da du dich ein bisschen schuldig fühlst, diesen Gedanken gedacht zu haben, möchtest du einen Blick auf dein heimisches Sonnensystem, auf deine heimische Welt werfen und drehst dich um – in der Erwartung, dass die Sonne alle anderen hellen Punkte am Himmel überstrahlen werde. Aber sie tut es nicht, und mit einem Schlag wird dir die schiere Dimension der kosmischen Entfernungen klar.

Wenn du nicht reiner Geist wärest, sondern ein Astronaut aus Fleisch und Blut: Wie lange würde dann, fragst du dich, ein Signal von hier nach Hause unterwegs sein?

Hättest du ein interstellares Handy bei dir, so könntest du versucht haben, auf jeder deiner Stationen Freunde anzurufen, um ihnen von deinen Entdeckungen zu erzählen. Handys wandeln die menschliche Stimme in Signale um, die mit Lichtgeschwindigkeit dahinsausen und so den Anschein erwecken, Telekommunikation sei auf der Erde ohne jede Zeitverzögerung möglich. Doch im Weltall sind dafür in der Regel die Entfernungen zu groß. Vom Mond aus benötigt Licht ungefähr eine Sekunde bis zur Erde und eine weitere für den Weg zurück. Hättest du, als du auf unserem Trabanten warst, einen Freund auf der Erde gefragt, ob er dich mit einem Fernglas sehen könne, dann hätte dich seine Antwort zwei Sekunden später erreicht.

Nicht so auf der Sonne. Licht benötigt ungefähr acht Minuten und zwanzig Sekunden für den Weg von der Sonne zur Erde. Gespräche würden also schwierig werden, weil man nach einer Frage mehr als sechzehn Minuten auf die Antwort warten müsste. Aber in kosmischen Maßstäben liegt die Sonne immer noch nebenan. Ein Anruf von dort, wo du jetzt bist, nahe Proxima Centauri, würde zunächst ein Signal senden, das ein Telefon auf der Erde erst vier Jahre und zwei Monate später klingeln ließe. Eine Antwort auf eine Frage würde dich also nach sage und schreibe acht Jahren und vier Monaten erreichen!

Du bist erst bis zu dem Stern gekommen, der – nach der Sonne – der Erde am zweitnächsten ist, aber du hast das Gefühl, schon sehr weit weg zu sein von Zuhause. Um nicht verloren zu gehen, suchst du nach etwas, woran du dich orientieren kannst.

Du erinnerst dich an die schöne Milchstraße, die du vom Strand auf deiner tropischen Insel aus gesehen hast, und blickst dich nach ihr um. Wo mag dieser diffuse weiße Lichtfleck jetzt liegen? Du erkennst ihn sofort, aber zu deiner großen Überraschung stellt er sich nicht mehr als breite gerade Linie dar, sondern als verkanteter Ring, bei dem einige Bereiche heller sind als andere. Du selbst befindest dich irgendwo in seinem Innern, und dir wird klar, dass die Milchstraße von der Erde aus nur deshalb streifenförmig aussah, weil die Erde unter deinen Füßen den größten Teil von ihr verbarg.

Ohne weiter darüber nachzudenken, steuerst du, nachdem du keinen Planeten im Umkreis von Proxima Centauri gesichtet hast, direkt den hellsten Bereich der Milchstraße an.

Was du noch nicht weißt: Du reist jetzt ins Zentrum einer Ansammlung von etwa 300 Milliarden Sternen, die als *Galaxie* bezeichnet wird.

6
Ein kosmisches Monster

Im Zentrum einer 300 Milliarden Sterne umfassenden Ansammlung, das dürfte dir klar sein, muss etwas ganz Besonderes liegen. Denk an die Erde: Ihr Zentrum ist der dichteste, heißeste und ungemütlichste Bereich in ihr. Denk an das Sonnensystem: Sein Zentrum, die Sonne, ist der dichteste, heißeste und ungemütlichste Bereich in ihm. Vielleicht beweist das nichts, aber es deutet darauf hin, dass es wahrscheinlich auch mit dem Zentrum einer Galaxie etwas Besonderes auf sich hat. Etwas ganz Besonderes.

Du fliegst in Gedankenschnelle an Zigmillionen Sternen vorbei. Einige sind viel größer als die Sonne und werden daher noch eher sterben müssen als sie, andere sind winzig und werden deshalb unvorstellbar lange leuchten. Du fliegst auch durch stellare Kinderstuben, Staubwolken, die aus den Überresten Hunderter explodierter Sterne bestehen, und durch stellare Friedhöfe, die darauf warten, sich zu vereinigen und zu stellaren Kinderstuben zu werden. Dann bist du plötzlich da, nahe dem galaktischen Zentrum, was immer darunter zu verstehen ist, und machst Halt. Unmittelbar vor dir befindet sich wieder ein Ring. Ein sich drehender, farbenprächtiger Ring aus verstreuter Materie. Bei näherem Hinsehen erkennst du, dass er aus Gas und aus Milliarden von Felsbrocken und Kometen besteht, die sich alle um eine dicke, Donut-förmige Quelle hellen, energiereichen Lichts bewegen.

Was ist hier los? Was sind das für Fels- und Eisbrocken? Du lässt deinen Blick etwas weiter schweifen und denkst plötzlich: Das kann nicht wahr sein! Nicht nur lose Felsbrocken kreisen da, sondern auch Sterne. Ganze Sterne. Nicht Planeten, nein Sterne! Und sie bewegen sich schnell.

Einer von ihnen gilt heute als das schnellste bekannte Objekt im Universum. Sein Name: *S2* oder *Source 2*. Von der Erde aus haben Wissenschaftler festgestellt, dass er für einen vollständigen Umlauf um den Donut nur fünfzehneinhalb Jahre benötigt. Bei der Strecke, die er dafür zurücklegen muss, bedeutet das, dass er mit einer Geschwindigkeit von erstaunlichen 17,7 Millionen Kilometern pro Stunde unterwegs ist. Wie ist das möglich? Welche Bestie hat genug Schwerkraft, um ein solches blitzschnelles Objekt an sich zu binden? Ist es überhaupt *möglich*, eine solche Kraft zu entwickeln?

Stell dir eine Murmel und eine Salatschüssel vor.

Wenn du die Murmel zu langsam an der Innenwand der Salatschüssel entlanglaufen lässt, liegt sie wenig später auf deren Boden. Wenn du sie zu schnell laufen lässt, schraubt sie sich empor, verlässt die Schüssel und macht, wenn du Pech hast, in deiner Küche etwas kaputt. Wenn du sie aber mit der richtigen Geschwindigkeit laufen lässt, dreht sie zwischen Rand und Boden einige Runden, bis die Reibung zu viel von ihrer Geschwindigkeit in Wärme umwandelt und ihren Lauf verlangsamt.

Jetzt stell dir vor, die Murmel sei der superschnelle Stern S2 und es gebe eine unsichtbare Schüssel, die ihn in der Umlaufbahn um das hält, was im Innern des hellen Donut liegt. Im Weltall gibt es keine Reibung, also auch keinen Grund, warum der Stern irgendetwas von seiner Energie verlieren sollte.* Wir können daher aus der Geschwindigkeit von S2 auf die Form der Schüssel schließen und auf die Masse, die auf ihrem Boden liegt.

Diese ziemlich einfache Rechnung ist von Wissenschaftlern viele Male gemacht worden, und sie hat immer zu einem unglaublichen Ergebnis geführt: Um ein Gravitationsfeld zu schaffen, das stark genug ist zu verhindern, dass S2 ins Weltall geschleudert

* Für Wissenschaftlerkollegen, die dies lesen: Ich sehe an dieser frühen Stelle des Buches von den sogenannten Gravitationswellen ab.

wird, ist die Masse von mehr als 4 Millionen Sonnen nötig. Das wäre ein gigantischer Stern!

Aber es gibt da ein Problem: Im Zentrum der Umlaufbahn von S2 ist kein Stern zu entdecken. Du kannst noch so genau hinsehen, du wirst keinen finden.

Um herauszubekommen, was dieses Objekt mit der Masse von 4 Millionen Sonnen ist, das S2 am Davonfliegen hindert, haben Wissenschaftler Teleskope entwickelt, die besondere, für das menschliche Auge unsichtbare Formen von Licht registrieren können, nämlich UV-Licht, und, um ein eindrucksvolleres Bild zu erhalten, Röntgenstrahlen, die nach den Gammastrahlen energiereichste Form von Licht, die wir kennen. Auch mit einem solchen Teleskop können sie kein Objekt sehen, wohl aber energiereiche Eruptionen von Licht, die von einem winzigen Ort innerhalb des Rings ausgehen. Was S2 am Davonschießen hindert, ist also nicht nur kein Stern, es ist auch nicht entfernt so groß, wie zu erwarten wäre. Daher haben die Wissenschaftler nur eine Antwort auf die Frage, was sich dort verbergen mag: ein schwarzes Loch. Und zwar ein supermassereiches.

Die Wissenschaftler bezeichnen es als *Sagittarius A* (sprich: Sagittarius A Stern). Leider können sie es von der Erde aus nicht präzise erforschen, da die Sterne und die Unmengen Staub und Gas, die zwischen ihm und unserem Planeten liegen, den Blick auf seine Umgebung verstellen.*

Du aber bist direkt vor Ort, und wenn du dich fragst, was diese Eruptionen energiereichen Lichts auslöst, die von Teleskopen auf der Erde entdeckt werden können, dann bist du kurz davor, es herauszufinden.

Doch fühlst du dich in unmittelbarer Nähe eines unsichtbaren Monsters verständlicherweise nicht sehr sicher. Wer weiß, wozu ein schwarzes Loch imstande wäre? Könnte es deinen Geist ver-

* Für geschichtlich Interessierte: Sagittarius A wurde im Februar 1974 von den amerikanischen Astronomen Bruce Balick und Robert Brown mit einem Radiowellenteleskop entdeckt.

schlingen, so dass er stecken bliebe in diesem Loch und, statt sich irgendwann mit deinem Körper wieder zu vereinigen, alles hinter sich lassen müsste, was dir vertraut ist? Oder könnte es einen verborgenen Durchgang geben, eine Tür, die zu einem anderen Universum, einer anderen Wirklichkeit führt, von der du manchmal Leute hast sprechen hören?

Da du nicht weißt, was du tun sollst, starrst du auf die Milliarden winziger Staubpartikel und kleiner Gesteinsbrocken, aus denen der helle Ring besteht.

Keine Minute später fliegt ein riesiger kartoffelförmiger Asteroid mit einer Geschwindigkeit von 1 Million Kilometern pro Stunde an dir vorbei. Du beobachtest ihn genau. Während er durch den Ring rast, siehst du, wie er infolge der vom Staub des Rings verursachten Reibung verglüht und sich in winzige Flocken geschmolzener Materie auflöst. Wie ein kleiner Felsbrocken, der in die Erdatmosphäre eintritt, zu einer Sternschnuppe werden und gänzlich verglühen kann, ohne die Oberfläche unseres Planeten zu erreichen, so verschwindet der Asteroid, lange bevor er erreichen konnte, was im Zentrum des Donuts liegt.

Als du dich wieder umdrehst, um zu sehen, was noch so geschieht, kommt wieder etwas auf dich zu, aber diesmal mehr als nur ein großes Stück Gestein: ein Stern! Ein großer, leuchtender, grimmiger Stern. Wie S2. Aber noch größer. Wird auch er verglühen, oder kommt er durch? Du siehst ihn in sein Schicksal eintauchen und den Donut schräg durchfliegen. Er befindet sich jetzt innerhalb des Rings und außer Sichtweite, erscheint aber sofort, nach einer halben Umrundung, wieder, wenn auch seltsam entstellt. Er fliegt weiter hinab und scheint dabei unter gewaltigen Spannungen zu stehen. Planetengroße Stücke werden aus ihm herausgerissen. Du versuchst, ruhig zu bleiben, und betest, dass nichts zu befürchten ist, aber du kannst nicht verhindern, dass deine Gedanken plötzlich matt und schwer werden und sich vorbereiten auf eine Katastrophe von unvorstellbaren Ausmaßen …

Bisher warst du ätherisch, reiner Geist, und hast die Kräfte, die das Universum beherrschen, nicht wahrgenommen. Das ist jetzt anders. Beladen mit schweren Gedanken, bist du der Schwerkraft unterworfen und befindest dich im Machtbereich ihres Gebieters. Du wirst gegen deinen Willen nach innen gezogen, wirst eingesogen, als glittest du einen unsichtbaren glatten Abhang hinab. Du durchquerst den Ring aus erhitzter Materie und gelangst in die Nähe des stürzenden, jetzt in Stücke gerissenen Sterns, der zu einer gleißenden Schwinge aus weiß glühendem Plasma zerplatzt. Die schraubt sich nach unten und reißt dich mit sich hinab, auf das noch immer unsichtbare schwarze Loch zu.

Natürlich sind all deine Ängste berechtigt. Hunderte von Milliarden und Abermilliarden Tonnen Plasma stürzen mit dir in die Tiefe. Dein Herz schlägt wie wild, während du dich schneller und immer schneller hinabschraubst, bis – bis eine ungeheure Kraft dich wieder hinauswirbelt. Was übrig geblieben ist von dem Stern, seine Materie, wird in reine Energie, in zwei Strahlen von außerordentlicher Kraft umgewandelt. Verwirrt fragst du dich, ob du eben in eine Parallelwelt gerutscht warst, die sich in dem schwarzen Loch befindet, erkennst aber rasch, dass das nicht der Fall war und dass du dich entfernst von dem Monster, ausgestoßen oder verstoßen vom Gebieter der Masse. In weiter Entfernung ist jetzt wieder der gigantische Ring der Milchstraße sichtbar.

Wie jene Murmel, die zu schnell an der Wand einer Salatschüssel entlanglief, bist du – wie auch der Staub des zerfallenen Sterns – vor dem Erreichen dessen, woraus das schwarze Loch besteht, hinausgeschleudert worden. Du bist mit zu großer Geschwindigkeit hineingestürzt und daher hinauskatapultiert worden, bevor du das unsichtbare Monster erreichen konntest, und genauso ist es dem Stern geschehen, dessen Materie dabei in zwei Strahlen der energiereichsten Formen von Licht, die die Menschheit kennt, nämlich Röntgenstrahlen und Gammastrahlen, umgewandelt wurde. Der eine schießt hinauf, der andere hinab, wie die Lichter zweier Leuchtfeuer, die nicht nur die gähnende Leere zwischen den Sternen der Milchstraße, sondern noch größere leere Räume weiter draußen erreichen sollen.

Die Geschwindigkeit, mit der die Strahlen dahinschießen, ist atemberaubend, und da du von einem der beiden fortgetragen wirst, ist es deine auch. Du fliegst an Millionen von Sternen vorbei, wobei ein gigantischer Finger, an dem die Milchstraße als Ring steckt, auf dein Ziel zu deuten scheint.

Vielleicht war die Zeit, in ein schwarzes Loch zu stürzen, für dich noch nicht reif. Vielleicht wollte die Natur dir mehr von den Schönheiten unseres Universums zeigen, bevor dir erlaubt sein sollte, im tödlichen Griff eines schwarzen Loches zu reisen …

Was immer der Grund dafür sein mag, dass du einstweilen verschont worden bist, dein Herz kommt wieder zur Ruhe, und deine Gedanken werden wieder leicht, befreien deinen Geist aus dem festen Griff der Schwerkraft. Du bist weit weg und hast deine Bewegungsfreiheit wiedererlangt. Doch du reist noch einen Moment mit dem Strahl, um zu sehen, wohin er dich führt. Du brauchst nicht lange, um zu erkennen, dass etwas Merkwürdiges geschieht: Die Menge der Sterne um dich herum scheint immer mehr abzunehmen. Bald schon hast du überhaupt keine mehr vor dir. Zwar leuchten noch einige Lichtquellen in weiter Entfernung, aber sie sind viel weiter weg als alles, was du bisher gesehen hast. Seltsamerweise ist auch der Ring der Milchstraße verschwunden. Da du wissen möchtest, wohin, siehst du hinab und hältst angesichts des außerordentlichsten Anblicks, der dir je zuteil geworden ist, den Atem an. Kein Mensch und kein Objekt von Menschenhand hat je dergleichen schauen dürfen. Von der Erde aus hat man einige Bilder von der Umgebung des schwarzen Loches erhascht, dem du gerade entronnen bist – aber nicht hiervon. Solltest du von deiner gegenwärtigen Position aus die Erde anrufen, würde eine Antwort – wenn sie überhaupt käme – mehr als 90 000 Jahre brauchen, um dich zu erreichen.

Du befindest dich oberhalb der Milchstraße, deiner Galaxie.

Wenn du, von deinem Sandstrand zum Nachthimmel aufblickend, gedacht hast, sie müsse sich durchs gesamte Universum erstrecken, dann siehst du jetzt, dass das nicht der Fall ist. Weit davon entfernt, alles zu umfassen, ist die Milchstraße nur eine Insel von Sternen, verloren in der dunklen Unermesslichkeit einer ganz anderen Größenordnung.

7
Die Milchstraße

Die ersten Menschen, die im All gewesen sind, sind demütig geworden angesichts der Schönheit unseres Planeten und angesichts seiner Winzigkeit in einem Ozean der Schwärze. Aber das war nur der Anfang. Das, worauf du jetzt starrst, macht *noch* demütiger.

Du wusstest, dass die Milchstraße eine Galaxie ist, aber erst jetzt wird dir klar, was das bedeutet. Von oben (man kann auch sagen: von unten; das ist egal, denn im Weltall gibt es weder oben noch unten) sieht die weißliche Wolke am irdischen Nachthimmel überhaupt nicht wie ein Wolke aus, sondern wie eine dicke Scheibe aus Gas, Staub und Sternen. Direkt unter dir, verteilt über Entfernungen, die zu durchmessen das Licht Zehntausende von Jahren benötigen würde, drehen sich, durch die Schwerkraft aufeinander bezogen, 300 Milliarden Sterne um ein helles Zentrum.

Wenn das Sonnensystem mit seinen Planeten, Asteroiden und Kometen unsere kosmische Familie ist, wenn Proxima Centauri unser Nachbarstern ist, dann kann die Milchstraße als der kosmische Ballungsraum, als die kosmische Großstadt gelten, in der wir leben – als eine blühende Großstadt mit 300 Milliarden Sternen, von denen die Sonne nur einer ist.

Was die Wissenschaftler als *Galaxien* bezeichnen, das sind solche miteinander in einem wirbelnden Tanz begriffenen und von Leere umgebenen Ansammlungen von Sternen, Staub und Gas. Und wie wir unseren Stern «die Sonne» nennen, so ist «die Milchstraße» der Name, den wir dieser speziellen Galaxie, unserer Galaxie, gegeben haben.

Vier riesige helle Spiralarme wirbeln um das Zentrum der Milchstraße herum. Dieses Zentrum, in dem sie sich treffen, ist eine noch hellere Aufwölbung, ein sogenannter *Bulge* aus Gas, Staub und Sternen, der dem Blick bis zu dem schwarzen Loch, dem du gerade entkommen bist, alles entzieht, was hinter ihm liegt. Nur der Strahl in Energie umgewandelter Materie, den das Loch ausstößt, der Strahl, mit dem du gereist bist, ist von dort aus, wo du dich befindest, sichtbar.

Wenn du dich schwertust zu begreifen, was es bedeutet, dass 300 Milliarden Sterne unabhängig voneinander dahinschweben, mach dir nichts daraus: Niemand begreift das. Zahlen werden nichts ausrichten, wenn du versuchst, deinen Freunden nach deiner Rückkehr auf die tropische Insel zu beschreiben, was von dort oben zu sehen ist. Sag ihnen stattdessen, sie sollen einen würfelförmigen Karton mit einem Meter Kantenlänge nehmen und ihn bis oben mit grobkörnigem Sand füllen. Dann bitte sie, 299 weitere Kartons dieser Größe mit dem gleichen Sand zu füllen. Unsere Galaxie enthält so viele Sterne, wie all diese Kartons zusammen Sandkörner enthalten. Bitte deine Freunde weiter, nach London zu fliegen und diese 300 Kartons in eine flache, runde Form zu entleeren, die den ganzen Trafalgar Square bedeckt, den Inhalt der Form zu vier Spiralarmen anzuordnen und sich dann auf die Schultern Admiral Nelsons zu setzen. Sein Denkmal steht auf einer Säule inmitten des Platzes, die mit 51 Metern die gleiche Höhe hat wie Nelsons Flaggschiff HMS Victory vom Kiel bis zur Mastspitze. Was sie von dort oben sehen werden, wird sich ausnehmen wie die 300 Milliarden Sterne der Milchstraße von deiner gegenwärtigen Position aus. Nun sag deinen Freunden noch, dass du eines dieser Sandkörner mit einem gelben Punkt markiert hast, bevor sie Nelsons Schultern bestiegen haben, und bitte sie zu sagen, *welches* Sandkorn das ist. Sie werden dann begreifen, wie schwer du dich dort oben, oberhalb der wirklichen Milchstraße, mit dem Unterfangen getan hast, die Sonne zu entdecken – von der Erde, die nur ein Hundertstel so groß ist, ganz zu schweigen. Einen Stern zu identifizieren ist schwer genug, aber wie schwer haben es Planetenjäger!

Wenn dein Geist versucht, die Sonne von oberhalb der Milchstraße aus zu identifizieren, hat er es allerdings leichter als deine

Freunde: Du kannst dir alle je von Menschen, sei es von der Erde, sei es vom Weltraum aus, gemachten Bilder vom Nachthimmel vorstellen, um sie mit dem zu vergleichen, was du jetzt siehst. Die Wissenschaftler haben im Laufe der Jahre die Sterne der Milchstraße kartographiert und daher, obwohl sie unsere Galaxie nie verlassen haben, eine ziemlich genaue Vorstellung davon, wo die Sonne und die Erde liegen.

Zunächst konzentrierst du dich auf den Bereich um das galaktische Zentrum, den Bulge und das schwarze Loch, wo alles hell und schön und eindrucksvoll ist. Wäre es nicht natürlich, wenn eine so bedeutende Spezies wie die unsrige an diesem ganz besonderen Ort oder in seiner Nähe entstanden wäre? Wäre es angesichts unserer Bedeutung nicht logisch und also gerade recht, wenn die Sonne und die Erde Teil dieser galaktischen Herrlichkeit wären?

Sie sind es aber nicht. Unser Sonnensystem liegt ungefähr zwei Drittel des Weges vom schwarzen Loch im Zentrum zur Peripherie der Milchstraße entfernt, irgendwo auf einem der vier hellen Arme. Wirklich kein privilegierter Ort.* Und um noch Salz in die Wunde zu reiben: Wie gewaltig sie auch sein mag im Vergleich zu uns, im kosmischen Maßstab ist auch unsere Galaxie, wie du gleich sehen wirst, ziemlich unbedeutend.

Während du dich umdrehst nach dem, was es jenseits der Milchstraße zu sehen gibt, erblickst du einige leuchtende Kleckse, die die entlegenen Bereiche des Universums erhellen. Du fragst dich: Sind das einzelne Sterne? Aber dafür sind sie zu verschwommen und zu weit weg. Sind das etwa – kann es sein, dass das ebenfalls Galaxien sind? Und wenn ja: Kann man sie von der Erde aus mit bloßem Auge sehen?

Die Antwort auf die letzte Frage ist Nein.

Immer, wenn du auf der Erde zum Nachthimmel aufgeblickt hast, gehörten alle Sterne, von denen du ein Funkeln erhaschtest, zur Milchstraßengalaxie, zu der spiralförmigen Scheibe, die du ge-

* Aber vielleicht macht unsere Existenz ihn zu einem solchen.

rade gesehen hast. Alle: auch die, die ziemlich weit entfernt schienen von dem weißlichen Streifen, der den Nachthimmel zierte. Die Milchstraße ist keine unendliche Kugel, sondern eine endliche Scheibe, und die Erde liegt ihrer Peripherie näher als ihrem Zentrum. Daher gibt es an verschiedenen Stellen des Himmels sehr verschieden viele Sterne, wie ja auch der Nachthimmel, von verschiedenen Orten der Erde aus betrachtet, sich verschieden ausnimmt: An jedem Ort hat man einen anderen Teil der Milchstraße vor Augen.

Um es an einem Beispiel deutlich zu machen: Die Erdachse ist so geneigt, dass die südliche Hemisphäre immer zum galaktischen Zentrum hinblickt, die nördliche aber von ihm weg, in die Richtung, in der es viel weniger Sterne gibt. Entsprechend sind die Nächte im Norden, verglichen mit denen im Süden, eher fad.

Was du von deinem Strand auf der tropischen Insel aus als die Milchstraße identifiziert hast, das war nur eine dünne Scheibe deiner Galaxie, ein Band mit Hunderten Millionen Sternen, die zu weit entfernt waren, um einzeln erkennbar zu sein, deren Lichter zusammen jedoch das diffuse Band bildeten. Und während du jetzt in das weit entfernte Unbekannte spähst, bereit, deinen Geist dorthin stürmen zu lassen, wo du das größte Geheimnis vermutest, wird dir plötzlich klar, dass all diese Lichtkleckse genauso verschwommen sind wie die Milchstraße.

Auch sie müssen Galaxien sein!

Bei diesem Gedanken erscheint plötzlich schräg unter dir der Umriss einer weiteren Galaxie. Der Anblick ist atemberaubend. *Andromeda,** unsere galaktische große Schwester, taucht unter der Milchstraße auf und wird schnell größer. Sie ist so groß, dass man kaum glauben kann, dass die Menschheit so lange gebraucht hat, herauszufinden, was es damit auf sich hat.

Von der Erde aus gesehen bedeckt Andromeda einen Bereich des Nachthimmels, der ungefähr sechsmal so groß ist wie ein Vollmond, sie ist aber so weit weg, dass trotz ihrer 1000 Milliarden

* Nicht zu verwechseln mit dem gleichnamigen Sternbild. (Anm. d. Übers.)

Sterne nur die Aufwölbung in ihrer Mitte mit bloßem Auge erkennbar ist. Und diese Aufwölbung ist winzig. Der erste Mensch, dem sie auffiel und dessen Aufzeichnungen uns überliefert sind, war der bedeutende persische Astronom Abd al-Rahman al-Sufi. Gegen Ende des ersten Jahrtausends, also vor mehr als tausend Jahren, als viele Menschen auf der ganzen Welt ihr kurzes Leben damit verbrachten, einander zu bekämpfen, raffinierte Folterinstrumente zu erfinden und sich vor dem Ende der Welt zu fürchten, beobachtete er die Sterne. Al-Sufi war einer der größten Astronomen des Goldenen Zeitalters von Bagdad, aber er beschrieb die Aufwölbung im Zentrum von Andromeda als schwache Lichtwolke, weil er nicht wissen konnte, dass es der Mittelpunkt einer anderen Galaxie war. Er wusste nicht einmal, was das ist, eine Galaxie. Diese Erkenntnis wurde der Menschheit erst ungefähr tausend Jahre später zuteil. Vor den 1920er Jahren und den Beobachtungen des estnischen Astronomen Ernst Öpik und seines amerikanischen Kollegen Edwin Hubble wusste niemand von jenen isolierten Ansammlungen von Sternen, die wir als Galaxien bezeichnen. Die beiden bemerkten als Erste, dass weite Räume diese anderen Sterngruppen von der Milchstraße trennten und sie damit zu eigenständigen Gebilden machten.*

Andromeda ist der nächstliegende kosmische Beweis dafür, dass die Milchstraße nicht das ganze Universum ist.

Während du sie betrachtest und begreifst, dass die Milchstraße und diese majestätische Spirale von einer Billion Sternen umeinanderwirbeln, wird dir auch klar, dass alle Galaxien im Universum ein kosmisches Ballett tanzen, dessen Tänzer einsame leuchtende Inseln sind, Ansammlungen von Milliarden von Sternen, die sich in der lichtlosen Leere des Weltalls bewegen.

Dein Geist fängt an, den kosmischen Horizont – die Milch-

* Immerhin, über die Möglichkeit hatte man schon vor Öpik und Hubble nachgedacht. Der Erste scheint der englische Astronom und Mathematiker Thomas Wright im 18. Jahrhundert gewesen zu sein. Ein paar Jahre später nahm Immanuel Kant seine Idee auf.

straße, Andromeda und andere Galaxien nah und fern – zu umspannen, und wird dabei von einem erhabenen Gefühl erfasst.

In einem Augenblick reinen Glücks siehst du plötzlich alles, was das Universum ausmacht: zig, Hunderte, Tausende, Millionen, Hunderte Millionen von Galaxien in Gruppen verschiedener Größe. Bizarre drahtige Strukturen, die sich kreuz und quer durch das ganze sichtbare All erstrecken.

Wer hätte das gedacht?

Vor ein paar Minuten noch – oder ist es schon Stunden her? – lagst du im Urlaub an einem Strand, und jetzt ist das ganze sichtbare Universum in deinem Geist enthalten. Aus dieser Perspektive sind die zahllosen Punkte im Universum nicht mehr einsame Sterne, sondern Gruppen von Tausenden von Galaxien, die ihrerseits aus Hunderten oder Tausenden von Millionen Sternen bestehen. Und du weißt, dass die Milchstraße nur eine dieser Galaxien ist.

Während du dieses unglaubliche Bild in dich aufnimmst, während du all diese Gegenden ins Auge fasst, kommt dir ein unabweislicher Gedanke: dass es dir genauso schwerfiele, deine heimische Galaxie von all den anderen zu unterscheiden, wie in der Milchstraße die Sonne zu identifizieren oder auf dem Trafalgar Square ein bestimmtes Sandkorn. Aber du lässt deinem Geist freie Bahn, lässt ihn mit der Geschwindigkeit der Gedanken davonschießen und mitansehen, wie Galaxien sich drehen, tanzen und wirbeln, wie sie zerrissen werden und aufeinanderprallen, wie winzige Galaxien verschwinden, weil sie schlicht und einfach von einem gigantischen Nachbar verschluckt werden.

Einen Augenblick!

Sollte dich das nicht beunruhigen?

Im Nu bist du zurück in der Nähe der Milchstraße. Andromeda ist über dir. Sie ist riesig. Kann es sein, dass auch sie eines Tages mit einer anderen Galaxie – nämlich der Milchstraße! – verschmelzen wird? Gewiss, die beiden Galaxien drehen sich umeinander, aber noch etwas geschieht. Du siehst genauer hin und machst plötzlich einen Satz, als dir klar wird, dass Andromeda und die Milchstraße

Seite 49

aufeinander zustürzen, mit der erstaunlichen Geschwindigkeit von 100 Kilometern pro Sekunde, so dass nur noch 4 Milliarden Jahre vergehen, bis sie zusammenstoßen.

1 Milliarde Jahre bevor die Sonne explodiert, werden sie anfangen, miteinander zu verschmelzen.

Du musst schlucken, und du fragst dich, wie die Menschheit *davor* bewahrt werden kann. Doch zu deiner Erleichterung fällt dir ein, dass Galaxien so groß sind und dass so viel Raum zwischen ihren Sternen liegt, dass Kollisionen kaum je zum Zusammenstoß von Sternen führen. Sicher, die Gefahr besteht, aber einstweilen musst du damit leben.

Es ist völlig normal, wenn du in diesem Stadium durch eine kopernikanische Depression hindurchgehst. Vielleicht würdest du sogar lieber einige tausend Jahre früher gelebt haben, als man glaubte, die Erde sei eine Scheibe und – da wir Menschen uns gern für etwas Besonderes halten – sie liege im Zentrum des Universums. Wie beruhigend muss es gewesen sein zu glauben, dass sich alles um uns drehe, dass Engel die heiligen Räder eines kosmischen Uhrwerks und damit die Sonne und die Sterne bewegten! Warum um Himmels willen musste der polnische Mathematiker und Astronom Kopernikus im 15. Jahrhundert all dem ein Ende bereiten und verkünden, die Sonne drehe sich *nicht* um die Erde? Warum sah der Mathematiker und Astronom Galilei im 17. Jahrhundert, dass der Jupiter Monde hat, die *nicht* die Erde oder wenigstens die Sonne umkreisen, sondern ihn, den Jupiter, selbst? Warum sahen Öpik und Hubble, dass es da draußen weitere Galaxien gibt? Warum? Damit fing doch alles an!

Nun, abgesehen davon, dass sie recht hatten, wäre die Menschheit ohne Leute wie Kopernikus und Galilei dem Untergang geweiht, und – was wohl noch schlimmer wäre – ich hätte nie dieses Buch geschrieben! Du hättest nie in Gedanken unsere kosmische Nachbarschaft bereist, geschweige denn, was du bald tun wirst, Bereiche, die noch weiter entfernt liegen. Und unter uns gesagt: Wäre es nicht eine Schande, wenn die ganze Schönheit dort draußen ungesehen oder unerforscht bliebe, oder wenn sie gar – noch schlimmer – nur von anderen intelligenten Spezies aus deren ferner kosmischer Perspektive entdeckt würde?*

Andererseits, da wir gerade dabei sind und dir die schiere Größe des Universums langsam klar wird: Gibt es überhaupt andere Spezies? Gibt es in den Milliarden und Abermilliarden von Sterngruppen, mit denen ein ansonsten dunkles Universum gespickt ist, gibt es da rote Zwerge wie Proxima Centauri, die von Planeten umkreist werden? Gibt es weitere Sonnensysteme mit bewohnten Planeten? Gibt es mehr als eine Erde?

Für viele ist es schwer zu glauben, dass wir in diesem gigantischen Universum allein sind: «Wenn es darin nur uns gibt, dann ist das eine furchtbare Verschwendung von Raum», schrieb der amerikanische Astronom und Kosmologe Carl Sagan 1985, aber gut dreißig Jahre später ist man auf der Erde immer noch nicht schlauer. Dass es außerirdisches Leben gibt, ist immer noch eine erregende Möglichkeit (und, zugegeben, eine unheimliche), aber einstweilen ist es nur das: eine Möglichkeit. Da unsere Teleskope immer mehr Planeten im All entdecken, kann sich das sehr bald ändern, und ich jedenfalls hoffe, dass es sich ändert.

Selbst in den finstersten Jahren der chaotischen Geschichte der Menschheit gab es Leute, die den religiösen Autoritäten heroisch die Stirn boten, indem sie behaupteten, dass es außer der Erde wahrscheinlich weitere Welten gebe. Der italienische Mönch Giordano Bruno etwa wurde im Jahre 1600 in Rom bei lebendigem Leib verbrannt, weil er es gewagt hatte, einen solchen ketzerischen Gedanken auszusprechen: Er hatte behauptet, es gebe «zahllose Sonnen und zahllose Erden, die sich alle um ihre Sonne drehen». Für diesen Glauben starb er einen qualvollen Tod.

* Von «*anderen* intelligenten Spezies»? Wie der englische Physiker und Kosmologe Stephen Hawking oft im Scherz sagt (im Scherz?), haben wir noch immer keinen Beweis für Intelligenz *hier auf Erden* gefunden …

Wir wissen es heute besser als jede Inquisition, auch wenn es meiner Meinung nach viel zu viele Menschen gibt (selbst in den am weitesten entwickelten Ländern), die lieber die Augen und Ohren verschließen, als einige Tatsachen zur Kenntnis zu nehmen, die die Naturwissenschaft herausgefunden hat. Sie hat Planeten entdeckt, die vielleicht der Erde ähneln, und hat Leute wie Giordano Bruno im Überfluss bestätigt, wenn auch erst in jüngster Zeit.

Zwar weiß die Menschheit seit Ewigkeiten von der Existenz von Planeten wie dem Jupiter oder der Venus. Aber das erste Mal in der Geschichte, dass jemand einen Planeten auf der Bahn um einen Stern sah, der nicht die Sonne war, liegt erst gut zwanzig Jahre zurück: 1995 entdeckten zwei Schweizer Astronomen, Michel Mayor und Didier Queloz, einen gigantischen Planeten, der um einen ungefähr 60 Lichtjahre von uns entfernten Stern kreist. Sie tauften ihn auf den Namen *51 Pegasi b*.

Der von Mayor und Queloz gesichtete Planet ist allerdings nicht bewohnbar, und sei es auch nur deshalb, weil er seinem Stern viel zu nah ist. Aber immerhin, es ist ein Planet. Nach dieser Entdeckung stieß man Monat für Monat auf weitere, so dass man schließlich eigens dafür entwickelte Satelliten ins All schoss. Das NASA-Teleskop Kepler, das seine Reise 2009 antrat, ist eines davon. Inzwischen sind mehr als sechstausend Kandidaten entdeckt worden. Bei zweitausend von ihnen hat sich bestätigt, dass es sich um Planeten handelt, die weit entfernte Sterne umkreisen. Man hat sogar Doppelsternsysteme identifiziert, bei denen die Planeten *zwei* Sonnen umkreisen, und mit Sicherheit werden viele weitere Überraschungen in Zukunft für Sondermeldungen sorgen. Um diese fernen Planeten von denen zu unterscheiden, die zur Familie unserer Sonne gehören, werden sie als *Exoplaneten* bezeichnet. Von den zweitausend ausgewiesenen Exoplaneten sind übrigens etwa ein Dutzend möglicherweise ähnlich beschaffen wie die Erde; einer von ihnen, dessen Existenz 2014 bestätigt wurde – er wird als Kepler 186 f. bezeichnet –, weist sogar mit Sicherheit erstaunliche Ähnlichkeiten mit unserer Erde auf …

Es kann natürlich sein, dass all diese anderen Planeten öde

und leer sind. Aber wer weiß, vielleicht gibt es auf ihnen Leben! Ich bin bereit, darauf zu wetten, dass man etwa innerhalb der nächsten zwei Jahrzehnte direkte oder indirekte Hinweise auf außerirdisches Leben findet. Vielleicht auf einem dieser Kandidaten, vielleicht auf noch zu entdeckenden Planeten. Wir haben die Technologie, um Anzeichen für biologische Aktivität innerhalb der Atmosphären solcher entlegenen Welten aufzuspüren. Wäre es nicht wunderbar, eine solche Entdeckung noch zu erleben?

Alle bisher entdeckten Exoplaneten gehören zur Milchstraße, unserer Galaxie, und sind der Erde damit relativ nahe. Planeten, die es in anderen Galaxien geben mag, sind für unsere Teleskope viel zu weit entfernt, selbst wenn Hunderte von Milliarden davon existieren sollten.

Andromeda etwa könnte geradezu wimmeln von Leben. Sie ist die größte von all den Galaxien um die Milchstraße herum, und sie liegt sehr nahe – nach galaktischen Maßstäben. Nach menschlichen nicht. Von der Erde aus einen Ort auf irgendeinem ihrer 1000 Milliarden Sterne anzurufen wäre wenig sinnvoll: Zwischen dem Anruf und dem Klingeln würden ungefähr zweieinhalb Millionen Jahre vergehen. Um Kontakt aufzunehmen, sollten wir uns lieber eine intelligente Frage einfallen lassen. Und eine dafür geeignete Sprache.

8
Die erste Wand am Ende des Universums

Wie groß ist das sichtbare Universum?

Was würde geschehen, wenn du immer weiterrasen würdest, immer geradeaus, so weit du sehen kannst?

Gibt es eine Grenze?

Da dir früher oder später, wenn du wieder mit deinem Körper vereint bist, unvermeidlich jemand diese Frage stellen wird, solltest du versuchen, eine Antwort darauf zu finden.

Voller Zuversicht entscheidest du dich für eine Richtung und schießt los.

Schon bald, nachdem du begonnen hast, dich von deiner heimischen Galaxie zu entfernen, merkst du, dass die Milchstraße Teil einer kleinen Gruppe von 54 Galaxien ist, die durch die Schwerkraft miteinander verbunden sind. Die Wissenschaftler bezeichnen diese Gruppe als *lokale Gruppe*. Sie hat einen Durchmesser von ungefähr 8,4 Millionen Lichtjahren. Die Milchstraße ist das zweitgrößte Mitglied der Gruppe, nach Andromeda, der Königin.

Jenseits der lokalen Gruppe liegen andere Gruppen von Galaxien. Einige davon sind mehrere hundert Galaxien stark. Diese Ansammlungen, die viel größer sind als unsere, werden als *Galaxienhaufen* bezeichnet. Auf deiner Reise fliegst du auch an gigantischen Haufen, sogenannten *Superhaufen*, vorbei, mit Zehntausenden leuchtender Spiralen und ovaler Scheiben, die aus zahllosen Sternen bestehen, durch die Schwerkraft miteinander verbunden sind und sich durch Raum und Zeit ziehen.

Diese Superhaufen bilden irrsinnig große Strukturen.

Während du alles dir Bekannte hinter dir lässt und das Universum unter einem anderen Blickwinkel betrachtest, wird dir klar, dass du deine relative Größe im großen System der Dinge einmal mehr wirst neu bestimmen müssen. Ganz geistiges Auge, drehst du dich um die virtuelle eigene Achse und blickst nach allen Seiten, um auf der Suche nach einem Ende dieses gewaltigen Raumes aus allen Richtungen so viel Licht wie möglich einzufangen. Es gibt weder oben noch unten, weder rechts noch links. Du bist jetzt mehr als 1000 Millionen Lichtjahre von der Erde entfernt, und Milliarden und Abermilliarden leuchtender Galaxien sind in einer unfassbar großen Dunkelheit verteilt. Diese Galaxien und Gruppen von Galaxien, diese Haufen und Superhaufen nah und fern um dich herum sind durch Entfernungen voneinander getrennt, die noch größer sind als die, die du bisher durchmessen hast.

Kaum zu glauben, dass die Milchstraße nur einer von all diesen Punkten ist; aber du weißt, dass das, was du siehst, nicht Phantasie ist, sondern dem Kenntnisstand der Menschheit entspricht.

Angesichts dessen scheint die Idee, die Erde retten zu wollen, absolut hirnrissig. Warum sich Gedanken oder gar Sorgen machen? Alles hinter dir zu lassen und für immer in dieser superschönen gewaltigen Wirklichkeit dahinzuschweben – es ist nur allzu verständlich, wenn das zu einem verlockenden Traum wird. Warum nicht dein Leben hier oben verbringen? Ist das, was die Wissenschaftler in ihren Laboren tun, Tagträumerei?

Während du nachsinnst über die Idee, dein gewohntes Leben nicht wiederaufzunehmen, ergreift ein seltsames Gefühl Besitz von dir und fängt an, deinem Geist neue Energie zu injizieren: Was du jetzt siehst und was du bereist, ist das, was die Menschheit vom Universum zu wissen glaubt. Du bereist das Universum, wie menschlicher Geist es sich vorstellt, so dass diese ganze Unermesslichkeit das möglicherweise begrenzte Fassungsvermögen eines menschlichen Gehirns nicht überschreitet. So wunderlich das klingen mag, es ist ein beruhigender Gedanke, der dich wieder Mensch sein lässt, wieder zum Angehörigen einer Spezies macht, die in der Lage ist, ihre Gedanken fliegen zu lassen, so weit das Auge reicht, und noch weit, weit darüber hinaus … Beim Blick auf das Panorama fragst du dich: Könnte es nicht noch weiter sein? Könnte dein Geist nicht noch mehr umspannen? Du willst es wissen – egal, welches Schicksal der Erde bevorsteht. Mit virtuellem Herzklopfen – die wiedergewonnene Neugier! – stürmst du, zum Äußersten entschlossen, voran und fliegst an Milliarden weiterer Galaxien vorbei. Wie es bei Menschen immer der Fall ist, stellt sich rasch Vertrautheit ein, und nicht einmal die Unermesslichkeit des Universums kann dich schrecken. Was vor einer Sekunde Verzweiflung gewesen sein mag, hat sich in Begeisterung verwandelt.

Hier und da siehst du Galaxien miteinander kollidieren, du siehst Sterne zu Supersternen, sogenannten *Supernovae* explodieren und dabei Milliarden ihrer Geschwister einen Augenblick lang grell überstrahlen. Im Universum dreht sich alles um alles – dir wird eine Show von staunenswerten Größenordnungen und übermenschlichen Schönheiten geboten.

Du jagst weiter, ohne zurückzublicken, und bist jetzt zehn Milliarden Lichtjahre von der Erde entfernt.

Dein Geist fliegt weiter voran, immer weiter.

Du bist elf Milliarden Lichtjahre von der Erde entfernt.

Zwölf.

Dreizehn Milliarden Lichtjahre, und es geht weiter.

Du bist freudig erregt und hältst Ausschau nach dem Ende unseres Universums. Vergeblich: kein Ende in Sicht. Aber dein Geist verliert etwas an Geschwindigkeit, denn die Galaxien um dich herum werden spärlicher. Dafür werden die Sterne, aus denen sie bestehen, größer. Sogar beträchtlich viel größer. Einige der Sterne, die du jetzt siehst, sind mehrere hundertmal so groß wie die mittelgroßen Sterne der heutigen Milchstraße. Du kommst weiter voran, wenn auch langsamer. Die Zahl der leuchtenden Lichtquellen vor dir ist jetzt drastisch gesunken. Und als du ungefähr 13,5 Milliarden Lichtjahre von der Erde entfernt bist, sind sie so ziemlich alle verschwunden.

Du hältst an. Könnte es sein, dass du erreicht hast, wonach du suchtest? Dass das Universum wirklich ein Ende hat?

Dir fällt ein, dass ihr, du und deine Freunde, diese Frage ein paar Mal vor eurer Reise auf die tropische Insel aufgeworfen habt, dass der Gedanke für dich aber keine reale Bedeutung gewann. Jetzt fragst du dich, ob du etwa geglaubt hast, du könntest von der Erde aus ewig weiter ins Universum rasen und immer noch mehr Galaxien erblicken.

Da du durch das Universum reist, wie es aus der Perspektive der Erde aussieht, sei dir gesagt, dass unsere Teleskope uns etwas anderes gezeigt haben. Was wir sehen können, dank Licht, und immer werden sehen können, das ist in der Tat begrenzt. Dein Geist hat die Grenze noch nicht erreicht, wird sie aber bald erreichen. Im Augenblick befindet er sich in einer Gegend, die in Raum und Zeit so weit entfernt ist, dass nicht einmal die ersten Sterne geboren sind. Aus diesem Grund wird der Zeit-Raum, den du durchquerst, als das *finstere kosmische Mittelalter* bezeichnet. Alles Licht, das wir von dort empfangen, ist, wenn es uns erreicht, im Universum 13,5 Milliarden Jahre unterwegs gewesen. Damals, in einem Zeitraum von ungefähr 800 Millionen Jahren, fingen die ersten Sterne an, kleine Wasserstoff- und Heliumatome in die Materie umzuschmelzen, aus der wir, die Erde, die anderen Planeten und die heutigen Sterne bestehen. Es waren die Sterne der ersten Generation, während unsere Sonne der zweiten oder dritten angehört.

* * *

Während du in der Erwartung ewiger Finsternis weiterfliegst, kommst du plötzlich in einen Bereich, in dem sich Licht nicht mehr ausbreiten kann.

Vor dir scheint sich eine Wand in Raum und Zeit zu befinden. Jenseits davon ist das Universum nicht mehr dunkel, sondern lichtundurchlässig. Du machst unmittelbar vor ihr Halt und streckst eine virtuelle Hand aus, um vorsichtig zu ertasten, was jenseits liegt.

Dein nicht vorhandener Körper kriegt eine Gänsehaut, als du mit einer gewaltigen Energie in Berührung kommst. Diese Energie ist von so hoher Dichte, dass du plötzlich verstehst, warum sich Licht hier nicht ausbreiten kann: Es wäre, als wollte man eine

Fackel innerhalb einer Wand anzünden. Es *gibt* Licht hinter der Fläche vor dir, aber es kann seinen Ort nicht verlassen.

Der Ort, den du erreicht hast, ist kein Produkt deiner Phantasie, sondern es ist der entlegenste Ort, den unsere Teleskope sehen können. Es ist der Ort in Raum und Zeit, an dem unser Universum lichtdurchlässig wurde. Kein Licht von jenseits dieses Ortes, kein Licht von vor diesem Zeitpunkt wird die Erde je direkt erreichen. Kein Licht von «davor» wird je von einem unserer Teleskope eingefangen werden. Die Physiker haben Jahrzehnte gebraucht, um zu verstehen, was das bedeutet. Schließlich warteten sie, wie du im nächsten Kapitel sehen wirst, mit einer ziemlich schlauen Idee auf, die sich auf all das einen Reim machen sollte. Sie wird als *Urknalltheorie* bezeichnet.

Doch einstweilen musst du dich damit abfinden, dass du das Ende des sichtbaren Universums erreicht hast. Es ist ein Ort, der mithilfe unserer Teleskope entdeckt und lokalisiert wurde: die Fläche einer Wand, durch die kein Licht dringen kann. Sie wird als *Fläche der letzten Streuung* bezeichnet.

Aber genau in dem Moment, da dir klar zu werden beginnt, wie bizarr und überraschend all das klingt, verschwindet der ferne Ort des Universums um dich herum, du liegst wieder am Strand auf deiner tropischen Insel und blickst zum Nachthimmel auf. Die Sterne, die Bäume und das Meer sind noch da. Deine Freunde ebenfalls, aber sie sehen dich komisch an.

Du setzt dich auf und erzählst ihnen von der ungewöhnlichen Reise, die du gerade gemacht hast. «Die sterbende Sonne – wir müssen eine Lösung finden! – Dass das Universum so groß ist – einfach verrückt! Und die Wand erst! Die Wand, die den Übergang von der Lichtundurchlässigkeit zum finsteren kosmischen Mittelalter markiert!»

Die Blicke deiner Freunde nehmen einen besorgten Ausdruck an. Während die Jungs dir aufhelfen und dich zu deinem Ferienhaus begleiten, hörst du, wie sie sich fragen, ob die gegrillten Shrimps vielleicht nicht frisch waren oder ob der Alkohol zu hochprozentig war.

«Was soll das, Leute», versuchst du sie zu überzeugen. «Ich kann mir das doch nicht alles eingebildet haben!»

Ein paar Stunden später beginnen im Osten einige Strahlen der aufgehenden Sonne (vor allem die, die der Farbe Blau entsprechen) den in der Erdatmosphäre enthaltenen Staub zu reflektieren, sich überall auszubreiten und dadurch das Weltall dem Blick zu entziehen. Als du, umzwitschert von frühmorgendlichem Vogelgesang, im Bett die Augen aufschlägst, siehst du direkt neben dir den Umriss einer Freundin von dir. Sie hat offenbar die ganze Nacht bei dir gewacht. Hast du alles nur geträumt?, fragst du dich. Oder ist dein Geist wirklich durch die Weiten des Alls gereist?

Als deine Freundin dich fragt, ob es dir besser geht, und dir ein Glas Wasser reicht, streicht eine frische Brise Morgenwind sanft über deine Stirn, und du lächelst. Jedenfalls ist es gut, denkst du, wieder auf der Erde zu sein.

Dein Lächeln wird sogar noch breiter, denn tief in deinem Innern weißt du, dass du etwas ganz Besonderes erlebt und nichts davon geträumt hast; dass alles wahr war; dass du *sehen* durftest, ohne jahrelang studieren zu müssen. Du weißt nicht, warum, aber du hast das Universum gesehen, soweit es heute bekannt ist.

Erleichtert über dein Lächeln steht deine Freundin auf, um dir etwas zum Frühstück zu holen. Gleich, als sie weg ist, versuchst du, dir in Erinnerung zu rufen, was du erlebt hast, um es nicht zu vergessen. Es war aber nur der Anfang eines merkwürdigen Abenteuers, sagt dir dein Gefühl.

Als du auf deinem Bett aus geflochtenen Palmenblättern sitzt und beobachtest, wie die Wellen den Strand überspülen, erinnerst du dich an die Erde, wie sie sich vom Weltall aus darstellt: als ein kleiner blauer Punkt, der die Sonne umkreist. Du erinnerst dich an die Milliarden anderen Sterne, die um das schwarze Loch, das sich nahe dem Zentrum der Milchstraße verbirgt, herumwirbeln. Du erinnerst dich an Andromeda und die mehr als vier Dutzend Galaxien, aus denen die lokale Gruppe besteht, und schließlich an die anderen Gruppen, an die Galaxienhaufen und Superhaufen, die sich bis in die Unendlichkeit erstrecken.

Nein.

Nicht bis in die Unendlichkeit.

Bis zum finsteren kosmischen Mittelalter und zu der Wand. Bis zur Fläche der letzten Streuung, jenseits derer Licht sich nicht frei ausbreiten kann.

Und du weißt: Egal, welche Richtung dein Geist auf seiner Reise eingeschlagen hätte, er wäre schließlich auf diese Wand gestoßen.

Das klingt so, als ob die Erde, könnte man sie aus einer unvorstellbar großen Entfernung betrachten, in der Mitte einer Sphäre läge, die an eben jener Wand ihre Grenze fände. Und was innerhalb dieser Sphäre läge, wäre das ganze sichtbare Universum, zu dem die Menschheit jemals Zugang haben könnte.

Verblüfft starrst du vor dich hin, als dieser Gedanke von deinem Geist Besitz ergreift.

Wenn die Erde in weiter Ferne von der Fläche der letzten Streuung umgeben ist, dann muss sie im Zentrum einer von dieser Wand begrenzten Sphäre liegen.

Klingt logisch.

Aber das bedeutet doch, dass die Erde *wirklich* im Zentrum des sichtbaren Universums liegt.

Geschockt und ungläubig schüttelst du den Kopf und murmelst: Das ergibt doch alles keinen Sinn.

Es ergibt überhaupt keinen Sinn.

Aber du weißt, was du gesehen hast, und wünschst plötzlich nichts sehnlicher, als dorthin zurückzukehren und noch einmal einen Blick auf all das zu werfen.

Das wirst du sehr bald schon, wenn auch aus einer anderen Perspektive.

Damit du vorbereitest bist, sage ich dir, dass die Fläche, die du gesehen hast, die Fläche der letzten Streuung, nicht das Ende der Geschichte ist. Es gibt nämlich jenseits davon noch mindestens zwei weitere Flächen von Wänden. Die erste Fläche ist der sogenannte Urknall. Die zweite verbirgt, was den Urknall verursachte.

Bevor du dieses Buch zu Ende gelesen hast, wirst du zur zweiten Wand gereist sein und darüber hinaus.

Aber immer mit der Ruhe!

Schließlich bist du im Urlaub, und deine Freundin ist zurück mit dem Frühstück.

Während du dich stärkst, werde ich dir helfen, ein bisschen Ordnung in das zu bringen, was du erlebt hast.

Teil zwei

Das Weltall verstehen

I

Eherne Gesetze

Bist du jemals von einer Klippe gesprungen? Oder aus dem obersten Stockwerk eines Wolkenkratzers?

Wahrscheinlich nicht.

Warum nicht?

Weil du tot wärst.

Auch ich wüsste, dass ich es nicht überleben würde.

Wir alle wissen das.

Aber woher?

Die Antwort ist ebenso einfach wie geheimnisvoll und tiefsinnig. Weil wir sie kennen, ist es uns gelungen, die Erde und einen kleinen Teil des Himmels zu erobern. Weil wir sie kennen, konnte ich dich im ersten Teil dieses Buches ins All schicken und einen Blick auf die Sterne werfen lassen. Sie hat mit der Natur und ihren Gesetzen zu tun.

Egal, wie gebildet wir sind, ob wir die naturwissenschaftlichen Fächer in der Schule mochten oder nicht, ob wir Naturwissenschaftler sind oder nicht: Bei genauer Prüfung wird jeder in sich auf die Intuition stoßen, dass es in der Natur Gesetze gibt und dass diese Gesetze nicht durchbrochen werden können. Dass jeder, der von zu weit oben hinabspringt, sich beim Aufprall die Knochen brechen und sterben wird, ist nur eines von ihnen.

In den Jahrtausenden, die uns von unseren Jäger-und-Sammler-Vorfahren trennen, haben viele Männer und Frauen nach diesen Gesetzen geforscht. Mit Erfolg: Es ist ihnen gelungen, eine ganze Menge davon aufzudecken. Das Gebiet, auf dem diese Suche mit dem Ziel, die Geheimnisse der Natur zu enthüllen, heute fortgesetzt wird, ist die sogenannte *Theoretische Physik*. Die Tore ihres (nie konsolidierten und nie saturierten) Reiches werden sich jetzt für dich auftun.

Gegründet hat dieses Reich der englische Astronom, Physiker, Mathematiker und Naturphilosoph Isaac Newton durch die Erfindung einer neuen Sprache – der Sprache der mathematischen Analysis –, die es ihm ermöglichte, mehr oder weniger alles, was im Bereich der menschlichen Sinne liegt, in Formeln zu erfassen. Warum ein Mensch, der am Rand einer Klippe einen Schritt nach vorn macht, fällt, statt in der Luft zu stehen, diese Frage beantwortet seither eine Formel. Wenn wir wissen, wie der Fall beginnt, dann sagt uns Newtons Formel, wo er enden wird und wie schnell. Aus derselben Formel geht hervor, dass es keinen Unterschied macht, ob ein Mensch, ein Schwamm oder ein Felsbrocken von einer Klippe fällt, jedenfalls dann nicht, wenn wir die Reibung des Luftwiderstands unberücksichtigt lassen. Damit nicht genug, lässt sich mit Newtons Formel errechnen, dass der Mond die Erde in etwas weniger als 28 Tagen umkreist und dass die Erde für einen Umlauf um die Sonne ein Jahr benötigt. Bezeichnet wird diese Formel als *Newton'sches Gravitationsgesetz*. Weil er es entdeckt hat, gilt Isaac Newton noch heute als eines der größten Genies aller Zeiten.

Man braucht kein Naturwissenschaftler zu sein, um zu ahnen, dass es ein gutes Gefühl gewesen sein muss, dieses Gesetz gefunden zu haben, und dass Newton mit sich nicht unzufrieden war. Aber komisch, statt jeden Abend zur Feier seiner Entdeckung eine Party zu schmeißen (wie ich es getan hätte), wollte er sich lieber vergewissern, dass er sich nicht geirrt hatte. Also fing er an zu untersuchen, ob seine Gravitationsformel wirklich verdiente, allgemeingültig genannt zu werden. Der Geltungsbereich des Gesetzes ist von höchster Bedeutung, weil die Erde, wie dir im ersten Teil des Buches klar geworden ist, verglichen mit dem Universum nicht der Rede wert ist, um es vorsichtig auszudrücken. Und was für ein winziges Staubkorn gilt, muss ja nicht auch für eine Galaxie gelten.

Doch zu Newtons Zeit war auf der Erde kein Experiment möglich, das seine Formel hätte als falsch erweisen oder auch nur infrage stellen können. Ein Pfeil etwa landete immer dort, wo er landen sollte, und hätte jemand einen Berg werfen können, wäre es nicht anders gewesen.

Aber was ist mit Dingen, die größer sind als ein Berg? Was ist mit Himmelskörpern und anderen Phänomenen im All, wo die Gravitationswirkungen stärker sind als auf unserem Planeten? Um das herauszufinden, müssen wir die Erde in Gedanken verlassen. Und da du schon deren Nahbereich bereist hast, weißt du, dass der am nächsten gelegene Ort, um mit der Untersuchung zu beginnen, zugleich der hellste ist: die Sonne.

2

Eine ärgerliche Kugel aus Felsgestein

Die Oberflächengravitation unseres Sterns – die Kraft, mit der er dich auf seine Oberfläche hinabzieht – ist zwar ungefähr 28-mal so stark wie die unseres Planeten, aber die Sonne ist nicht das Objekt mit der größten Schwerkraft, dem du bei deiner Entdeckung des Weltalls im ersten Teil des Buches begegnet bist. Schwarze Löcher etwa haben noch viel mehr Kraft. Gleichviel, die Sonne deklassiert die Erde, und sie ist viel leichter zu erforschen, als es schwarze Löcher sind. Also, bewährt sich Newtons Formel bei unserem Stern genauso wie bei unserem Planeten? Und wie könnten wir das herausfinden?

Wie du gesehen hast, gibt es acht Planeten im Sonnensystem: Von außen nach innen sind das Neptun, Uranus, Saturn, Jupiter, Mars, Erde, Venus und Merkur. Sehen wir doch einfach genauer hin, wie sie durchs Weltall schießen, und untersuchen wir, ob die Sonne sie so anzieht, wie sie es Newtons Gesetz zufolge tun müsste, oder ob sie es nicht tut. Dank vieler Astronomen, die ihr Familienleben vernachlässigten, um des Nachts die Sterne zu beobachten, verfügte die Menschheit schon zu Newtons Zeit über genaue Beschreibungen einiger dieser Umläufe.* Und die Antwort ist fast zu schön, um wahr zu sein: Wenn man berücksichtigt, dass die Planeten auch einander anziehen, dann bewegen sich alle genannten** genau nach Newtons Formel. Da fällt einem doch ein Stein vom Herzen! Die Formel ist wirklich allgemeingültig.

* Uranus und Neptun wurden erst später entdeckt – übrigens dank Newtons Formel.

** Inklusive Uranus und Neptun.

Aber halt, einen Moment! Da du gute Augen hast, wirst du zweifellos bemerkt haben, dass *ein* Planet in der Aufzählung oben fehlt. Ich habe nur sieben der acht Planeten genannt, die zum Sonnensystem gehören, habe also einen vergessen: den, der der Sonne am nächsten ist und der ihre Anziehungskraft daher stärker spürt als alle anderen. Ich spreche vom Merkur.

Und beim Merkur gibt es ein klitzekleines Problem. Eine leichte Abweichung. Nichts Großes. Etwas so Kleines, dass es sicher nicht von Bedeutung ist. Es ist aber leider von Bedeutung. In den Jahrhunderten nach Newton hat der kleine Unterschied alles verändert, was die Menschheit über Raum und Zeit zu wissen glaubte.

Der Merkur ist nicht sonderlich eindrucksvoll. Er ist der kleinste Planet des Sonnensystems, nur geringfügig größer als unser Mond. Er ist felsig, und seine Oberfläche ist von Kratern entstellt, die kaum in absehbarer Zeit verschwinden werden. Der Merkur hat keine Atmosphäre und daher keine Witterung, die Kratzer und unregelmäßige Konturen verwischen könnte. Kurz, der Merkur ist nicht die Art Planet, die man sich als Urlaubsziel aussuchen würde. Für eine volle Drehung um die eigene Achse benötigt er 59 Erdentage, was bedeutet, dass eine Nacht auf dem Merkur einen Erdenmonat dauert und dass darauf ein genauso langer Tag folgt. Tag und Nacht sind höllisch auf dem Merkur. Am Tag können die Temperaturen auf 430 °C steigen, um dann in der Nacht vielleicht auf –180 °C zu fallen. Newton kannte diese Details nicht, und wahrscheinlich konnte er sich nicht einmal vorstellen, wie ungemütlich es auf dem Merkur ist. Heute wissen wir das. Wir wissen auch, dass die Bahnen, die die Planeten um die Sonne ziehen, laut Newtons Formel wie leicht gequetschte Kreise aussehen sollten. Newtons Berechnung stimmte (und stimmt noch immer), wie gesagt, für alle Planeten vollkommen mit den Beobachtungen überein. Hinterließen sie eine Spur, so würden sie alle einen gequetschten Kreis, eine *Ellipse,* zeichnen und einen Weg gehen, den sie Jahr für Jahr exakt wieder beschreiten würden, genau wie Newton behauptet hatte. Alle bis auf den Merkur. Seine elliptische Bahn um die Sonne hat einen leichten Dreh, ein in Längsrichtung hin- und herschaukelndes Ei, so dass

Merkur den gleichen Weg nicht zweimal zurücklegt. Das liegt, wie schon Newton vermutete, größtenteils an den anderen Planeten, die den kleinen Merkur jedes Mal, wenn er ihnen nahe kommt, zu sich hinziehen. Aber eben nur zum größten Teil, nicht gänzlich. Die Abweichung ist winzig, aber sie ist da. Stell dir den Abstand zwischen zwei aufeinanderfolgenden Sekunden auf einer altmodischen Armbanduhr (mit einem großen und einem kleinen Zeiger) vor und teile ihn durch 500. Eines dieser 500stel ist der Winkel, in dem der gequetschte Kreis des Merkur im Laufe eines Jahrhunderts von Newtons Berechnung abweicht.

Man möchte kaum glauben, dass die Wissenschaftler eine so winzige Abweichung feststellen konnten, ohne dass dafür ein paar hunderttausend Jahre vergehen mussten, aber so war es. Dabei wissen wir heute, dass der kleine Unterschied mit Newtons Formel nicht vorausberechenbar, geschweige denn erklärbar war, weil er etwas mit einem Aspekt der Schwerkraft zu tun hat, der weit jenseits dessen liegt, was Newton sich hätte vorstellen können.

Newtons Gleichung quantifiziert die wechselseitige Anziehung von Objekten infolge der Schwerkraft, sie sagt aber nichts darüber aus, was Schwerkraft *ist*. Der arme Isaac hat (wie viele andere Wissenschaftler) ungeheuer viel Zeit dem Versuch gewidmet, das Wesen der Schwerkraft zu verstehen. Ist das, was Objekte einander anziehen lässt, eine Eigenschaft der Materie? Sind alle Objekte im Universum auf diese Weise miteinander verbunden? Wenn ja, wodurch genau? Es gibt kein sichtbares oder unsichtbares elastisches Band, das unsere Füße mit dem Erdboden oder die Erde mit dem Mond verbände. Ist die Verbindung magnetischer Art? Unmöglich. Magneten haften nicht an unseren Füßen, weil unser Körper elektrisch neutral ist. Die Schwerkraft kann also keine magnetische Kraft sein. Was ist sie dann? Und warum erlaubt sich ausgerechnet der Merkur, der kleinste Planet, andere Wege zu gehen als die anderen?

Newton starb 1727. Es war ihm nicht gelungen, eine Erklärung für den Eigensinn des Merkur zu finden. 188 Jahre vergingen, bis plötzlich jemand mit einer ziemlich skurrilen neuen Idee hervortrat.

3
1915

Das Angenehme an physikalischer Forschung ist, dass wir, wenn Beobachtungen nicht mit der Theorie übereinstimmen, zunächst sagen, die Beobachtung müsse falsch sein. Wir wiederholen dann das Experiment, wiederholen es, wenn nötig, auch mehrmals, und wenn es dann hartnäckig immer wieder zu einem Ergebnis führt, das wir für falsch halten, dann schauen wir, ob nicht irgendein Unbekannter dieses Ergebnis mit einer alternativen Theorie vorhergesagt hat. Wenn das nicht der Fall ist, müssen wir zugeben, dass wir keine Ahnung haben, warum die Natur sich so verhält. Das Sicherste ist dann, alles auszuprobieren, wobei «alles» die verrücktesten Ideen einschließt. Und die auszuprobieren macht wirklich Spaß! Wie wir später sehen werden, sind die Ideen, die heute geprüft werden, um herauszufinden, wie unser Universum entstanden ist, mit den besten Science-Fiction vergleichbar (und wie der britische Hofastronom Sir Martin Rees, Baron Rees of Ludlow, einmal gesagt hat, ist gute Science-Fiction besser als schlechte Wissenschaft). Natürlich sind die meisten dieser Ideen grundfalsch, aber das macht nichts. Es kommt darauf an, Untersuchungen anzustellen und zu sehen, was geschieht. Bisher war dieser Ansatz ziemlich erfolgreich.

Newtons Formel nun war nahezu zwei Jahrhunderte lang ohne Probleme verwendet worden, und für das Leben der meisten Menschen war der Fall Merkur ohnehin nicht von großer Bedeutung gewesen. Aber dann trat ein Wissenschaftler mit einer völlig irren Idee, was es mit der Schwerkraft auf sich haben könnte, an die interessierte Öffentlichkeit. Stell dir die Sonne im Weltall vor und den sie umkreisenden Merkur, und vergiss alles andere. Nimm an, die beiden seien allein im Universum. Ein kleiner felsiger Planet auf der Umlaufbahn um eine riesige leuchtende Sonne. Drumherum Leere.

Jetzt denk dir den Merkur weg. Und denk dir auch die Sonne weg. Es ist nichts mehr da.

Wie, wenn die Schwerkraft etwas mit diesem «Nichts» zu tun hätte, das heißt mit dem wie auch immer beschaffenen Stoff, aus dem das Universum gemacht ist?

Denken wir uns, um herauszufinden, was passieren könnte, wenn das der Fall wäre, die Sonne zurück, und überlegen wir. Wenn wir für einen Augenblick annehmen, der Stoff, aus dem unser Universum besteht, könne verformt werden, dann bestünde eine der einfachsten Wirkungen, die die Sonne auf ihn ausüben könnte, darin, ihn zu krümmen. Nämlich wie? Versuch dir eine schwere Kugel vorzustellen, die auf eine dicke Gummimatte gelegt wird: Das Gummi gibt nach, bekommt unter der Kugel und um sie herum eine Delle. Wenn du es einseifst, gleitet alles in dem eingedellten Bereich nach unten auf die Kugel zu. Für eine Ameise etwa könnte sich das wie ein Effekt der Schwerkraft anfühlen.

Wenn alle Sterne und Planeten auf seifigem Gummi lägen, hätten wir das hoffentlich inzwischen gemerkt. Der Stoff, aus dem das Universum besteht, kann also keine flache, feste Gummimatte sein. Aber vielleicht ist er eine unsichtbare drei- oder gar vierdimensionale. Und woraus immer dieser voluminöse Stoff bestehen mag, ist es nicht vorstellbar, dass er sich um die in ihm enthaltene Materie herum krümmt? Natürlich nicht nur in einer Ebene, sondern in allen, so als würde eine Kugel im Meer das Wasser um sich herum krümmen.

Wenn wir diese Idee einen Moment lang ernst nehmen, dann wäre die Schwerkraft nur das Resultat jener Krümmung: Man fiele, wenn man fällt, nicht infolge einer Kraftwirkung, die einen hinabzieht, sondern weil man ein unsichtbares Gefälle im Stoff des Universums hinabgleitet (bis man auf festen Boden trifft, der weiteres Fallen verhindert).

Eine verrückte Idee, gewiss, aber warum sollte man es nicht mit ihr versuchen? Wie würden sich die Dinge in einem solchen Universum bewegen?

Für alle Planeten bis auf den Merkur führen geometrische Berechnungen auf der Grundlage dieser «Krümmungs»-Theorie zu exakt denselben Ergebnissen wie die Berechnungen Newtons. Was genauso beruhigend wie erregend ist. Aber was ist nun mit dem Merkur?

Der Mann, der mit dieser irren Idee der «Krümmung» hervortrat, kam zu dem Ergebnis, dass sich die gequetschte Kreisbahn des Merkur in einem Universum, wie er es beschrieb, um die Sonne in einer Weise herumdrehen müsse, wie es mit Newtons Berechnung nicht vereinbar sei. Um wie viel sich die Bahn verschiebe? Im Laufe eines Jahrhunderts um einen Winkel, der ungefähr einem 500stel einer Sekunde auf einer Armbanduhr entspreche. Erstaunlich! Mehr als hundertfünfzig Jahre lang nach Newtons Tod war niemand in der Lage gewesen, das zu erkennen. Er aber hatte es geschafft. Er hatte recht. Die Schwerkraft war plötzlich kein Rätsel mehr. Die Schwerkraft war eine Krümmung des Stoffs, aus dem das Universum besteht, verursacht durch die in ihm enthaltenen Objekte. Newton hatte das nicht gesehen. Niemand hatte es gesehen, und wir sind heute immer noch dabei, alle Konsequenzen dieser Vision zu erfassen.

Stephen Hawking hat mehrfach gesagt: «Ich würde die Freude über eine Entdeckung nicht mit Sex vergleichen, denn sie währt länger.» Das Foto des Mannes, der das Problem mit dem Merkur löste, bestätigt Hawkings Diktum schon auf den ersten Blick.

Sein Name ist Albert Einstein, und die Theorie, die ich gerade eingeführt habe, die Theorie, die die Materie und die lokale Geometrie des Universums zu einer Theorie der Schwerkraft verbindet, ist die sogenannte *allgemeine Relativitätstheorie.*

Veröffentlicht wurde diese Theorie 1915, also vor gut hundert Jahren, und die Wissenschaftler brauchten einige Zeit, um zu erkennen, dass Einstein mit ihr ganz nebenbei unsere Vorstellung von so ziemlich allem revolutioniert hatte. Entgegen dem, was man vor ihm geglaubt hatte, hat er im Grunde erkannt, dass unser Universum nicht nur eine Form hat, sondern dass es dynamisch ist, das heißt sich mit der Zeit verändert. Da die Sterne und die Planeten und alle anderen Phänomene, die es gibt, sich im All bewegen, bewegt sich mit ihnen auch die Krümmung, die sie im Stoff des Universums hervorrufen. Und was lokal für die Umgebung dieser Objekte gilt, gilt vielleicht auch für das Universum als Ganzes. Mit anderen Worten: Einstein hatte entdeckt (auch wenn er selbst nichts davon wissen wollte), dass unser Universum sich im Laufe der Zeit verändert; dass es eine Zukunft hat. Und wenn etwas eine Zukunft hat, dann hat es auch eine Vergangenheit, eine Geschichte, ja einen Anfang gehabt.

Vor Einstein glaubte man, das Universum sei immer so gewesen, wie man es sich vorstellte. Heute wissen wir, dass das nicht richtig war. Es war nicht immer so, wie wir es kennen. Und das wissen wir jetzt seit gut hundert Jahren. Insofern ist das Universum, in dem wir leben, was unser *Wissen* von ihm betrifft, erst gut hundert Jahre alt.

4
Schichten von Vergangenheiten

Deine Reise durch das bekannte Universum in Teil eins könnte man mit einem Spaziergang auf deiner tropischen Insel vergleichen: mit einem Waldspaziergang, auf dem du aus dem Staunen über die Schönheit der Bäume nicht herausgekommen wärest. Nach diesem kleinen Ausflug wärest du zu deinem Ferienhaus zurückgekehrt, hättest deine Freunde auf einen Drink eingeladen und ihnen erzählt, wie wunderbar es war und wie gut es tat, die frische Meeresluft zu atmen. Deine Freunde aber hätten fragen können, warum die Bäume wachsen, warum ihre Blätter grün sind und warum all die Pflanzen so sind, wie sie sind …

Wenn das Universum unser Wald ist, was gibt es daran zu erkennen? Wonach hätten deine Freunde fragen sollen in Bezug auf das große Ganze? Wonach hätten sie fragen sollen, statt nach der Frische der Shrimps, die du gegessen hattest? Kann man mehr tun, als das Universum zu betrachten? Gibt es daran etwas zu verstehen? Und ist es überhaupt möglich, persönlich dorthin zu reisen, wie du es getan hast?

Die letzte Frage ist einfach zu beantworten: Physisch, sei es mit, sei es ohne Raumschiff, ist es nicht möglich. Soweit wir (bisher) wissen, kann man persönlich durch Raum und Zeit nur im Geiste reisen. Nichts, was irgendeine Form von Information trägt, kann schneller als mit Lichtgeschwindigkeit reisen. Dein Geist ist in Teil eins durch ein 3-D-Standbild vom Universum, soweit wir dieses kennen, geflogen, durch eine Rekonstruktion, die durch Montage aller Bilder aller Teleskope, die je auf der Erde gebaut wurden, zustande gekommen ist. Wenn du protestierst und behauptest, du habest die Dinge in Bewegung gesehen, es sei kein

Standbild gewesen – geschenkt. Sagen wir also, es war «fast» ein Standbild. Aber was können wir damit anfangen? Gibt es ein Gesetz, das die Entwicklung von allem und jedem steuert?

An dem Morgen nach deiner Reise im Geiste, als deine Freundin, die die ganze Nacht an deiner Seite gewacht hatte, dein Ferienhaus verlassen hat, um dir etwas zum Frühstück zu holen, da wusstest du doch intuitiv, dass sie immer noch da war, irgendwo draußen, auch wenn du sie nicht mehr sehen konntest, nicht wahr? Du hast nicht angefangen, dir vorzustellen, sie habe sich in Luft aufgelöst und eine Zeitreise in die Vergangenheit angetreten, um einen Dinosaurier zu erlegen, ein Bein des Reptils zuzubereiten und es dir zum Essen bringen. Das wäre zwar cool, aber wie es unklug wäre, von einer Klippe oder von ganz oben aus dem Fenster eines Wolkenkratzers zu springen, so wäre es auch unklug anzunehmen, dass eine solche Zeitreise möglich ist. Einen letzten Grund anzugeben, *warum* sie niemals möglich sein wird, ist sehr schwierig, aber wenn wir versuchen wollen, die Geheimnisse unseres Universums zu enthüllen, dann müssen wir einige Dinge voraussetzen. Als Erstes setzen wir voraus – oder «postulieren» wir –, dass wir irgendwie fähig sind, die Natur zu verstehen, und zwar über das hinaus, was uns unsere Sinne verraten können. Dafür setzen wir außerdem voraus, dass die Natur unter gleichen Bedingungen immer denselben Gesetzen folgt, gefolgt ist und folgen wird, und zwar überall im Raum, ob hier auf der Erde oder draußen im Weltall, ob wir es sehen können oder nicht, ob wir die Gesetze kennen oder nicht. Wir bezeichnen das als unser **erstes kosmologisches Prinzip** – fett gedruckt, weil es wichtig ist. Setzten wir es nicht voraus, so wären uns die Hände gebunden. Wir wären nicht in der Lage zu erraten, was an Orten geschieht, die wir nicht im Blick haben, etwa weil sie zu weit von uns entfernt sind, oder was in Zeiten geschah, die zu weit zurückliegen. Setzten wir das Prinzip nicht voraus, so hätte deine Freundin sehr wohl eine Zeitreise machen können, um einen leckeren Dinosaurier zu jagen.

Es gibt viele Anzeichen dafür, dass dieses erste Postulat richtig ist, zumindest in dem Universum, das wir durch unsere Teleskope sehen.

Nehmen wir zum Beispiel die Sonne.

Wir wissen, was für Elementarteilchen, welche Lichtfrequenzen und welche Energieformen sie abstrahlt. Wir erkennen sie, wenn sie die Oberfläche unseres Sterns verlassen und wenig später auf der Erde ankommen. Aber was ist mit anderen, weit entfernten Sternen? Leuchten sie dank derselben Form von Kernfusionsreaktion, oder sind sie ganz anders beschaffen? Gleichen sie brennenden, von Feuer umgebenen Holzscheiten, oder bestehen sie wie die Sonne aus Plasma? Wir haben nicht viele Instrumente zur Verfügung, um solche Fragen zu untersuchen. Im Grunde haben wir nur eines: das Licht, das wir von diesen Sternen empfangen. In ihm sind viele ihrer Geheimnisse verschlüsselt, und eines, das wir entschlüsseln konnten, ist, dass die Gesetze der Physik überall dieselben sind.

Da Licht also der Schlüssel für unser Verständnis des Kosmos ist, sollten wir uns anschauen, was dieses Phänomen eigentlich ist.

Licht, auch bekannt als elektromagnetische Strahlung, kann als Elementarteilchen (als *Photon*) und als Welle gedacht werden. Wie du später sehen wirst, lässt sich mit beiden Vorstellungen arbeiten, ja wir *müssen* mit beiden arbeiten, wenn wir unsere Welt verstehen wollen. Aber einstweilen genügt es, wenn wir Licht als Welle betrachten.

Wer Wellen im Meer beschreiben will, muss zweierlei angeben: ihre Höhe und den Abstand zwischen zwei aufeinanderfolgenden Scheitelpunkten. Dass die Höhe von Bedeutung ist, liegt auf der Hand: Es empfiehlt sich, einer sich nähernden 50 Meter hohen Welle anders zu begegnen als einer Welle, die nur 2 Millimeter hoch ist. Dasselbe gilt für Licht, wobei die Höhe einer Lichtwelle das bestimmt, was wir ihre *Intensität* nennen.

Es ist auch ein Unterschied, ob zwischen den Scheitelpunkten zweier Meereswellen mehrere hundert Meter liegen oder ob sie dicht aufeinanderfolgen. Der Abstand wird als *Wellenlänge* bezeichnet. Je größer diese ist, umso weniger Wellen folgen in einem gegebenen Zeitraum aufeinander; die betreffende Zahl ist die sogenannte *Frequenz* der Welle. Die Energie von Wellen ist umso größer, je kleiner die Wellenlänge (oder je höher die Frequenz) ist. Du kannst das intuitiv erfassen, wenn du dir vorstellst, du stündest hinter einem Damm: Während eine 5 Meter hohe Welle, die den Damm einmal im Monat träfe, kein Grund zur Sorge wäre, wäre dies anders bei einer ebenso hohen Welle, die den Damm zehnmal in der Sekunde träfe. Für Licht gilt dasselbe: je kleiner die Wellenlänge (oder je höher die Frequenz), umso größer die Energie, die die Wellen übertragen.

Entgegen dem, was unsere Vorfahren glaubten, sind unsere Augen Licht*empfänger,* keine Licht*quellen.* Sie sind aber nicht für alle existierenden Formen von Licht geschaffen, weder was die Intensität noch was die Wellenlänge betrifft. Das Starren in eine zu *starke* Lichtquelle – etwa die Sonne oder einen Laserstrahl – zerstört die Netzhaut und führt innerhalb von Sekunden zum Erblinden. *Sehen* können wir nur Lichtwellen, die weder zu stark noch zu schwach sind.

Subtiler ist das Sehvermögen unserer Augen bezüglich der Wellenlänge eingeschränkt. Die lichterfassenden Organe unserer Vorfahren (und hier schließe ich diejenigen ein, die noch keine Menschen waren) haben sich in den Jahrmillionen der Evolution dergestalt an die Umwelt angepasst, dass ihre «Besitzer» sehen und erkennen konnten, was sie zum Überleben am meisten benötigten. Um eine Frucht pflücken oder einen Säbelzahntiger bemerken zu können, mussten unsere Vorfahren die Farben Grün, Rot und Gelb gesehen haben können, nicht die Röntgenstrahlen stürzender Sterne in der Nähe weit entfernter schwarzer Löcher. Kurz, unsere Augen haben sich an jene Formen von Licht angepasst, die für uns im täglichen Leben am wichtigsten sind. Hätten wir einst nur Röntgenstrahlen wahrnehmen können, wären wir schon vor langer Zeit ausgestorben.

Was unsere Augen sehen können, ist also ziemlich begrenzt, verglichen mit der Gesamtheit der natürlichen Erscheinungsformen von Licht. Das Universum aber schert sich darum nicht – es ist voll von ihnen allen. Licht, das wir sehen können, bezeichnen wir als *sichtbares Licht* und einzelne Gruppen desselben als *Farben.* Die

Unterscheidung zweier Farben mag manchmal willkürlich erscheinen, doch ist jede Farbe sehr präzise mathematisch definiert, nämlich auf der Basis eines Abstands: der Wellenlänge der betreffenden Erscheinungsform von Licht.

Es stimmt, dass sich die Augen einiger Tierarten anders entwickelt haben, weshalb diese zum Teil Formen von Licht sehen können, die für uns Menschen unsichtbar sind. Schlangen etwa können Infrarotlicht sehen und einige Vogelarten UV-Licht.* Aber keine Tierart hat Apparate konstruiert, um alle Formen von Licht zu erfassen. Keine außer uns. Und inzwischen sind wir ziemlich gut darin.

Die uns umgebenden Formen von Licht, von der energieärmsten zur energiereichsten, sind folgende: Radiowellen, Mikrowellen, Infrarotlicht, sichtbares Licht, UV-Licht, Röntgenstrahlen und Gammastrahlen. Radiowellen sind sehr lang, von 1 Meter bis zu 100 000 Kilometern und mehr, während die Wellen von Gammastrahlen kürzer sind als ein Milliardstel Millimeter. Aber alle genannten Phänomene sind Formen von Licht. Und alle Teleskope, die wir je gebaut haben, sind konstruiert worden, um sie einzufangen, woher sie auch kommen, wie stark sie auch sind, um so, durch all die verschiedenen Fenster, die unsere Technologien uns zur Verfügung stellen, ins Universum zu schauen. Jeder Blick in den Himmel, ob mit bloßem Auge oder durch ein Teleskop, fängt also Lichtwellen ein, die dann verarbeitet werden, Lichtwellen, die irgendwo von einer weit entfernten Quelle im Weltall ausgesandt wurden. Du bist in Teil eins, wie gesagt, durch eine 3-D-Rekonstruktion von Bildern gereist, die solche Teleskope eingefangen haben. Was du dabei vielleicht nicht bemerkt hast: Deine Reise durch den Raum war auch eine Reise durch die Zeit, durch die Vergangenheit, da Licht sich nicht in Nullkommanichts ausbreitet.

* Jüngere Forschungen scheinen allerdings zu zeigen, dass unsere Augen sehr wohl ein wenig Infrarotlicht wahrnehmen. Unklar ist jedoch, was unser Gehirn damit macht.

Das führt zu einer interessanten, aber auch ein bisschen melancholischen Frage, die deine Freunde auf der tropischen Insel dir hätten stellen können: Wir haben doch alle mal, auf einer Party oder sonst wo, von der Behauptung gehört, die Sterne, die wir am Himmel sehen, seien alle längst tot – stimmt das?

Ja, stimmt das? Sind alle Sterne tot?

Nein. Nicht alle.

Sehen wir uns die Sache genauer an.

Nehmen wir an, eine Großtante von dir, eine entfernte Verwandte, die zu Weihnachten immer hässliche Kristallvasen schenkt, lebe in Sydney, Australien. Da sie ein bisschen altmodisch ist, lässt sie nie von sich hören, außer an ihrem Geburtstag im Januar, wenn sie allen Verwandten eine Fotopostkarte schickt, die sie selbst zeigt, wie sie neben dem Briefkasten steht, in den sie die Postkarte einwerfen wird. Auf die Rückseite schreibt sie immer:

Heute ist mein Geburtstag.
Ich würde mich freuen, Deine Stimme zu hören.
Liebe Grüße, Tantchen.
PS: Ich hoffe, die Vase, die ich Dir geschickt habe, gefällt Dir.

Das Problem ist, dass du dir zwar jedes Jahr vornimmst, sie an ihrem Geburtstag anzurufen, es aber nicht tust, und dass es, wenn du die Postkarte erhältst, für sie nicht mehr «heute» ist. Es ist vielleicht nicht mal mehr Januar. Wie immer hoffst du dann, dass sie nicht neben dem Telefon gesessen und gewartet hat …

Worauf es mir ankommt bei dieser Geschichte, ist, dass das Foto, das sie von sich gemacht hatte, eine Minute bevor sie die Karte einwarf, das Foto, das du in der Hand hältst, wahrscheinlich nicht mehr ihrem *jetzigen* Aussehen entspricht. Vielleicht ist sie sogar tot, wie einige der Sterne, die du am Himmel siehst. Keine Angst, es geht ihr gut, du wirst noch mehrere Vasen bekommen und deine Tante noch ein paar Mal zu überreden versuchen, E-Mails statt Postkarten zu schicken. E-Mails? Die würden dich zwar eher erreichen, aber ebenfalls nicht *sofort*. Nichts erreicht uns sofort. Per E-Mail würdest du das Foto deiner Großtante einen Sekundenbruchteil, nachdem sie es abgeschickt hat, erhalten. Das heißt aber: Auch so könnte sie zu dem Zeitpunkt, da du das Foto erhältst, schon tot sein.

Ich will dich nicht paranoid machen: Du brauchst nicht zu befürchten, dass alle Leute, die du kennst, tot sind. Ich will dir nur zeigen, wie es im Weltall zugeht, wo der schnellstmögliche Lieferservice *Licht* als Transportmittel verwendet. Und Licht ist zwar schnell, aber weit entfernt, im selben Augenblick am Ziel zu sein. Im Weltall erreicht es die atemberaubende, konkurrenzlose Geschwindigkeit von 299 792,458 Kilometern *pro Sekunde.* Während du diesen Satz liest, kann Licht die Erde ungefähr 26-mal umrunden. Es ist schnell, das Schnellste, was es gibt, aber erstaunlich langsam, wenn man die intergalaktischen Entfernungen im All bedenkt.

Solange ein Stern leuchtet, überträgt sein Licht ein Bild von ihm. Dieses Bild schießt zwar mit Lichtgeschwindigkeit durchs All, kann aber dennoch sehr lange brauchen, bis es uns erreicht. Das bedeutet, dass die am weitesten entfernten Sterne, die wir am Himmel sehen, mit einiger Sicherheit tatsächlich tot sind. Aber nicht alle Sterne. Die Sonne etwa ist nicht tot. Genauer, in diesem Augenblick weiß das niemand. Aber vor acht Minuten und zwanzig Sekunden war sie es noch nicht.

Wie du in Teil eins erfahren hast, benötigt das Licht der Sonne ungefähr acht Minuten und zwanzig Sekunden für die 150 Millionen Kilometer, die uns von ihr trennen. Das bedeutet: Sollte die Sonne *jetzt* aufhören zu leuchten, dann wüssten wir von diesem (ziemlich großen) Problem in acht Minuten und zwanzig Sekunden. Es bedeutet auch, dass du die Sonne von der Erde aus immer so sehen wirst, wie sie vor acht Minuten und zwanzig Sekunden war. Niemals so, wie sie *jetzt* ist. Die Sonne, die an einem sonnigen Tag scheint, ist nie wirklich so, wie du sie siehst, *wenn* du sie am Himmel siehst. Sie ist nicht einmal mehr *da, wo* du sie siehst. In den acht Minuten und zwanzig Sekunden, die ihr Licht benötigt, um deine Haut zu erreichen, kommt die Sonne auf ihrer Bahn um das Zentrum unserer Galaxie ungefähr 117 300 Kilometer voran.

Das Licht mit dem weitesten Weg nun, das wir im Universum wahrnehmen konnten, war unmittelbar von dem Zeitpunkt an, da das Universum lichtdurchlässig wurde, nicht weniger als 13,8 Milliarden Jahre unterwegs, bevor es auf unsere Teleskope traf.

Die riesigen Sterne, die einige hundert Millionen Jahre danach zu leuchten begannen, existieren mit großer Sicherheit nicht mehr, obwohl ihr Licht uns jetzt erreicht und sie uns auf diese Weise sichtbar macht. Dasselbe gilt wohl für viele andere Sterne zwischen der Sonne und jenen entlegenen Bereichen des Universums.

Am 24. Januar 2014 etwa sahen Astronomen am Nachthimmel, wie in einer weit entfernten Galaxie ein Stern explodierte. Sie sahen es live, als das von der Explosion ausgehende Licht ihr Teleskop erreichte. Für sie und uns starb jener Stern also am 24. Januar 2014. Jemand, der in seiner Nähe gelebt hätte, wäre aber Zeuge der Explosion geworden, als sie sich dort ereignete: vor 12 Millionen Jahren.

Niemand kann zur anderen Seite des Universums reisen. Niemand kann sich in Nullkommanichts dorthin beamen. In den Nachthimmel schauen ist letztlich wie Fotopostkarten erhalten von überall, abgestempelt zu verschiedenen Zeitpunkten und an verschiedenen Orten der Vergangenheit unseres Universums, je nachdem, wann und wo sie ihre Reise angetreten haben. Nur durch Aneinanderkleben all dieser Postkarten vom Rand der Ewigkeit können wir einen Abschnitt der Geschichte des Universums rekonstruieren, wie er sich von der Erde aus darstellt.

Durch einen solchen Abschnitt bist du in Teil eins gereist.

Bis September 2015 ließ uns die Technologie, die wir zur Verfügung hatten, keine Wahl, wenn wir Informationen über das Weltall sammeln wollten: Es ging nur mit Licht. Eine andere Möglichkeit, die fernen Bereiche des Kosmos zu erforschen, hatten wir nicht. Das hat sich jetzt geändert. Ein neuer Detektor hat ein Signal aufgefangen, das sich unserer Wahrnehmung bisher entzogen hatte: ein Signal, das nicht von Licht übertragen wurde. Am 11. Februar 2016 wurde gemeldet, dass kleine Wellen jenes Stoffes, aus dem unser Universum gemacht ist, entdeckt, gemessen und untersucht worden seien. Die Wellen dieses Typus bestehen nicht aus Licht, wie du bald sehen wirst, sondern aus Raum und Zeit, die von ihnen gedehnt und gestaucht werden, wenn sie sie mit Lichtgeschwindigkeit durchströmen. Die Detektoren, die für sie konstruiert worden sind, sind ein neues Fenster, durch das wir unsere Wirklichkeit betrachten und erforschen können: Wir können jetzt etwas nachweisen, was Licht nicht sichtbar machen kann. Wenn du dich fragst, was das sein könnte – nun, «schwarze Löcher» und «der Urknall» wäre gut geraten.

Wir wissen allerdings noch nicht, was unser neues Auge sehen wird. Werfen wir also, bevor du etwas mehr über diese Wellen und ihre ungeheuer starken Quellen erfährst, einen Blick auf das, was uns das Licht, das uns aus dem Weltall erreicht, verraten hat.

5
Expansion

Um es zu wiederholen: Alles, was wir über die fernen Bereiche des Universums wissen, das wissen wir von dem Licht, das uns erreicht.

Wenn wir es enträtseln, es verstehen wollen, müssen wir daher herausfinden, welche Informationen Licht überträgt und wie es mit der Materie und ihren Bausteinen, den Atomen, auf die es im Weltall trifft, interagiert.

Ins Zentrum der Atome wirst du im übernächsten Teil des Buches eintauchen; bis dahin brauchst du von ihnen nur zu wissen, dass Atome runde Kerne haben, um die Elektronen herumschwirren, und zwar nicht willkürlich, sondern in Lagen angeordnet.

Man könnte versucht sein, sich diese Elektronen wie Planeten vorzustellen, die um einen Zentralstern herumsausen, doch wäre das irreführend. Daher bezeichnen wir die Bahnen, auf denen die Elektronen ihren Atomkern umkreisen, im Unterschied zu den *Orbits*, den Umlaufbahnen der Planeten, als *Orbitale*.

Wenn ein Planet die richtige Geschwindigkeit hat, kann er seinen Stern theoretisch in jeder beliebigen Entfernung umkreisen. Ganz anders die Elektronen. Im Unterschied zu den Orbits der Planeten sind die Orbitale der Elektronen durch elektronische No-go-Zonen voneinander getrennt, durch Bereiche, in denen es keine Elektronen geben kann. Elektronen können diese verbotenen Bereiche aber leicht überspringen – von einem Orbital auf ein anderes springen –, und das sogar spontan.

Solche Sprünge sind aber – und das ist der entscheidende Punkt – nicht gratis zu haben.

Um von einem Orbital auf ein anderes umziehen zu können,

müssen Elektronen entweder Energie aufnehmen oder Energie abgeben.

Und da ein Elektron umso mehr Energie hat, je weiter es vom Atomkern entfernt ist, muss es, um von einem Orbital auf ein weiter entferntes zu springen, Energie hinzugewinnen – ähnlich, wie man den Gasbrenner eines Heißluftballons aufflammen lassen muss, um zu steigen.

Umgekehrt muss ein Elektron, um dem Kern näher zu kommen, etwas von seiner Energie loswerden – so wie ein Ballon heiße Luft abgeben muss, um sich der Erde zu nähern.

Aber um was für Energie handelt es sich?

Hier kommt das Licht ins Spiel: Elektronen können von einem Orbital auf ein anderes springen, indem sie Licht aufnehmen oder abgeben. Aber nicht irgendwelches Licht.

Um von einem Orbital auf ein anderes zu gelangen, müssen Elektronen über mindestens eine der elektronischen No-go-Zonen, die die Orbitale voneinander trennen, hinwegspringen, ein Kunststück, das, wie gesagt, nur durch Aufnahme oder Abgabe eines bestimmten Quantums an Energie möglich ist, *und dieses Quantum entspricht einem ganz bestimmten Licht*. Werden Elektronen von Licht getroffen, das zu wenig Energie hat, so können sie nicht springen, sondern müssen bleiben, wo sie sind. Werden sie umgekehrt von Licht getroffen, das zu viel Energie hat, so können sie über mehrere solcher Zonen hinwegspringen oder gar hinausgeschleudert werden aus dem Atom, zu dem sie gehören.

Eine bahnbrechende Erkenntnis, auch wenn es auf den ersten Blick nicht so scheinen mag.

Gewonnen hat die Menschheit sie Anfang des 20. Jahrhunderts. Die Menschheit? Einstein, dieser Hansdampf in allen Gassen! 1921 erhielt er dafür, für eine Arbeit über die Atome verschiedener Metalle,* den Physik-Nobelpreis.

* Metalle geben Elektronen ab, wenn sie mit dem «richtigen» Licht angestrahlt werden. Dies ist der sogenannte *photoelektrische Effekt*. Einsteins Erklärung

Jahrzehntelanges Experimentieren mit allen bekannten Atomen des Universums hat den Wissenschaftlern gezeigt, dass die Energie, die ein Elektron für den Sprung von einem Orbital auf ein anderes benötigt, von dem Atom abhängt, zu dem es gehört. Das kommt uns sehr gelegen, da verschiedene Energiestufen verschiedenen Lichtquellen entsprechen – und mit unseren Teleskopen können wir natürlich Licht von so gut wie überallher einfangen.

Aufgrund all dessen können die Wissenschaftler angeben, woraus entlegene Objekte wie Sterne oder Gaswolken oder gar die Atmosphären ferner Planeten bestehen, ohne sich dorthin begeben zu müssen.

Und zwar so.

Stell dir eine vollkommene Lichtquelle vor, eine, die in alle Richtungen Licht aller möglichen Wellenlängen abstrahlt, vom energieärmsten Licht (Mikrowellen) bis zum energiereichsten (Gammastrahlen). Eine solche Lichtquelle schafft eine leuchtende Sphäre von Helligkeit um sich herum. Wenn sich in einiger Entfernung ein Atom befindet, kann es sein, dass seine Elektronen, berauscht und geblendet von all dem Licht, so viel schlucken, wie sie benötigen, um auf ein energiereicheres Orbital zu springen. Wenn sie das tun, erregt es sie.

Es erregt sie?

Ja, es erregt sie. Das ist der technische Terminus für das, was geschieht.

Sie verhalten sich ein bisschen wie Kinder, die auf einer Party

beinhaltet zum einen, was ich dir gerade erklärt habe (Elektronen können von einem Orbital auf ein anderes nur übergehen, indem sie Energiestufen hinauf- oder hinabklettern), zum anderen die Tatsache, dass Licht als kleines Energiepaket, als Elementarteilchen begriffen werden kann. Über diesen Aspekt des Lichts wirst du an späterer Stelle in diesem Buch noch eine Menge erfahren. Aber da wir gerade bei Einstein sind: Einstein hat nur diesen einen Nobelpreis erhalten, er hätte aber wohl mindestens zwei weitere verdient gehabt.

Süßigkeiten angeboten bekommen. Und so einfach es ist, hinterher festzustellen, welche Süßigkeiten die Kinder genommen haben – man braucht nur zu sehen, welche übrig geblieben sind –, so einfach lässt sich feststellen, welche Formen von Licht ein Atom verschluckt hat: indem man in Erfahrung bringt, welche in seinem Schatten fehlen. Alles nicht verwendete Licht geht ungehindert durch das Atom hindurch, und seine Wellenlängen sind leicht zu erkennen. Die fehlenden dagegen erscheinen als schmale, dunkle Streifen auf einem ansonsten stetigen Regenbogen von Licht und Farben. Ein solches Diagramm ist ein *Spektrum,** die dunklen Streifen sind sogenannte *Absorptionslinien.*

Die Wissenschaftler brauchen also nur festzustellen, welche Lichtwellenlängen in einem Spektrum fehlen, um sagen zu können, welche Atome einer Lichtquelle im Weg stehen.

Mit anderen Worten: Man kann anhand von Licht herausfinden, welche Art Materie an einer bestimmten Stelle des Weltalls vorhanden ist.

Und alle Teleskope, von denen die Menschheit bisher Gebrauch gemacht hat, um Licht zu sammeln, sagen uns, dass alle Sterne im Universum aus demselben Stoff gemacht sind wie die Sonne, die Erde und wir Menschen. Alle kosmischen Objekte am Nachthimmel bestehen aus denselben Atomen wie wir.

Wäre es anders, würden unsere Teleskope es uns verraten.

Wir können daher annehmen, dass die Naturgesetze überall dieselben sind.

Und darum hat niemand Zweifel an der Richtigkeit des ersten kosmologischen Prinzips.

Wie beruhigend!

Das ist eine so gute Nachricht, dass du beschließt, gleich noch einmal einen Blick auf ferne Galaxien zu werfen, um selbst heraus-

* Genauer: ein *Absorptions*spektrum. Ein Spektrum, das zeigt, welches Licht ein Material *emittiert,* statt es zu absorbieren, ist ein sogenanntes *Emissions*-spektrum.

zufinden, woraus sie bestehen. Sind sie nicht bezaubernd mit ihren wunderschönen Spektren aus Linien, die dem Wasserstoff, dem Helium und all den anderen Atomen entsprechen?

Doch warte.

Einen Moment!

Irgendetwas stimmt nicht ...

Beim Blick auf die Spektren, die du gesammelt hast, erkennst du, dass in dem Licht von fernen Sternen in der Tat Linien fehlen – aber dass sie nicht dort fehlen, wo sie fehlen sollten ...

Während die Elektronen einiger chemischer Elemente hier auf der Erde von blauem Licht erregt werden, scheinen die gleichen Elektronen derselben chemischen Elemente im All, in den fernen Galaxien, von grünlicheren Farbtönen stimuliert worden zu sein, bevor sie von einem Orbital auf ein anderes gesprungen sind.

Und Atome, die hier auf der Erde hungrig nach Gelb sind, scheinen überall sonst orangefarbenes Licht zu bevorzugen.

Und Atome, die sich hier nach Orange sehnen, mögen es im Weltall rot.

Warum? Wie kann das sein?

Haben sich alle Farben im All verschoben?

Oder haben wir einen Fehler gemacht?

Du schaust noch einmal auf verschiedene ferne Lichtquellen. Aber es besteht kein Zweifel: Alle Farben haben sich in Richtung Rot verschoben.

Und es kommt noch schlimmer: Je weiter die Lichtquelle entfernt ist, umso stärker die Verschiebung!

Verdammt. Es war zu einfach.

Was geht hier vor?

Sind die Naturgesetze in verschiedenen Bereichen des Universums doch verschieden? Wenn du auf einem erdähnlichen Planeten herumspazieren könntest, auf einem Planeten, der Milliarden Lichtjahre entfernt einen Stern wie die Sonne umkreist, wären sein Himmel, seine Meere und seine Saphire grün, seine Pflanzen und seine Smaragde gelb und seine Zitronen rot?

Nein.

Wenn du hinreistest, würdest du die fremde Welt genauso vorfinden, wie die unsrige ist: als eine Welt mit gelben Zitronen und blauen Himmeln. Der Grund für die beobachtete Farbverschiebung ist nicht, dass die Naturgesetze in fernen Bereichen des Universums andere wären als bei uns. Er liegt tiefer. Ihn erkannt zu haben, hat sogar alles verändert, was die Menschheit mehr als 2000 Jahre lang geglaubt hatte.

Hast du jemals eine Gitarre oder ein anderes Saiteninstrument gestimmt? Dann hast du bemerkt, dass der Ton einer gezupften Saite plötzlich höher oder tiefer klingt, wenn man den Stimmwirbel dreht. Je strammer man die Saite spannt, umso höher der Ton.

Was du gerade am Himmel gesehen hast, ist im Grunde dasselbe Phänomen, nur dass Klang durch Licht ersetzt ist und die Saite keine Saite ist. Licht verbreitet sich im Weltall nicht auf einer Saite, sondern auf dem Stoff unseres Universums. Und zur Erklärung der Farbverschiebung, die du gerade entdeckt hast, muss dieser Stoff herangezogen werden.

Warum?

Weil nicht das Licht dafür verantwortlich sein kann, wenn die Verschiebung alle Farben in der gleichen Weise betrifft. Verantwortlich muss vielmehr das Medium sein, in dem das Licht sich verbreitet.

Zupfe eine Saite und spanne sie mit dem Stimmwirbel weiter an: Die Tonhöhe verschiebt sich nach oben. Das liegt aber nicht an dem Ton, sondern daran, dass du die Saite stärker spannst. Und eine Gitarrensaite wird für alle Töne gleichermaßen gespannt.

Jetzt stell dir vor, du könntest den Stoff unseres Universums ebenso spannen oder dehnen, wie du es mit einer Gitarrensaite tun würdest. Dehne ihn, und die Wellenlängen aller Formen von Licht, die sich in ihm ausbreiten, verschieben sich nach «oben». Warum? Weil man sich Licht als Welle vorstellen kann und weil das Dehnen den Abstand zwischen zwei aufeinanderfolgenden Scheitelpunkten derselben, also die Wellenlänge, vergrößert. Blau wird zu Grün. Grün wird zu Gelb, Gelb zu Rot und so weiter.

Das bedeutet, dass sich die wirklichen Farben des Universums auf einem Spektrum in Richtung Rot verschieben. Sie unterliegen einer *Rotverschiebung*.

Jetzt stell dir weiter vor, der Stoff unseres Universums sei nicht nur einmal gedehnt worden, sondern seit Anbeginn stetig. Das würde bedeuten: Je größer die Strecke, die Licht zurückgelegt hat, umso größer die Rotverschiebung, die es erfahren hat, bevor es die Erde erreichte. Bei einem solchen, in weiter Ferne beginnenden Szenario ist ein blauer Lichtstrahl erst nach und nach grün, dann gelb, dann rot und schließlich unsichtbar für unsere Augen geworden: erst zum Infrarotlicht, dann zur Mikrowelle. Wüsste man, um wie viel die Farben eines fernen Sterns von seinen anfänglichen Farben abweichen, wenn sie die Erde erreichen, so könnte man sagen, wie weit jener Stern entfernt ist.

Aber stimmt das? Dehnt sich der Stoff des Universums?

Es stimmt. Genau das ist es, was du am Himmel gesehen hast.

Aber was bedeutet das kosmologisch?

Es bedeutet, dass die Distanz zwischen fernen Galaxien und uns stetig größer wird. Es bedeutet, dass das Weltall sich zwischen den Galaxien ausdehnt, also wächst. Es bedeutet, dass sich unser Universum mit der Zeit verändert.

Zahllose Experimente haben das bestätigt, und die Wissenschaftler haben gelernt, diese Vorstellung zu akzeptieren. Wir leben wirklich in einem sich verändernden, wachsenden Universum.

Einstein indes gefiel die Vorstellung nicht. Vor hundert Jahren gefiel sie niemandem. Für unsere Vorfahren, ob Wissenschaftler oder nicht, war das Universum sich immer gleich geblieben. Aber sie haben sich geirrt.

Damit kein Missverständnis entsteht: Es ist nicht so, dass die Galaxien sich entfernen. Sondern die *Distanz* wächst, die uns von den schon fernen Galaxien trennt. Die Leere des Weltalls wird gedehnt. Die Wissenschaftler haben dem Phänomen einen Namen gegeben: Sie bezeichnen es als die *Expansion des Universums*. Und sie meinen damit nicht etwa, dass das Universum in «irgendetwas» hineinexpandiere, sondern dass es aus sich herausexpandiert und wächst.

Aber statt voreilige Schlüsse zu ziehen oder die Frage zu stellen, was die Ursache dieser Expansion (gewesen) sein könnte, möchtest du all das vielleicht selbst überprüfen. Stell dir also vor, du seiest steinreich, hättest, sagen wir, 100 Milliarden Euro auf dem Konto und hättest außerdem hundert Freundinnen und Freunde. Da du neugierig bist auf unser Universum, gibst du jedem und jeder von ihnen eine Milliarde Euro, damit sie sich ein leistungsstarkes modernes Teleskop kaufen und die ganze Erde bereisen, um das Licht von möglichst vielen fernen Galaxien einzufangen.

Monate später lädst du sie alle auf dein Schloss ein, damit sie ihre Ergebnisse präsentieren. Die Hälfte von ihnen sind wahre Freundinnen und Freunde und kommen (du kannst dich glücklich schätzen), die andere Hälfte hat es vorgezogen, das Geld zu behalten. Aber das macht nichts, denn die, die gekommen sind, erzählen alle die gleiche Geschichte. Egal, wo sie durch ihr Teleskop geschaut haben, ob in China, in Australien, in Europa, mitten auf dem Pazifik oder in der Antarktis, sie alle haben dasselbe Phänomen am Himmel gesehen: Die fernen Galaxien über ihren Köpfen zeigten eine merkwürdige Farbverschiebung. Das heißt, sie entflohen in die Weiten des Weltalls, und zwar umso schneller, je ferner sie waren. Sie bezeugten die Expansion des Universums.

Was ist daraus zu schließen?

Wenn du darüber nachdenkst, sollte eine sehr befremdliche Idee immer mehr von dir Besitz ergreifen.

Erst dieses seltsame sichtbare Universum, das kugelförmig war und dich zum Mittelpunkt hatte, und jetzt das!

Kann es sein, dass das wahr ist?

Wenn sich alles überall von der Erde entfernt, bedeutet das nicht, dass alle Mütter auf Erden recht haben, wenn sie glauben, ihr Kind sei der Mittelpunkt des Universums?

So wunderlich das klingt, es scheint so.

Was für eine tolle Neuigkeit! Was für ein wundervoller Tag!

Wenn gerade Freunde in der Nähe sind, während du dies liest, kannst du mit ihnen eine Flasche Champagner leeren. Wir sind *doch* etwas Besonderes – und vor allem gilt das für dich!

Das ist die Bestätigung: Kopernikus hatte unrecht. Er hätte auf seine Mutter hören sollen. Mütter haben immer recht.

Aber halt, warte, nicht so schnell!

Was ist mit den Müttern auf fernen Planeten, in anderen Galaxien?

Wenn es sie geben sollte und wenn sie denken sollten wie unsere Mütter, hätten sie dann etwa unrecht in Bezug auf ihre Kinder?

Oder ist das ein Beweis dafür, dass es woanders keine Mütter gibt? Natürlich nicht.

Ungeachtet dessen, was du gesehen hast, gehen heute die meisten, wenn nicht alle Naturwissenschaftler davon aus, dass unsere Position im Universum nicht privilegiert ist gegenüber irgendeiner anderen – womit sich auch bestätigen würde, was Kopernikus uns vor 400 Jahren gelehrt hat: dass wir *nicht* der Mittelpunkt des Sonnensystems sind. Das bedeutet merkwürdigerweise nicht, dass wir uns nicht im Zentrum des für uns sichtbaren Universums befänden. Das tun wir nämlich. Aber dasselbe gilt für *jeden* Ort im Universum: Jeder ist das Zentrum des von dort aus sichtbaren Universums. Diese gut begründete Überzeugung hat die Wissenschaftler zur Formulierung zweier weiterer kosmologischer Prinzipien veranlasst:* Es gibt nirgends im Weltall eine privilegierte Position – **zweites kosmologisches Prinzip** –, und ein Beobachter, der im ganzen Weltall unterwegs wäre, sähe in allen Richtungen das Gleiche: ferne Galaxien, die sich immer weiter von ihm entfernen, so wie sie sich von uns hier auf der Erde entfernen – **drittes kosmologisches Prinzip**.

* Das erste kosmologische Prinzip – du wirst dich erinnern – lautete, dass alle Naturgesetze überall dieselben sind.

Bevor deine Freunde den Champagner stehen lassen: Denk ruhig einen Moment lang über den dritten kosmologischen Grundsatz nach; erscheint er nicht auf geradezu triviale Weise falsch?

Die Welt bietet doch von dort aus, wo du dich jetzt, in diesem Buch lesend, befindest, eindeutig nicht den gleichen Anblick wie von deiner Badewanne aus! (Ich nehme an, du liegst nicht in der Badewanne …) Stimmt, daher eine Klarstellung: Das dritte kosmologische Prinzip bezieht sich nicht auf das, was in deiner Nähe ist. Es gilt nur für das große Ganze: für Größenverhältnisse, die selbst Galaxien winzig erscheinen lassen. Das dritte kosmologische Prinzip besagt, dass das Universum *im größtmöglichen Maßstab* immer gleich aussieht, egal, in welche Richtung man schaut.

Aber klingt das nicht immer noch falsch? Hast du nicht in Teil eins das gesamte Universum bereist und dabei ferne Gegenden gesehen, die nicht so aussahen wie das Universum von der Erde aus? Hast du nicht sogar einen mehrere tausend Lichtjahre breiten Bereich des Weltalls durchquert – das sogenannte finstere kosmische Mittelalter –, in dem kein Stern leuchtete? Wie kann das Universum von der Erde aus den gleichen Anblick bieten wie von einem Ort aus, an dem es keine Sterne gibt?

Es wird Zeit, dass du begreifst, was ich meine, wenn ich sage, du seiest in Teil eins nicht durch das Universum gereist, wie es ist, sondern durch das Universum, *wie es sich von der Erde aus darstellt*. Das ist nicht dasselbe. Denk daran, das Universum am irdischen Nachthimmel entspricht nicht dem, was es – es selbst – *jetzt* ist. Es entspricht einem Abschnitt seiner Vergangenheit, einer von der Erde aus betrachteten Vergangenheit, weil wir auf der Erde leben; es entspricht einem auf Fotopostkarten, wie wir sie täglich von überallher erhalten, dokumentierten Abschnitt seiner Vergangenheit. Gemäß dem dritten kosmischen Grundsatz nun müssten Außerirdische, die auf einem fernen Planeten leben, ein Universum sehen, das genauso wäre wie unseres. Natürlich nicht im Einzelnen, sondern im größtmöglichen Maßstab. Auch sie wären umgeben von der Gesamtheit der Informationen, die sie aus ihrer Vergangenheit erreichen, auch sie würden an ihrem Nachthimmel einem Abschnitt der Vergangenheit unseres gemeinsamen Universums sehen. Sie hätten ihr eigenes kosmisches Mittelalter und ihre eigene Fläche der letzten Streuung, auch wenn ihr Abschnitt sich mit unserem nicht überschneiden sollte.

Um unser Universum zu verstehen und das große Ganze zu erhalten, müsste man alle Vergangenheiten aller Punkte des Universums zusammensetzen. Während benachbarte Orte natürlich Vergangenheiten mit großen Schnittmengen haben, haben die Vergangenheiten von Orten, die durch große räumliche Entfernungen voneinander getrennt sind, vielleicht überhaupt keine Schnittmengen. Dennoch sollten sie alle als gleichrangig betrachtet werden. Das ist es, was der dritte kosmische Grundsatz konkret bedeutet (darüber später mehr).

Er bedeutet übrigens auch, dass du, obwohl du keine privilegierte Position in diesem Universum einnimmst, dennoch, wie deine Mutter zweifellos geglaubt hat, der Mittelpunkt des *für dich* sichtbaren Universums bist.

Und wenn du das Gefühl hast, das immer gewusst zu haben, dann lass die Freude darüber durch deinen Geist und deinen Körper strömen. Es ist eine großartige Nachricht.

Ich wiederhole also: Du *bist* der Mittelpunkt deines Universums.

Doch gilt – was sich vielleicht weniger gut anfühlt – Entsprechendes für deinen Nächsten: Er ist der Mittelpunkt des *für ihn* sichtbaren Universums.

Jeder ist es.

Wir alle sind – und alles ist – Mittelpunkt unseres – seines – Universums: des Universums, das wir mit dem Licht, das uns erreicht, erforschen können. Nur unter ganz besonderen Umständen können die sichtbaren Universen zweier Menschen genau zusammenfallen. Wann und wie das geschehen kann? Ich überlasse es dir, diese Frage zu beantworten.

Nach all dem ist es Zeit, uns diese Expansion, die das Universum ausdehnt, ein bisschen genauer anzusehen.

Geschieht das wirklich?

Ja. Die Distanzen zwischen weit voneinander entfernten Galaxien vergrößern sich stetig. Nicht die zwischen benachbarten Objekten, weil im lokalen Bereich die Schwerkraft stärker ist: Galaxien entwickeln eine Anziehungskraft, die die Tendenz zur Expansion ausgleicht, und zwar sowohl innerhalb ihrer Grenzen (die Distanzen zwischen der Sonne und benachbarten Sternen vergrößern sich nicht) als auch in ihrem Umkreis (benachbarte Galaxien kommen sich sogar immer näher). Über sehr weite Entfernungen jedoch behält die Tendenz zur Expansion die Oberhand.

Entdeckt hat die Expansion des Universums der amerikanische Astronom Edwin Hubble 1929, und das Gesetz, das das Zurückweichen der Galaxien mit ihrer Entfernung von uns in Zusammenhang bringt, ist die sogenannte *Hubble-Konstante*. Hubble kann aufgrund dieser Entdeckung als einer der Väter der modernen beobachtenden Kosmologie gelten. Gemeinsam mit Ernst Öpik hat er, wie bereits erwähnt, auch bewiesen, dass die Milchstraße nicht das ganze Universum ist, dass es vielmehr noch andere Galaxien gibt: zwei Entdeckungen, die, würden sie heute gemacht, zweifellos einen Nobelpreis wert wären. Damals aber galt die Beobachtung der Sterne samt dem Versuch, aus ihnen schlau zu werden, nicht als Teil der Physik – weder bei den Physikern selbst noch beim Nobelpreiskomitee. Das hat sich nach Hubbles Tod geändert. Daher sind, während er selbst noch leer ausgegangen ist, seither viele Kosmologen mit dem Nobelpreis ausgezeichnet worden. Einigen von ihnen wirst du in diesem Buch begegnen.

Du wirst jetzt von einer bemerkenswerten Konsequenz der Hubble-Konstante erfahren und dann höchstwahrscheinlich fassungslos sein, wie schlau Naturwissenschaftler manchmal sein können. Nachdem sie viel nachgedacht und doppelt so viel Kaffee getrunken hatten, ist ihnen nämlich eines Tages aufgegangen, dass alles, was in unserem Universum weit entfernt ist und sich noch weiter von uns entfernt, in der Vergangenheit näher gewesen sein muss.

Wow!

Wenn das kein Durchbruch ist!

Aber Spaß beiseite: So belanglos der Gedanke erscheinen mag, er war eine Offenbarung.

Einstein jedoch war, wie gesagt, nicht bereit, an die Expansion zu glauben.

Warum nicht?

Warum ist es von Bedeutung, wenn ferne Galaxien sich weiter von uns entfernen, uns in der Vergangenheit also näher waren?

Zur Erinnerung: Hubbles auf Beobachtungen basierende Konstante besagt, dass die Distanz zwischen den Galaxien – sie selbst – expandiert, nicht nur, dass die Galaxien sich voneinander entfernen.

Mit anderen Worten: Der Stoff, aus dem das Universum besteht, expandiert.

Wenn man diesen Gedanken zu Ende denkt, besagt er, dass das Universum als Ganzes einst kleiner gewesen sein muss.

Aber wie war das möglich?

Und wenn es möglich war: Können wir es beweisen?

Wir können es beweisen, indem wir noch einmal einen Blick in die entferntesten Bereiche des Weltalls werfen. Dort liegt die Vergangenheit; wir brauchen nur ihre Botschaften zu empfangen. Die Wand, die du am Ende des sichtbaren Universums gesehen hast, bestätigt alles in glanzvoller Weise (obwohl sie dunkel ist): Warum, das wirst du im übernächsten Kapitel sehen. Zuvor jedoch musst du noch einmal ins Weltall reisen, um mit der Schwerkraft vertrauter zu werden.

6
Die Schwerkraft spüren

Von den vier Naturkräften, die unser Universum beherrschen,* ist uns die Schwerkraft vielleicht am meisten bewusst. Jedes Mal wenn du fällst, jedes Mal wenn du deine Beinmuskulatur gebrauchst, um aufzustehen, jedes Mal wenn du etwas hebst, wird dein Körper an die Existenz der Schwerkraft erinnert.

Alles unterliegt der Schwerkraft.

Aber alles *erzeugt* auch Schwerkraft. Auch du, auch jede Kristallvase, die deine Großtante in Sydney dir zu Weihnachten schenkt.

Apropos Kristallvase: Stell dir vor, du hast eine auf deiner Insel.

Sieh sie dir an.

Jetzt lass sie auf eine harte Oberfläche fallen.

Sie zerbricht in Stücke.

Stell dir vor, du lässt deine ganze Sammlung von Kristallvasen auf eine harte Oberfläche fallen – egal, an welchem Ort der Erde; wo immer du willst.

Verblüffenderweise würden die Vasen immer fallen. Und zerbrechen. Wo immer du wärst.

Gut so!

Dieses Experiment würde dich nicht nur von deinen Vasen befreien, es würde auch etwas beweisen: dass jedes Objekt, das eine höhere Dichte hat als Luft, fällt, wenn man es über der Erdoberfläche loslässt. Genau, wie Newton und alle, die bei Verstand waren, seit jeher geglaubt haben.

* Von den drei anderen wirst du, beginnend in Teil drei, in Kürze erfahren.

Aber was ist mit Objekten, die leichter* sind als Luft? Warum steigen Heliumballons in den Himmel, statt zu fallen? Unterliegen sie nicht der Schwerkraft der Erde?

Doch. Aber sie stehen in Konkurrenz.

Werden an derselben Stelle mehrere Objekte von der Erde angezogen, so kommt das mit der höchsten Dichte ganz unten zu liegen. Objekte, die leichter sind als Luft, scheinen nur deshalb emporzufliegen, weil die Luft über ihnen eine höhere Dichte hat und ihren Platz einnimmt. Wäre die Luft sichtbar, würdest du es sehen. Aber da sie nicht sichtbar ist, siehst du nur das Ergebnis: Objekte, die leichter sind als Luft, erhalten durch die unsichtbare Luft, die sich unter ihnen stapelt, einen Auftrieb. Schwerkraft zieht immer an und sorgt dafür, dass Dinge *fallen*. Die besagte Konkurrenz indessen führt zur Bildung von Schichten, und um Platz für Objekte mit höherer Dichte zu machen, müssen einige steigen.

Du kannst dir die Erde als gewaltige Kugel vorstellen, an deren Oberfläche aufgrund der steilen Krümmung, die sie im Stoff des Universums um sich hervorbringt, jede Menge Zeug haftet. Alle Objekte, die du je gesehen hast, gleiten dieses Gefälle hinab, bis etwas mit höherer Dichte sie daran hindert, weiter hinabzugleiten (für dich gilt natürlich dasselbe!). Die Felsen der Erdkruste haben eine höhere Dichte als Wasser. Darum liegen die Meere auf dem harten Fels. Felsen und Wasser haben eine höhere Dichte als Luft. Darum liegt die Atmosphäre auf der felsigen oder flüssigen Oberfläche unseres Planeten.

Wir Menschen leben unter einer etwa 100 Kilometer dicken Luftschicht, die an der Oberfläche unseres Planeten haftet. Wir haben eine höhere Dichte als die Luft, darum fliegen wir nicht. Wir sind aber leichter als der Erdboden, darum bleiben wir über ihm. Manchmal gelingt es Objekten oder Tieren, sich vom Erdboden in den Himmel zu erheben, aber dafür benötigen sie Energie, und nor-

* «Leichter» heißt in diesem Kapitel «von geringerer Dichte».

malerweise dauert es nicht lange, bis sie wieder herabfallen, es sei denn, sie sind leichter als Luft, was bei Tieren – sehr zu ihrem Vorteil – nicht der Fall ist.

Wohin aber würde alles fallen, wenn es keine Erde gäbe?

Es ist Sonntagmorgen auf deiner tropischen Insel. Seit deiner mysteriösen Geistreise haben deine Freunde dir jeden Morgen das Frühstück gebracht, und natürlich hat deine Geschichte sie immer neugieriger gemacht. Einige von ihnen fragen sich sogar inzwischen, ob du wirklich gesehen hast, was gesehen zu haben du immer wieder behauptest. Andere konnten nachts lange nicht einschlafen, weil der Tod der Sonne sie beunruhigte. Leider haben sie nach Wegen gesucht, dich davon abzubringen, ständig darüber zu sprechen. Und sie scheinen einen gefunden zu haben.

Du schlägst die Augen auf.

Staubpartikel flimmern und tanzen in der Morgensonne, obwohl auch sie, wie du richtig annimmst, der Schwerkraft unterliegen. Da klopft jemand an deine Zimmertür.

«Herein», rufst du und richtest dich in deinem Bett auf, in der Erwartung eines lächelnden Gesichts und vielleicht eines Tabletts mit Kaffee und Obst.

Die Tür geht auf. Und da ist sie – deine Großtante. Aus Sydney.

Sie hat drei Taschen voller Kristallvasen dabei, alle noch hässlicher – du hättest es nicht für möglich gehalten – als die, die du bei deinem Schwerkraftexperiment zerdeppern wolltest.

Sie kommt herein und steht schon neben dir, tätschelt dir – nicht im Geringsten beunruhigt, dich im Bett zu finden – die Wange und reicht dir eine der Vasen. Dabei lächelt sie still und verständnisvoll vor sich hin: Sie weiß, dass Worte nicht genügen würden, um deine Freude über ihren Überraschungsbesuch zum Ausdruck zu bringen.

Die Vase in den Händen, schließt du die Augen, um ruhig zu bleiben; du wünschst plötzlich verzweifelt, irgendwo anders zu sein.

Als du die Augen wieder öffnest, *bist* du woanders.

Ganz woanders.

Im Weltall.

Das Ferienhaus, die Morgensonne, dein Bett, deine Großtante, alles ist verschwunden.

Du bist wieder inmitten der Sterne, wie in Teil eins dieses Buches, aber alles wirkt jetzt viel sicherer.

Ein breites Lächeln erscheint auf deinem Gesicht, als du um dich schaust.

Kein Anzeichen für eine drohende Explosion ist zu sehen.

Keine geschmolzene Erde.

Alle Sterne sind weit weg, alles ist ruhig.

Du schwebst in einer scheinbar unendlichen Dunkelheit, die mit winzigen Lichtern übersät ist.

Als du im ersten Teil des Buches im Weltall warst, da warst du nur Geist. Und außer in dem Augenblick, in dem du aus einem schwarzen Loch herausgeschleudert wurdest, warst du empfindungslos. Das wird diesmal anders werden. Du bist zwar wieder auf einer Art Geisterfahrt, hast aber deinen Körper nicht verlassen. Er ist da, in der schützenden Hülle eines Raumanzugs, und macht Erfahrungen mit der Schwerelosigkeit.

Alles wirkt so real, dass du dich benommen fühlst, aber du überwindest das schnell und merkst dann, dass du, obwohl deine Großtante nicht mehr da ist, immer noch die Vase in der Hand hältst, die sie dir gegeben hat.

Du lächelst wieder und siehst dich um, aber da ist nichts, woran du das gute Stück zerdeppern könntest. Keine Erde. Kein Stern.

Enttäuscht? Dann sieht man es dir nicht an. Du beschließt, ein anderes Schwerkraftexperiment zu machen.

Du öffnest bei ausgestrecktem Arm die Hand und lässt die Vase los. Soweit du sehen kannst, bleibt sie genau da, wo sie ist. Eine Minute vergeht. Noch eine. Und noch eine. Nichts ist geschehen!

Außer dass die Vase dir ein bisschen näher gekommen ist. Nicht viel. Nicht der Rede wert.

Schließlich bist du es leid, auf diese Missgestalt von Vase zu starren. Du gibst ihr mit der Fingerspitze einen Stoß und beobachtest, wie sie sich langsam in offenbar gerader Linie entfernt. Tschüss!

Hättest du ihr nicht einen Stoß gegeben, wäre die Vase geblieben, wo sie war – einen Meter vor deiner Nase. Sie wäre nicht gefallen. Wohin auch hätte sie fallen können? Wenn kein Planet oder Stern in der Nähe ist, dann gibt es kein Oben und Unten, wie es auch kein Rechts und Links gibt. Im Nichts sind alle Richtungen gleich. Es gibt keinerlei «Grund», auf den die Vase sich zubewegen könnte, es sei denn, du betrachtest *dich selbst* als einen solchen. Aber wäre das nicht eine Beleidigung für dich? Vorsicht! Du solltest nichts persönlich nehmen, wenn es um die Natur geht, denn nachdem du eine ganze Weile mit Nichtstun verbracht hast, siehst du die Vase zu deinem großen Entsetzen zu dir zurückkehren. Die Schwerkraft tut ihr Werk. Die Schwerkraft, die *du* hervorbringst.

Oder? Dir kommt eine komische Frage in den Sinn: Bewegt die Vase sich auf dich zu, oder bewegst *du* dich zu *ihr* hin? Soweit du erkennen kannst, ist es auch möglich, dass die Vase der «Grund» ist und dass *du* dich *ihr* näherst. Leider hast du keine Zeit, der Sache nachzugehen, weil ein Asteroid an dir vorbeischießt und dich und die dir jetzt ganz nahe Vase mit seinen unsichtbaren Schwerkraftfingern an sich reißt.

Wärest du gefragt worden, hättest du wahrscheinlich gesagt, dass du, weil du schwerer bist, auf dem Boden des Asteroiden zuerst auftreffen würdest. Aber nichts da. Du und deine Vase erreichen die staubige Oberfläche des Felsbrockens zugleich. Und sobald du Fuß gefasst hast auf dem weichen Boden, greifst du das missratene Kunstwerk, um es an der Oberfläche des Asteroiden zu zerdeppern.

Leider ist der Boden des Asteroiden nicht so massiv wie der der Erde; die Vase zerbricht nicht. Stattdessen bist du jetzt von einer großen Wolke kosmischen Staubs umgeben. Wütend nimmst du die Vase und wirfst sie mit aller Kraft ins All, um sie ein für alle Mal loszuwerden. Diesmal kann sie unmöglich zurückkommen, denkst du, und bist erleichtert, als sie durch die Staubwolke hindurch in der Ferne verschwindet, dazu verurteilt, sich für alle Zeiten um sich selbst zu drehen.

Endlich allein!

Jetzt kannst du dich entspannen, die unverschandelte Aussicht genießen und überlegen, wie du die Schwerkraft intensiver erfahren kannst als irgendjemand vor dir.

Dabei merkst du, dass der Felsbrocken, auf dem du stehst, nicht mehr geradeaus fliegt. Seine Bahn hat sich plötzlich in Richtung auf einen dunklen, eisigen Planeten ohne Stern gekrümmt, der sich im Nirgendwo auf der wohl vergeblichen Suche nach einer neuen, leuchtenden Heimat befindet. Es ist Gefahr im Verzug.

Als sich dein Felsbrocken dem Planeten immer schneller nähert, so dass deine Eingeweide in Aufruhr sind, wird es dir einen Moment lang fast zur Gewissheit, dass du dich auf Kollisionskurs befindest, drauf und dran, auf der Oberfläche des kalten und sehr toten Planeten aufzuschlagen. Du hast gehört, dass vielen Menschen angesichts ihres unmittelbar bevorstehenden Todes Erinnerungen an scheinbar längst Vergessenes in den Sinn kommen oder dass ihr Leben wie im Zeitraffer an ihnen vorüberzieht. Du erlebst aber nichts dergleichen. Du kannst nur an das Gesicht deiner Großtante denken, während du sie und ihre Vase für den sicheren Tod verantwortlich machst, der deinen Körper ereilen wird.

In einem heroischen Versuch, dein Leben zu retten, stößt du dich kräftig von dem Asteroiden ab und beginnst von dem Planeten wegzuschwimmen. Du erkennst aber augenblicklich zweierlei: Erstens, du befandest dich wider Erwarten nicht auf Kollisionskurs, und zweitens, es ist zwar möglich, von einem Asteroiden zu springen, nicht aber, im Weltall zu schwimmen.

Wie auf einer interstellaren Achterbahnfahrt saust du das Gefälle, das der Planet im Stoff des Universums hervorbringt, immer schneller hinab, verfehlst aber seine dunkle, kalte Oberfläche um einige tausend Kilometer. Statt auf ihr aufzuschlagen, bewegst du dich an ihr entlang, um dann gemeinsam mit deinem Asteroiden, wie von einer Zwille abgeschossen, wieder ins All geschleudert zu werden, und zwar mit einer viel höheren Geschwindigkeit als vor dem Fall. Warum dies? Weil ihr, du und dein Asteroid, dem Planeten Energie, kinetische Energie geklaut habt, wie ein Golfball, der auf einer Minigolfbahn ein sich raffiniert bewegendes Loch verfehlt und nur an dessen Rand entlangläuft, bevor er herauskatapultiert wird und schneller, als er gekommen ist, wegrollt, um schließlich entmutigend weit entfernt von der Stelle liegen zu bleiben, von der du ihn geschlagen hattest. Nur ein Loch, das sich bewegt, kann diese Energie verleihen, und dasselbe gilt für einen Planeten.

Minuten später landest du, während der tote Planet in den Weiten des Alls verschwindet, wieder auf der Oberfläche deines Asteroiden. Seltsam: Er hatte, wie du jetzt erkennst, keinen Augenblick aufgehört, dich mit seiner Schwerkraft anzuziehen. Und was noch seltsamer ist: Ihr habt fast dieselbe Bahn um den Planeten beschrieben, der nun außer Sichtweite ist.

Dass eine Vase, die nicht mehr wiegt als ein Vierzigstel deines Körpergewichts, mit derselben Geschwindigkeit wie du auf einen Asteroiden fällt, mag überraschen; aber dass ein Asteroid, ein Felsbrocken von der Größe eines kleinen Berges, sich einem Planeten mit derselben Geschwindigkeit nähert wie du, das ist im höchsten Maße irritierend. Aber so war es. Es scheint so, dass alle Objekte sich Planeten oder einander mit derselben Geschwindigkeit nähern, egal, wie schwer sie sind. So merkwürdig es klingen mag, auch die Sonne und eine Feder würden sich einem Asteroiden, einem Planeten oder einem sonstigen Objekt mit derselben Geschwindigkeit nähern. Warum das so ist? Weil der Schwerkraft unterliegen bedeutet: die Gefälle hinabgleiten, die Materie und Energie im Stoff unseres Universums hervorbringen.

Damit sich dieser Gedanke setzen kann, nimmst du auf dem Felsbrocken erst einmal Platz.

Du starrst ins All.

Aber der Gedanke scheint keinen Sinn zu ergeben.

Du denkst weiter nach, und schließlich wird deine Beharrlichkeit belohnt: Ein außerordentlich schönes Bild entsteht vor deinem geistigen Auge.

Du beginnst, überall um Felsbrocken, ferne Planeten, Sterne und Galaxien herum Krümmungen, Gefälle und Steigungen zu sehen. Strahlen von hellen, fernen Lichtquellen scheinen an diesen Gefällen entlangzugleiten und flüchtige fluoreszierende Linien auf ihrem Weg zu hinterlassen, damit du sie sehen und die wirkliche Form dessen erkennen kannst, woraus das Universum gewoben ist. Du siehst, dass Licht sich im Weltall – genau wie Materie, genau wie du – nicht immer geradlinig fortbewegt, wie du vielleicht geglaubt hast, sondern dass es in der Nähe einer Galaxie, eines Sterns, eines Planeten oder auch nur eines kleinen Felsbrockens abgelenkt wird. Je dichter ein Objekt und je näher ein Lichtstrahl daran vorbeirauscht, umso stärker wird er abgelenkt. Wie die Planeten, Sterne und Galaxien, so bewegen sich auch die von ihnen hervorgebrachten Krümmungen und Gefälle und folgen ihnen, wenn sie umeinander tanzen und miteinander verschmelzen. Alles ist in Bewegung in unserem Universum, überall. Sogar der Stoff, aus dem es besteht.

Dieser Stoff, dessen Form du jetzt siehst, nachdem er bisher für dich unsichtbar war, kommt dir nun beinahe wie ein Lebewesen vor.

Während du, auf deinem Asteroiden sitzend, all dies siehst, gleitest du ein Gefälle hinab; ebenso jetzt beim Lesen in diesem Buch. Auf dem Asteroiden wird es vom Felsbrocken selbst hervorgebracht, beim Lesen von der Erde. Auf dem Asteroiden ist das Gefälle sanft, und es würde dich nicht viel Energie kosten, davonzufliegen. Auf der Erde ist das Gefälle steiler.

Wenn du nicht den Eindruck hast, zu fallen, während du in diesem Buch liest, dann deshalb, weil du, sagen wir, auf einem Stuhl sitzt, jedenfalls Boden unter den Füßen hast, der dich am Fallen hindert. Wahrscheinlich aber hast du das Gefühl, dass deine Schultern, ja all deine Körperteile hinabgezogen werden. Permanent. Und läsest du dieses Buch im freien Fall aus einem Flugzeug, so würdest du tatsächlich hinabfallen in dem Gefälle, das die Erde hervorbringt, obwohl die Luft deinen Fall verlangsamen würde. Ein solches Hinabfallen im Stoff des Universums ist für alle Objekte und um alle herum die natürlichste Bewegung, die es gibt.

Als du deine hässliche Vase von dir weggestoßen hast, kletterte sie langsam das unsichtbare Gefälle hinauf, das *du* hervorgebracht hattest, um dann dasselbe Gefälle wieder hinabzugleiten, genau so wie ein Objekt, das von der Erdoberfläche aus in die Höhe geworfen wird, erst, im Steigen, langsamer wird, um dann, im Fallen, wieder schneller zu werden.

Damit ein Objekt von der Erdoberfläche aus das Weltall erreichen kann, muss es mit einer Geschwindigkeit von mehr als 40 320 Kilometern pro Stunde vertikal nach oben geschossen werden. Erreicht es diese Geschwindigkeit nicht, stürzt es wieder herab.* Immer.

Um sich deiner Anziehungskraft zu entziehen, ist ebenfalls eine Minimalgeschwindigkeit erforderlich; dasselbe gilt, wenn eine Murmel eine Bodenwelle hinauf- und auf der anderen Seite wieder hinunterrollen soll.

Deine Vase kam zu dir zurück, weil du sie nicht schnell genug gestoßen hattest, denn auch du krümmst den Stoff des Universums.

Und als du später ein Stück weit um den Planeten herumgeflitzt bist, um diese Bahn dann mit einem kleinen, aus der Bewegung des Planeten stammenden Extrakick wieder zu verlassen, hast du dich, ohne es zu wissen, einer Technik bedient, von der die Raketentechniker Gebrauch machen, um Satelliten im Sonnensystem ohne Treibstoff weit weg zu schicken: Wenn sie sie im richtigen Winkel und in der richtigen Entfernung an Planeten vorbeifliegen lassen, werden die Apparate mit erhöhter Geschwindigkeit in tiefere Regionen unseres kosmischen Nahbereichs katapultiert.

Während dir diese Gedanken durchs Hirn gehen, begreifst du, dass auch auf der Erde immer alles hinabfällt in dem Gefälle, das die

* Jede Gewehrkugel fliegt sehr viel langsamer und kommt daher zurück – auch wenn du sie senkrecht in den Himmel schießt. Das brauchst du also gar nicht zu versuchen. Die Geschwindigkeit von 40 320 Kilometern pro Stunde wird als die *Fluchtgeschwindigkeit* der Erde bezeichnet. Zum Vergleich: Die Fluchtgeschwindigkeit der Sonne liegt bei 2,2 Millionen Kilometern pro Stunde, während der quietscheentchenförmige Komet, auf dem 2014 die Raumsonde Philae der ESA landete, eine Fluchtgeschwindigkeit von nur 5,4 Kilometern pro Stunde hat. Ein kleiner Sprung würde genügen, um ihn zu verlassen.

Materie, aus dem der Planet gemacht ist, hervorgebracht hat. Darum ist unser Planet von seinem Himmel bis in sein Zentrum so geschichtet, dass die Partikel mit der geringsten Dichte oben liegen und die mit der höchsten tief in seinem Innern begraben sind. Bis dieses Gleichgewicht erreicht war, mussten Milliarden Jahre vergehen.

Ob du es bemerkt hast oder nicht: Du hast jetzt die Vorstellung, dass die Schwer-«Kraft» eine Kraft sei, vollständig hinter dir gelassen. Stattdessen betrachtest du sie nun als Landschaft aus Krümmungen, Steigungen und Gefällen. Vielleicht war das die Lektion, für die du noch einmal ins All gereist bist, denn im selben Augenblick, in dem dir dieser Gedanke kommt, befindest du dich plötzlich wieder in deinem Ferienhaus, in deinem Bett, und siehst deiner Großtante ins Gesicht. Sie scheint ziemlich verwirrt zu sein.

«Habe ich dir nicht gerade eine Vase gegeben?», fragt sie, da sie keine in deinen Händen sieht.

«Welche Vase?»

«Schon gut. Vergiss es.»

«Aber – du hier? Wie kommt's?», fragst du.

«Deine Freunde hatten mich angerufen und gesagt, du habest Halluzinationen. Es gehe um die Schwerkraft. Wenn du einmal so alt bist wie ich heute, wirst du sehen, dass sie eine echte Last ist. Aber du bist noch jung und solltest dir keine Gedanken darüber machen. Schau, was ich dir mitgebracht habe: Sind diese Vasen nicht wundervoll?»

«Es gibt keine Schwerkraft», erklärst du ihr schlecht gelaunt, und verfluchst im Stillen deine indiskreten Freunde. «Es gibt nur Gefälle.»

«Ja, Gefälle, ich weiß», antwortet sie unerwartet, während sie die Vasen auspackt.

Und zu deiner großen Überraschung fügt sie hinzu, was die Anziehungskraft der Erde betreffe, nie einen Unterschied zwischen «Kraft» und «Gefälle» gesehen zu haben. Man rufe doch nicht von ungefähr «Hilfe, ich falle!» statt «Hilfe, ich werde hinabgezogen!». Wie dumm von dir, davon so viel Aufhebens zu machen!

Und dann widmet sie sich wieder der Umdekorierung deines

bis jetzt so geschmackvoll eingerichteten Ferienhauses mit dem Dutzend Vasen, die sie mitgebracht hat, während du ihr zusiehst und in Gedanken nach dem Sinn des Lebens fragst.

Als du am selben Abend endlich etwas Zeit findest, allein zu sein, verlässt du dein Ferienhaus, um der Zivilisation zu entkommen, am Strand entlangzugehen und die Sterne zu betrachten. Großtantchens Kommentar zur Schwerkraft lässt dir keine Ruhe, und du versuchst zusammenzufassen, was du gerade gelernt hast.

Es gibt Gefälle im Stoff des Universums.

Alles erzeugt ein Gefälle in jeder Richtung: ein unsichtbares Gefälle, das wir Schwerkraft nennen. Und je höher die Dichte des Objekts, das das Gefälle erzeugt, umso steiler ist dieses. Aber wenn alle massiven Objekte den Stoff unseres Universums krümmen, dann gilt das natürlich auch für das Licht, denkst du, da Energie auch Masse und Masse auch Energie ist, und zwar nach der Formel $E = mc^2$.

Aber ist das wirklich wahr?

Krümmt wirklich alles, auch das Licht, den Stoff des Universums? Und woraus zum Teufel könnte dieser Stoff bestehen?

Hast du ihn je gespürt in deinem Ferienhaus oder sonst irgendwo? Hast du das von einer Wand, einem Sofa oder einer Zimmerdecke erzeugte unsichtbare Gefälle je gespürt? Oder das vom Himmel oder vom Licht einer Lampe erzeugte Gefälle? Nein. Du hast immer nur das von unserem Planeten als Ganzem erzeugte gespürt, gegen das deine Muskeln und Knochen ankämpfen, wenn du morgens aufstehst. Bestündest du nur aus Wasser, so würdest du dich auf dem Boden ausbreiten, nicht an der Wand.

Doch was immer du an Schwerkraft gerade spüren magst, es ist die Summe der Gefälle, die all das erzeugt, was dich umgibt, einschließlich der Wände und der Decke deines Zimmers, ja einschließlich eines vielleicht hoch über dir fliegenden Vogels oder Flugzeugs.

Viel wichtiger als alles, was über dir ist, ist aber, was unter dir ist. Die Erde unter deinen Füßen birgt mehr Materie und gespeicherte Energie als der Himmel über dir. Daher erzeugt sie das steilere, von dir mehr gespürte Gefälle. Und daher tendierst du dazu, zu *fallen*. Das ist die Schwerkraft der Erde.

Aber was ist nun mit dem Stoff des Universums? Was ist das für ein Stoff? *Was* ist gekrümmt?

Nun, das hat Einstein erkannt.

Mit der Gleichung $E = mc^2$ hat er bewiesen, dass die Unterscheidung zwischen Masse und Energie überflüssig ist, weil Masse und Energie nur zwei Aspekte ein und derselben Sache sind. Das war 1905. Zehn Jahre später, 1915, hat er gezeigt, dass die Form des Universums an jeder Stelle von der dort vorhandenen Masse und Energie bestimmt wird. Damit hat er zugleich die Vorstellung, die Schwerkraft sei eine Kraft, hinter sich gelassen. Schwerkraft ist nichts als Geometrie: Krümmung und Gefälle, hervorgebracht von Materie und Energie. Aber Geometrie wovon? Dass es keine durch den ganzen Kosmos sich erstreckende seifige Gummimatte gibt, auf der alles dahingleitet, ist klar, aber denk daran: Dass wir nichts sehen, bedeutet nicht, dass da nichts wäre. Bevor die Menschheit erkannt hat, dass die unsichtbare Luft um uns herum aus Atomen und Molekülen besteht, glaubten alle, die Luft sei leer.

Wir müssen hier eine ähnliche konzeptuelle Lücke überbrücken: Das Weltall *scheint* nur leer, ist es aber nicht. Es ist auch nicht statisch.

Was es zu einem in Bewegung befindlichen, sich verändernden geometrischen Objekt macht, ist das, was ich bisher den «Stoff des Universums» genannt habe.

Einstein hat entdeckt, dass dieser Stoff eine Verbindung von Raum und Zeit ist, zwei Entitäten, von denen wir in den letzten hundert Jahren zu akzeptieren gelernt haben, dass sie sich nicht trennen lassen.

Der Stoff des Universums ist daher heute besser bekannt unter dem Namen *Raumzeit*, und Einsteins allgemeine Relativitätstheorie sagt uns, wie diese Raumzeit von dem, was sie enthält, gekrümmt wird. Energie und Materie einerseits und die Geometrie der Raumzeit andererseits sind in Bezug auf die Schwerkraft identische Konzepte.

Bisher jedoch, glaubst du, hast du nur die Krümmung des Raumes kennengelernt, nicht die der Zeit. In Wirklichkeit wurde die Zeit um dich herum ständig gekrümmt. Sie wird es auch jetzt, während du liest. Warum du davon nichts spürst? Weil die Auswirkungen zu schwach sind, um von deinen Sinnen bemerkt zu werden. Du wirst dich aber bald an Orten befinden, an denen die Krümmung der Zeit offenkundig und sehr verwirrend sein wird. Dies wird in einem Flugzeug sein, in Teil drei, und in einem schwarzen Loch, in das du in Teil sechs eintauchst.

Doch einstweilen befindest du dich wieder an deinem Strand und beobachtest die Sterne. Es ist spät, aber das ist dir egal. Du blickst zum Himmel hinauf und hast das Gefühl, in grandiosen Vorstellungen zu schwimmen, die vollkommen verrückt erscheinen, sich aber wundersamerweise gut zur Beschreibung unserer kosmischen Wirklichkeit eignen.

Dank der Raumzeitkrümmung unseres Planeten nähert sich alles, was nicht zu weit entfernt ist, seiner Oberfläche und vergrößert so die Krümmung. Infolgedessen hat sich in den Milliarden Jahren seit der Entstehung der Erde aus einer Wolke von Sternenstaub ein Gleichgewicht gebildet, in dem unser Planet von einer Atmosphäre umgeben ist, die uns vor dem All schützt, uns atmen und dadurch leben lässt und uns manchmal Gelegenheit gibt, einen wolkenlosen Himmel zu sehen.

Außerhalb dieser Atmosphäre, nicht weit von ihr und der Erde entfernt, befindet sich unser Mond, der unseren Planeten umrundet wie eine in einer Salatschüssel kreisende Murmel. Auch der Mond bewirkt eine Krümmung in der Raumzeit. Sie führt dazu, dass das Wasser auf der Erdoberfläche mondwärts strebt: Es folgt dem Mond auf seiner Bahn um unseren Planeten in Gestalt der Gezeiten.*

* Der Mond zieht natürlich auch alles andere an, einschließlich der Kruste unseres Planeten, unserer selbst und unserer Teetassen und -löffel, aber das sind Festkörper, an denen es sich nicht so deutlich zeigt.

Weiter entfernt ist die Sonne mit der steilen Krümmung ihres Raumzeitgefälles, in dem sich alle Planeten, Kometen und Asteroiden des Sonnensystems drehen und in verschiedenen Geschwindigkeiten und Höhen herumflitzen wie Murmeln an der Wand einer Salatschüssel.

Das Raumzeitgefälle unserer Sonne steht in Konkurrenz zu dem unserer Nachbarsterne. In einiger Entfernung ist die von anderen Sternen bewirkte Krümmung der Raumzeit sogar ausgeprägter als die der Sonne, und es kommt vor, dass ferne Kometen, die sich an der Grenze bewegen, den höchsten Punkt einer Steigung erreichen und aus dem Einflussbereich des einen Sterns in den eines anderen überwechseln, so wie eine Murmel vom Rand einer Salatschüssel in eine andere fallen kann, wenn sie unmittelbar daneben steht. Im Weltall steht immer eine unmittelbar daneben.

Die Raumzeitkrümmung aller Sterne der Milchstraße summiert sich zur Krümmung, zum Schwerefeld unserer Galaxie, das mit dem benachbarter Galaxien konkurriert; die gesammelte Krümmung der lokalen Gruppe konkurriert mit der anderer Gruppen und so weiter. Und Einstein hat einen Weg gefunden, all das in einer einzigen Formel auszudrücken.

Bravo, Einstein.

Aufgrund seiner Gleichung konnte er sogar postulieren, dass seltsame Wellen diese unermesslichen Weiten füllen.

Dass die Schwerkraft eine Krümmung ist, hast du schon in einem der vorigen Kapitel gehört, als ich dir sagte, man könne Planeten und Sterne mit schweren Kugeln vergleichen, die auf einer Gummimatte liegen und in dieser mit ihrem Gewicht eine Delle erzeugen. Jetzt weißt du, dass der Stoff, aus dem unser Universum besteht (die Verbindung von Raum und Zeit, die wir als Raumzeit bezeichnen), keine Matte und auch nicht flach ist, sondern – wie könnte es anders sein – das ganze All erfüllt. Ein Bild für einen Planeten oder Stern im All, das die Sache besser trifft als eine Kugel auf einer flachen Unterlage, ist daher eine Kugel in einem Meer, das das ganze Universum füllen würde – ein Meer ohne Oberfläche und Boden, nur Wasser, mit einer Kugel darin.

Könnte eine solche Kugel das Wasser unmittelbar um sie herum anziehen und «krümmen», so entspräche das der Wirkung der Schwerkraft. Ein seelenruhig vorbeischwimmender Fisch würde mitsamt dem Wasser von der Kugel angezogen werden und in ihrer Nähe nicht mehr geradeaus schwimmen, sondern einer gekrümmten Bahn folgen. Mit der richtigen Geschwindigkeit könnte er sogar aufhören zu schwimmen und sich faul auf einer Kreisbahn um die Kugel herumführen lassen. Denn so ist es im Weltall: Ein Planet braucht keine Flossen zu bewegen, um seinen Stern zu umkreisen. Die Erde folgt ihrer Bahn in einer von der Sonne gekrümmten Raumzeit, ohne steuern zu müssen oder Energie zu verbrauchen – wie eine Murmel in einer Salatschüssel.

Du kannst einen Schritt weiter gehen und dich fragen, was geschähe, wenn nicht nur eine, sondern zwei Kugeln im Meer schwämmen – zwei Kugeln, die einander umkreisten. Sie würden sicherlich Wellen erzeugen.

Keine Wellen auf einer Oberfläche dieses Meeres (das Meer der Raumzeit im All hat ja keine Oberfläche), sondern Wellen *in* ihm – Wellen, die sich ausbreiten würden, ausgehend von den sich umeinander drehenden Kugeln, so dass diese Energie verlören und schließlich zusammenstießen.

Welche Phänomene entsprächen diesen Wellen im Universum? Vibrationen des Stoffes, aus dem es besteht. Wellen der Raumzeit: sogenannte Gravitationswellen. Deren Existenz hat Einstein 1916 postuliert, wenige Monate nach der Veröffentlichung seiner Theorie der Schwerkraft. Doch niemand nahm davon Notiz – jahrzehntelang. Schließlich dachte er selbst über diese Wellen nicht weiter nach, weil er glaubte, sie seien ein Artefakt seiner Berechnungen, dem nichts Reales entspreche, bis ihm die französische Mathematikerin und Physikerin Yvonne Choquet-Bruhat 1951 sagte, er habe recht gehabt. Wenn die allgemeine Relativitätstheorie richtig sei, müsse es Gravitationswellen geben; sie habe es mathematisch bewiesen. Damit hatte der Wettlauf um ihre Entdeckung begonnen.

Vor 1,3 Milliarden Jahren bewegten sich in einer 1,3 Milliarden Lichtjahre entfernten Galaxie zwei schwarze Löcher mit der 29- beziehungsweise 36-fachen Sonnenmasse* spiralenförmig aufeinander zu, um schließlich mit halber Lichtgeschwindigkeit zu verschmelzen. Während der etwa 20 Millisekunden dauernden Kollision verloren sie drei Sonnenmassen an Energie, also ungeheuer viel: etwa das 50-Fache der Leuchtkraft aller Sterne im sichtbaren Universum. Nach Einsteins allgemeiner Relativitätstheorie und seiner Gleichung $E = mc^2$ wurde diese Energie nicht in Licht verwandelt, sondern in Gravitationswellen, die nichts aufhalten konnte, so dass sie die Erde 1,3 Milliarden Jahre später erreichen mussten.

Das taten sie – am 14. September 2015, genau um 9 Uhr 50 Sekunden und 45 Hundertstelsekunden der koordinierten Weltzeit.

Ohne die außerordentliche Intelligenz der amerikanischen Physiker Rainer Weiss, Ronald Drever und Kip Thorne, die Jahrzehnte ihres Lebens der Konstruktion und dem Bau der Laser Interferometer Gravitational-Wave Observatories (LIGO) in den USA gewidmet haben, und ohne den Beitrag der mehr als tausend Wissenschaftler aus aller Welt, die sich unter ihrer Führung an der Suche beteiligten, hätte niemand diese Wellen zu Gesicht bekommen. Kein Zweifel, dass ein Nobelpreis die außergewöhnliche Leistung in den kommenden Jahren krönen wird.

Einstein aber hatte auch in dieser Sache recht gehabt. Was für ein Mann! Es fehlt nicht viel und du würdest dir wünschen, er könnte jetzt vor dir erscheinen, damit du ihm die Hand schütteln könntest. Aber du hast das Gefühl, dass es noch mehr zu verstehen gibt. Etwas, das noch tiefer ist. Was könnte das sein?

Hast du nicht oben gelesen, Einstein habe die Tür zu der Vorstellung aufgestoßen, dass unser Universum eine Geschichte haben könnte? Dass es einst kleiner war?

Du lässt dich nieder am Strand, schließt die Augen und konzentrierst dich, um dir auszumalen, was das genau bedeuten könnte.

* Vielleicht interessiert es dich: Aus diesen Massen lässt sich errechnen, dass sie einen Radius von ungefähr 88,5 beziehungsweise 96,5 Kilometern hatten.

7
Kosmologie

Es gibt Fragen, auf die es eine einzige, allgemein akzeptierte Antwort gibt. Die Frage, wie unser Universum als Ganzes aussieht, gehört leider nicht dazu – ungeachtet dessen, was du gerade gesehen hast. Einsteins Gleichungen lassen Raum für viele Möglichkeiten. Und wie du in Teil sechs sehen wirst, wissen wir nicht einmal, woraus unser Universum besteht.

Abgesehen davon sollten wir nicht vergessen, dass die Physik, so sehr sie sich bewährt hat, nie in der Lage war, die Wirklichkeit *genau* abzubilden. Sie weiß sogar, dass sie sich das nicht einmal zum Ziel setzen kann, weil es voraussetzen würde, dass man die Wirklichkeit – was immer das sei – *genau* kennen könnte. Das aber ist unmöglich. Beobachtungen und Experimente geben, so präzise sie sein mögen, immer nur eine ungefähre Antwort. Es gibt immer eine – und sei es auch noch so kleine – Fehlermarge.

Im Rückblick können wir sogar sagen, dass die Technologie, mit der wir Menschen die Natur befragt haben, nur selten dem entsprach, was die Physik jeweils vorhersagen konnte. Und manchmal hat das zu falschen Vermutungen geführt. Hätte einer deiner Vorfahren vor ein paar hundert Jahren behauptet, es gebe Bakterien mit einem Durchmesser von nicht mehr als einem Tausendstel der Breite eines Haares, so wäre keiner seiner Zeitgenossen in der Lage gewesen, das zu überprüfen, und wahrscheinlich wäre dein Vorfahr wegen spinnerter Angstmacherei in einem Irrenhaus geendet. Dasselbe gilt für die Behauptung, es gebe ferne Galaxien. Hätte dein Vorfahr sie vertreten, so wäre er nicht weggesperrt, sondern wie Giordano Bruno bei lebendigem Leib verbrannt worden. Die Technologie, die erforderlich ist, um weit genug in den Kosmos zu schauen und ferne Galaxien abzubilden, gibt es erst seit weniger als hundert Jahren. Und die Technologie zur Überprüfung dessen, was du am Ende dieses Buches erfahren wirst, ist noch nicht einmal erfunden.

Die Naturwissenschaft schreitet meist in kleinen, manchmal aber auch in großen Schritten voran, die zu Umwälzungen in unserem Weltverständnis führen. Vielleicht empfiehlt es sich, Naturwissenschaft als das Hochziehen von Denkgerüsten zu betrachten, die der Wirklichkeit, in der wir leben und deren Geheimnisse durch Experimente enthüllt werden, Generation für Generation so nahe wie möglich zu kommen versuchen. Jedenfalls lohnt es sich, darauf hinzuweisen, dass außer der Naturwissenschaft bisher kein menschliches Tun zur Entdeckung von Naturphänomenen geführt hat, die zuvor schlechterdings unsichtbar waren. Bei aller Demut, die wir der Herrlichkeit der Natur schulden – nur die Naturwissenschaft hat uns Augen gegeben zu sehen, wofür unsere Körper blind sind.

Was aber gibt uns Einsteins Vision, was wir vorher nicht hatten? Wofür sind seine Gleichungen gut? Wie können wir von ihnen Gebrauch machen, wenn wir nicht einmal wissen, woraus unser Universum besteht? Nun, im Gegensatz zu dem, was die meisten Leute glauben, mögen Wissenschaftler Komplexität nicht. Sie ziehen es vor, wenn alles einfach ist. Und das Spiel besteht meistens darin, in einer scheinbar komplexen Umgebung ein einfaches Muster zu entdecken. Dabei kann ein wenig Scharfsinn helfen. Schauen wir also, was wir mit Einsteins Vision anfangen können, wenn wir in möglichst großem Maßstab alles vereinfachen, was du bisher gesehen hast. Vergessen wir die Details. Fassen wir das große Ganze ins Auge. Keine Asteroiden, keine Planeten, keine Sterne. All das ist viel zu klein, um für das, worauf es jetzt ankommt, von Bedeutung zu sein. Nur Galaxien und Galaxien*haufen* sollen bleiben. Und *du* sollst bleiben, fähig, all das zu sehen, wie ein weitsichtiges Auge kosmischen Maßstabs, für das die Erde, die Sonne und die Hunderte von Milliarden Sterne der Milchstraße nur ein Punkt sind, der deine Position markiert.

Die anderen Galaxien sind gleichmäßig um dich verteilt, auch wenn Strukturen, die Drähten ähneln, ins Auge fallen.

Gut so.

Das ist einfach. Es ist dein Set-up. Du setzt es in Einsteins Gleichungen ein, um zu sehen, was dabei herauskommt (ob überhaupt etwas dabei herauskommt). Und du wartest gespannt, ohne viel zu *er*warten. Doch – ein Wunder! Es funktioniert! Alles um dich herum, wohin du auch siehst, die Galaxien und Galaxienhaufen, sie drehen sich, wie erwartet, umeinander, und das ist noch nicht alles. Das Universum, das dich umgibt, das sichtbare, von der Erde aus beobachtbare Universum fängt an zu expandieren. Die Raumzeit zwischen all den galaktischen Punkten dehnt sich aus und bewirkt dadurch, dass sie sich voneinander entfernen, unabhängig davon, wie sie sich umeinander drehen! Wie immer sie sich im kleinen, lokalen Maßstab bewegen, sie gleichen Mohnsamen in einem Kuchen, der gebacken, oder Punkten auf einem Luftballon, der aufgeblasen wird. Und je weiter sie von der Erde entfernt waren, umso schneller bewegen sie sich weiter von ihr fort. Das ist es, was deine Freundinnen und Freunde mit ihren eine Milliarde Euro teuren Teleskopen gesehen haben: die Expansion unseres Universums.

Durch Einsetzen eines einfachen Modells des sichtbaren Universums in Einsteins Gleichungen hast du etwas erhalten, das sich vor Einstein zu keinem Zeitpunkt in der Geschichte der Menschheit irgendjemand vorstellen konnte. Etwas, das dem entspricht, was du im All gesehen hast und was die Wissenschaftler jeden Tag sehen: Das Universum *kann* wachsen (Einstein zufolge) und tut das auch (Beobachtungen zufolge).

Mit diesem Gedanken war die *Kosmologie*, die Wissenschaft von der Erkenntnis der Vergangenheit und der Zukunft unseres Universums, geboren. Vor Einstein hatten wir nur *Kosmogonien*, Geschichten, die wir uns erzählten, um angesichts des rätselhaften Ursprungs unserer Welt nicht zu verzweifeln. Jetzt haben wir auch Wissenschaft: ein Instrument, um die Geschichte zu enträtseln, die nicht der Mensch, sondern die Natur geschrieben hat.

Während du all die Punkte um dich herum in Bewegung siehst, wird dir plötzlich klar, dass du mit Einsteins Gleichungen in der Vorstellung die Taste «Rücklauf» drücken kannst, um die Expansion rückgängig zu machen.

Und das tust du jetzt.

Statt aufzugehen, fängt der Mohnkuchen des für uns sichtbaren Universums sofort an, in sich zusammenzufallen. Dein kosmisches Auge sieht ihn schrumpfen: Die vergangenen Epochen, die weit entfernt waren, verschlingen die Bilder der Jahre, die ihnen gefolgt waren, und werden dadurch immer gegenwärtiger, bewegen sich auf dich zu.

Die ganze Sphäre, die das sichtbare Universum der Erde begrenzt, schrumpft.

Und schrumpft.

Und schrumpft, bis –

Als der belgische Physiker und Jesuitenpriester Georges Lemaître vor ungefähr einhundert Jahren ein ähnliches imaginäres Uhrwerksuniversum anhand der drei kosmologischen Prinzipien in der Zeit expandieren und sich kontrahieren ließ, kam er zu einer einfachen Schlussfolgerung: Unser Kosmos, der seit Menschengedenken als immer schon existent vorausgesetzt worden war, hatte wahrscheinlich einen Anfang gehabt.

Einsteins Gleichungen hatten Lemaître und viele andere nach ihm rasch auf den sehr verwirrenden Gedanken gebracht, dass unser Universum zwar immer schon seine ganze heutige Energie, aber ursprünglich noch keinerlei Ausdehnung gehabt habe.

Keinerlei Ausdehnung in Raum und Zeit.

Ein Gedanke, der definitiv absurd erschien und wohl noch immer so erscheint; aber auf ihn liefen Einsteins Gleichungen hinaus.

Und nach allem, was wir heute wissen, ist dies der beste Gedanke, auf den die Menschheit in ihrem Bemühen zu verstehen, was wir am Nachthimmel sehen, je gekommen ist.

Theorien, die behaupten, alles, was das sichtbare Universum enthält, habe in einem bestimmten Stadium seiner Vergangenheit keine (oder fast keine) Ausdehnung gehabt, werden als (Heißer-) Big-Bang-Theorien* bezeichnet.

«Heiß», weil nur in einer sehr heißen Vergangenheit alle Energie des sichtbaren Universums in ein winziges Volumen gepresst gewesen sein kann. Das Zentrum der Sonne ist heiß, weil die ganze Materie, die es enthält, infolge der Schwerkraft des Sterns komprimiert ist. Könnte man das ganze sichtbare Universum zu einer Kugel von der Größe der Sonne zusammenschrumpfen lassen, so würde man ein noch viel höheres Hitzeniveau erhalten.

«Big», weil das ganze sichtbare Universum betroffen war.

Und «Bang», weil die nachfolgende Expansion darauf hinzudeuten scheint, dass es unmittelbar nach der Entstehung unseres Universums eine Explosion gab; du wirst aber sehen, dass es keine Explosion war.

Eine «außerordentliche, ungeheure, irrsinnige, Blasen bildende, sengende, heiße, gigantische allgemeine Verpuffung» – das träfe die Vorstellung dessen, was damals geschah, vielleicht besser, aber «heißer Big Bang» vermittelt auch einen guten Eindruck und ist bescheidener.

Und bescheiden sollte die Bezeichnung sein, denn auch wenn es deinem kosmischen Auge so erscheinen mag, als habe unser Planet, die Erde, im Zentrum all dessen gestanden, was mit diesem Urknall zu tun hatte – das war nicht der Fall.

Wie du jetzt erfahren wirst, ereignete sich der Urknall überhaupt nicht an einem *bestimmten* Punkt in der Raumzeit, sondern überall.

* «Big Bang»: dt. «Urknall».

8
Jenseits unseres kosmischen Horizonts

Du hast dich ganz am Beginn deiner Reise gefragt, ob das, was du mit bloßem Auge am Himmel sehen konntest, das ganze Universum sei.

Du weißt jetzt, dass das nicht der Fall war.

Wir können mit bloßem Auge nur einige hundert Sterne erblicken, die alle zu unserer Galaxie, der Milchstraße, gehören, und darüber hinaus, wenn wir in die richtige Richtung schauen, blasse Spuren einiger anderer, benachbarter Galaxien.

Das mit Teleskopen und anderen leistungsfähigen Instrumenten beobachtbare Universum ist unermesslich viel größer, wie du inzwischen weißt. Es hat aber ebenfalls eine Grenze: die Fläche der letzten Streuung.

Diese Fläche liegt *in der Zeit,* in der Vergangenheit: ungefähr 13,8 Milliarden Jahre zurück.

Sie liegt aber auch *im Raum:* ungefähr 13,8 Milliarden Lichtjahre entfernt.*

Sie markiert die Grenze dessen, was wir heute sehen können.

Licht, das von weiter her käme, wäre mehr als 13,8 Milliarden Jahre unterwegs gewesen, wenn es uns erreichte. Aber vor mehr als 13,8 Milliarden Jahren konnte Licht sich noch nicht ausbreiten. Es saß fest, weil das Universum damals eine zu hohe Dichte hatte. Frei, durch Raum und Zeit zu schießen, wurde es erst vor 13,8 Milliarden

* In Wirklichkeit liegt sie noch viel weiter entfernt, da das Universum sich weiter ausgedehnt hat, seit das Licht, das uns jetzt erreicht, auf die Reise gegangen ist. Die Physiker schätzen, dass die Entfernung jetzt etwa 46 Milliarden Lichtjahre beträgt.

Jahren, und die Fläche der letzten Streuung ist das Bild, das von diesem Augenblick geblieben ist. Von dort aus gesehen markiert diese Fläche den Beginn der lichtdurchlässigen Raumzeit. Von der Erde aus gesehen markiert sie den Rand des sichtbaren Universums.

In gewissem Sinne ist sie unser kosmischer Horizont. Weiter können wir nicht sehen, jedenfalls nicht von der Erde aus.

Von den ersten Seiten dieses Buches an bist du im Universum gereist, wie es von der Erde aus sich darstellt.

Du hast dich immer auf das sichtbare Universum beschränkt, das innerhalb unseres kosmischen Horizonts liegt, eines Horizonts, der sein Zentrum in uns hat.

Aber was ist mit dem Universum, wie es sich von irgendwo anders aus darstellt? Wäre das Zentrum des kosmischen Horizonts auch dort die Erde?

Stell dir vor, du treibst mitten auf dem Ozean auf einem Floß. Nirgendwo ist Land in Sicht. Der Horizont ist deutlich als Linie sichtbar, die Wasser und Himmel trennt. Du schaust dich um und siehst, dass er einen Kreis bildet, dessen Mittelpunkt *du* bist.

Bedeutet das, dass du dich im Mittelpunkt des Ozeans befindest?

Natürlich nicht.

Es bedeutet, dass du dich im Mittelpunkt jenes Teils des Ozeans befindest, den du sehen kannst, im Mittelpunkt des für *dich* sichtbaren Ozeans. Über dessen Rand, über diesen deinen Horizont kannst du unmöglich hinaussehen.

Das heißt aber nicht, dass es da nichts gäbe.

Es gibt da etwas!

Natürlich gibt es da etwas.

Eine Freundin, die in einiger Entfernung auf einem anderen Floß dahintriebe, hätte *auch* einen Horizont um sich herum: *ihren* Horizont, der den für *sie* sichtbaren Ozean begrenzen würde.

Wäre sie nah genug, könnte sie für dich in Sichtweite sein. Der für dich sichtbare Ozean und der für sie sichtbare Ozean hätten dann einige Wellen gemeinsam, aber sie könnte in einer bestimmten Richtung weiter sehen als du, über deinen Horizont hinaus, so wie du umgekehrt in der entgegengesetzten Richtung weiter sehen könntest als sie, über ihren Horizont hinaus.

Sie könnte aber auch jenseits deines Horizonts auf ihrem Floß treiben.

In diesem Fall könntet ihr Bereiche des jeweils für euch sichtbaren Ozeans gemeinsam haben, ohne überhaupt zu wissen, dass ihr auf demselben Ozean treibt.

Eine dritte Möglichkeit wäre, dass deine Freundin so weit weg ist, dass der für sie sichtbare Ozean und der für dich sichtbare überhaupt nichts gemeinsam haben. Das würde bedeuten, dass die Kreise, die das für euch jeweils Sichtbare begrenzen, keine Schnittmenge hätten. Alles, was von dort aus, wo sie sich befindet, sichtbar wäre, wäre unsichtbar für dich. Sie könnte etwa Vulkaninseln und Wale sehen, von denen du nichts wüsstest.

Im Weltall ist es genauso.

Das von der Erde aus sichtbare Universum ist eine Kugel mit einem Radius von 13,8 Milliarden Lichtjahren.

Gibt es außerhalb dieses von der Erde aus sichtbaren Universums, jenseits der von seinem Radius beschriebenen Grenzen, nichts? Das ist damit nicht gesagt.

Jemand, der sich auf einem anderen Planeten befände, wäre von *seinem* kosmischen Horizont umgeben, der ebenfalls einen Radius von 13,8 Milliarden Lichtjahren hätte, da das Universum dort weder jünger noch älter sein könnte als hier.

Die drei kosmologischen Prinzipien, von denen du weiter oben erfahren hast, sind eingeführt worden, um Folgendes festzuhalten: Ein sichtbares Universum, das von uns so weit entfernt ist, dass es mit unserem keinen sichtbaren Bereich gemeinsam hat, ist unserem Universum ähnlich (nicht mit ihm identisch, sondern ihm ähnlich) und gehorcht denselben physikalischen Gesetzen.

Selbst wenn das Floß deiner Freundin so weit entfernt wäre, dass du sie nicht sehen könntest, würdest du nicht annehmen, dass zu dem für sie sichtbaren Ozean fliegende Berge gehören.

Entsprechendes gilt für das Weltall. Die Naturgesetze dürften überall dieselben sein, so dass sich in dieser Hinsicht kein Ort von irgendeinem anderen unterscheidet.

Daraus folgt, dass das sichtbare Universum von jemandem, der irgendwo im gesamten Universum, aber jenseits des für uns sichtbaren lebte, sich ebenfalls ausdehnen und in Übereinstimmung mit Einsteins Gleichungen verhalten dürfte, was bedeutet, dass wir, würden wir die Zeit zurückdrehen, dort ebenso wie hier auf einen Urknall stießen. Auf einen Urknall, der sein Zentrum allerdings nicht in uns hätte.

In dieser Vorstellung vom *gesamten* Universum gibt es so etwas wie ein Zentrum des Ganzen nicht; der Urknall hat sich überall ereignet.

Sie vermittelt dir eine Ahnung von dem, was als *Multiversum* bezeichnet wird: ein Universum, das aus vielen separaten Universen besteht, die nicht miteinander kommunizieren können, obwohl sie alle zu demselben Ganzen gehören.

Du wirst in diesem Buch noch drei weitere Beispiele für solche Multiversen kennenlernen. Dieses habe ich als Erstes eingeführt, weil die meisten Wissenschaftler es für korrekt halten.

Angenommen, man akzeptiert es: Bedeutet das dann, dass das ganze Universum, das «All», das man erhält, wenn man alle von irgendwo aus sichtbaren Universen zusammenflickt, unendlich ist?

Nein. Der ganze Ozean, den man erhält, wenn man alle von beliebig vielen Flößen aus sichtbaren Ozeane zusammenflickt, ist ja auch nicht unendlich.

Das Universum als Ganzes ist also endlich?

Nicht unbedingt. Es kann durchaus sein, dass es unendlich ist.

Wir wissen es nicht.

Wie ich eingangs des vorigen Kapitels erwähnt habe, geben uns Einsteins Gleichungen auf diese Frage leider keine Antwort.

Was ist nun mit all dem bewiesen?

Du meinst, nicht viel? Oder überhaupt nichts?

Vielleicht findest du sogar die Theorie vom Urknall schwach. Ist sie nicht nur ein abstrakter Gedanke?

Nun, man könnte in der Tat behaupten, dass das, was deine Freundinnen und Freunde am Himmel gesehen haben (nämlich dass ferne Galaxien, je weiter sie von uns entfernt sind, sich umso schneller weiter von uns entfernen), nur darauf hindeute, dass das Universum *gegenwärtig* wachse. Dass viele mögliche Vergangenheiten zu dieser Expansion geführt haben könnten und dass es daher nicht notwendig sei, diesen ganzen Urknallnonsens einzuführen.

In der Tat, man könnte das behaupten. Aber nicht lange. Naturwissenschaft ist nicht Politik.

Die Natur schert sich nicht um bloße Meinungen, auch dann nicht, wenn die, die sie vertreten, in der Mehrzahl sind.

Harte, durch Experimente gewonnene Beweise sind gefragt.

Und wie du jetzt sehen wirst, gibt es zumindest gewichtige Belege für einen Urknall in unserer Vergangenheit: Hinweise, die so zwingend sind, dass einige Leute so weit gehen, sie für Beweise zu halten.

9
Der schlagende Beweis für den Urknall

Wie könntest du beweisen, dass unser Universum – beschränken wir uns auf das sichtbare – einst kleiner gewesen sein muss? Eine *Reise* in die Vergangenheit ist nicht möglich, aber du könntest einen Blick in diese werfen.

Wenn du das Licht von Sternen einfängst, die Milliarden Lichtjahre entfernt sind, dann siehst du – das solltest du inzwischen verstanden haben –, wie diese Sterne vor Milliarden Jahren aussahen. Du siehst die Vergangenheit. Also kannst du auch feststellen, ob das Universum damals kleiner war, oder du kannst nach Hinweisen darauf in der Form, wie das Licht dich erreicht, Ausschau halten.

Es ist allerdings nicht immer einfach, aus dem, was man in den äußeren Bereichen des Universums sieht, schlau zu werden. Am besten, man macht sich eine genaue Vorstellung, was zu erwarten ist, und schaut dann, ob diese Vorstellung der Wirklichkeit entspricht. So machen es die Physiker (zumindest sollten sie es so machen – manchmal).

Aber lass uns erst einmal sehen, zu welchem Ergebnis du kommst, ohne durch ein Teleskop zu schauen.

Du liegst wieder am Strand auf deiner tropischen Insel.

Es ist bald Mitternacht, aber statt die Sterne zu beobachten, vergewisserst du dich zweimal, dass niemand in der Nähe ist, und fängst dann an, ein Selbstgespräch zu führen, laut zu denken, nämlich im Geiste ein Bild von der Geschichte des Universums zu entwerfen.

«*Wenn* das Universum expandiert, dann muss es einst kleiner gewesen sein.»

«Okay.»

«Und *wenn* es einst kleiner war, dann muss die Schwerkraft – oder die Krümmung der Raumzeit – damals viel stärker gewesen sein, da all seine Materie und Energie in einem kleineren Volumen enthalten gewesen sein muss. Jedenfalls besagen das Einsteins Gleichungen.»

«Gut.»

«Damals wuchs die Raumzeit, weil es aus irgendeinem Grund zu einer Expansion kam. Die Raumzeit war anfangs klein und dicht an dicht voller Materie und Energie, aber nach 13,8 Milliarden Jahren Expansion war sie geworden, was sie heute ist, eine Raumzeit mit Planeten wie der Erde und Sternen wie denen, die du hier über der Insel sehen kannst.»

«Ob die Raumzeit voller Masse oder voller Energie war, ist egal, da Masse und Energie sich auf die Geometrie der Raumzeit in gleicher Weise auswirken. Auch das hat Einstein gesagt.»

«So weit, so gut.»

«*Wenn* nun diese ganze Energie in einem kleinen Volumen enthalten war, dann muss es da eine Menge Reibung gegeben haben und andere Phänomene, und es muss sehr heiß gewesen sein in dem noch jungen Universum.»

Klingt das überzeugend? Gewiss, aber so weit warst du ja schon.

Ausgehend hiervon kannst du zu weiteren Einsichten kommen.

Etwa zu dieser: Das Universum könnte eine so hohe Dichte gehabt haben, dass sich damals keinerlei Licht in ihm ausbreiten konnte.

«Dass sich keinerlei Licht in ihm ausbreiten konnte? Hmm … Das klingt, als wäre da eine Wand gewesen …»

Genau. Du hast recht.

Gut gemacht!

In einem bestimmten Stadium der Vergangenheit unseres Universums *muss* es so etwas gegeben haben, wenn die Vorstellung von der Expansion in allen Punkten richtig ist. Und tatsächlich hat es «so etwas» gegeben – es gibt es sogar noch heute. Du hast die Fläche dieser Wand gesehen, die Fläche der letzten Streuung, die die Grenze dessen markiert, was von unserem Universum sichtbar ist.

Du hast gerade etwas Außerordentliches geleistet.

Du hast einen Physikertraum gelebt: Auf rein logischem Wege hast du anhand von Einsteins Gleichungen und anhand dessen, was du auf deiner Geistreise vom Universum gesehen hast, erkannt, dass es in unserer Vergangenheit eine lichtundurchlässige Wand gegeben haben muss – und dass deren Fläche noch sichtbar sein müsste. Sie ist es in der Tat. Diese Fläche ist auf experimentellem Wege entdeckt und lokalisiert worden, wie du jetzt sehen wirst.

Ich verstehe, dass du nicht das Gefühl hast, soeben unser Bild vom Universum revolutioniert zu haben, wenn du dies liest, denn du wusstest ja schon von der Wand, bevor du über sie nachgedacht hast. Du hast nicht annähernd zwanzig Jahre deines Lebens dem Versuch gewidmet, zu beweisen, dass sie existieren müsse. Anders diejenigen, die das getan haben, lange bevor die Wand empirisch nachgewiesen wurde: Sie wurden von einem unglaublichen Glücksgefühl übermannt, als der Beweis erbracht worden war.

Wie war er erbracht worden?

Während du dich wieder zu einem Spaziergang am Strand entlang aufmachst, wird dir klar, dass es da ein Problem gibt: Die Fläche der Wand, die du am Rand des heute sichtbaren Universums gesehen hast, entsprach nicht ganz derjenigen, die du dir gerade vorgestellt hast. Denn während die wirkliche Wand, die wir durch unsere Teleskope sehen können, sehr kalt ist, soll die ursprüngliche sehr heiß gewesen sein.

Wie heiß?

Einige Leute haben anhand von Einsteins Gleichungen die ursprüngliche Temperatur berechnet und sind dabei auf einen ziemlich hohen Wert gekommen: auf etwa 3000 °C. So heiß muss das ganze Universum zu dem Zeitpunkt gewesen sein, als es lichtdurchlässig wurde, lautete ihr Befund.

Die Wand, die du im All gesehen hast, war aber nicht so heiß.

Und das ist ein Problem.

Aber hast du nicht etwas vergessen?

Hatte deine Annahme einer heißen Vergangenheit nicht vorausgesetzt, dass die Raumzeit expandiert, dass das sichtbare Volumen des Universums also nicht immer so groß war wie heute, sondern mit der Zeit gewachsen ist, um schließlich dem zu entsprechen, was deine Freundinnen und Freunde am Himmel gesehen haben? Und könnte sich diese Expansion nicht auf die Temperatur des Universums ausgewirkt haben?

Natürlich. Und es könnte nicht nur, sondern es müsste so gewesen sein, und das ändert alles.

Nimm zum Beispiel den Backofen in deiner Küche. Schalte ihn ein und lasse die Luft darin sich erhitzen. Dann schalte ihn aus und stelle dir vor, er wüchse plötzlich, bis er die Größe eines Hauses hätte. Die Temperatur darin wäre viel niedriger als zu Beginn.

Berechnungen, die die amerikanischen Physiker George Gamow, Ralph Alpher und Robert Herman schon 1948 anstellten, zeigten, dass von den erwähnten 3000 °C infolge der Expansion des Universums in unserem ganzen heutigen sichtbaren Universum nur eine schwache Spur geblieben sein dürfte, die von der Fläche deiner Wand stammen könnte. Welche Temperatur erwarteten sie?

Eine Temperatur von um die –260 oder –270 °C, das heißt von 3 bis 13 °C über dem absoluten Nullpunkt.

1965, also siebzehn Jahre, nachdem Gamow und seine Kollegen ihre Schätzung veröffentlicht hatten, übernahmen zwei amerikanische Physiker namens Arno Penzias und Robert Wilson bei den Bell Laboratories in den USA einen Job der besonderen Art: Sie sollten eine Antenne für den Empfang von Radiowellen installieren, die von einem Ballonsatelliten Richtung Erde reflektiert wurden. Ein schöner leichter Job – wäre er nicht mit einer ungewöhnlichen Komplikation verbunden gewesen, nämlich einem nervigen Rauschen, das die beiden durch die Signale hindurch hörten. Um es auszuschalten (und um ihr Geld zu erhalten), führten sie brillante Tests durch und suchten nach allen möglichen Konstruktionsfehlern. Aber nichts half. Was immer sie anstellten, das Rauschen blieb, und zwar unvermindert. Am Ende gaben sie Tauben und anderen Vögeln, die auf ihre hochmoderne Antenne geschissen hatten, die Schuld. Ihre eindrucksvolle akademische Qualifikation bewahrte sie nicht davor, unendlich viel Zeit mit blindwütigem Reinigen zu verschwenden und dabei die Vogelwelt zu verfluchen. Aber das Rauschen verschwand nicht, so dass sie schließlich befreundete Physiker anriefen. Es dauerte nicht lange, da hatten sie begriffen, dass sie nicht die geringste Chance gehabt hatten, das Rauschen auszuschalten. Für das, was sie hörten, waren nämlich nicht die Gaben einiger Vögel verantwortlich. Das «Rauschen» stammte nicht einmal von der Erde. Es war ein Signal. Ein Signal mit einer Temperatur von −270,42 °C. Es kam aus dem Weltall. Von überallher.

Gamow, Alpher und Herman hatten eine solche Temperatur postuliert. Sie folgte aus Einsteins Gleichungen als die Resttemperatur vom letzten lichtundurchlässigen Moment unseres Universums. Sie war ein Schnappschuss von einem mehr als 13,8 Milliarden Jahre zurückliegenden Augenblick, in dem ein viel kleineres Universum so voller Materie und Energie war, dass Licht sich darin noch nicht ausbreiten konnte.*

Penzias und Wilson hatten auf experimentellem Wege ein Postulat einer Theorie bestätigt, die vielen Wissenschaftlern geradezu absurd erschien. Bezeichnenderweise verdankt sie ihren englischen Namen «Big Bang»-Theorie dem Versuch des renommierten Astronomen und Mathematikers Fred Hoyle von der Cambridge University, sie lächerlich zu machen.

Penzias und Wilson wurden 1978 mit dem Physik-Nobelpreis ausgezeichnet. Sie hatten die Wärme entdeckt, die von dem Glutofen, der unser Universum vor langer Zeit war, geblieben ist: die Wärme, die, ausgestrahlt von der Fläche der letzten Streuung, das

* Für den Fall, dass du dir diese Frage stellst: In einer Milliarde Jahren wird die Fläche der letzten Streuung immer noch dieselbe sein, sie wird aber weiter entfernt und ihr Licht daher matter sein. Und in Hunderten von Milliarden Jahren wird sie nicht einmal mehr beobachtbar sein. Das bedeutet, dass unsere Nachkommen in sehr, sehr ferner Zukunft nicht einmal mehr werden beweisen können, dass am Anfang unseres Universums ein Urknall stand …

Ende des sichtbaren Universums markiert.* Diese Wärmestrahlung, einer der schlagenden Beweise für den (heißen) Urknall, wird als *kosmischer Mikrowellenhintergrund* bezeichnet.

Penzias und Wilson hatten bewiesen, dass die Urknalltheorien auf der richtigen Spur waren.

* * *

Warum wird jene Strahlung als «Mikrowelle» bezeichnet?

Auch das hängt mit der Expansion des Universums zusammen.

Das zur Zeit der letzten Streuung, als das Universum lichtdurchlässig wurde, ausgesandte Licht war nicht nur sehr sichtbar, sondern es hatte verschiedene Farben und Frequenzen und trat in verschiedenen Energieformen auf. Für unsere Augen heute ist es nicht mehr sichtbar, weil es gedehnt worden ist.

Erinnerst du dich, dass die Farbe und die Energie von Lichtwellen vom Abstand zwischen zwei aufeinanderfolgenden Scheitelpunkten abhängen? Wenn indigofarbenes, also tiefblaues Licht infolge der Expansion der Raumzeit 13,8 Milliarden Jahre lang gedehnt worden ist, dann ist es nach und nach mittelblau, grün, gelb, orange, rot und – unsichtbar für unsere Augen – infrarot geworden, um schließlich nur noch in Form von Radio- und Mikrowellen zu existieren.

* Du fragst dich vielleicht auch seit einiger Zeit, warum die Fläche der letzten Streuung so heißt, wie sie heißt. Nun, wenn Licht (etwa ein Photon) auf ein Elektron trifft, dann *streut* es, wie wir sagen. Jenseits der Wand hat Licht immer gestreut. Die Materie war so dicht gepackt, dass es ständig zu Streuungen kam, mit dem Ergebnis, dass Photonen sich nicht ausbreiten konnten. Daher die Lichtundurchlässigkeit des Universums. Doch das Universum expandierte und verlor an Dichte in einem Maße, dass das Licht sich eines Tages frei ausbreiten konnte. Das war der Tag, an dem das Licht zum letzten Mal streute und die Fläche der letzten Streuung in unserer Vergangenheit erschien. Sie ist die Fläche deiner Wand. Was Penzias und Wilson entdeckten, war das Licht von diesem Tag: Licht, das wir heute empfangen, nachdem es 13,8 Milliarden Jahre unterwegs gewesen ist.

In diesem Stadium befinden wir uns heute. Was einst als heißes Licht sichtbar war, ist jetzt, nach 13,8 Milliarden Jahren Expansion der Raumzeit, −270,42 °C kaltes Mikrowellenlicht.

Nachdem die Physiker das erkannt hatten, konnte man über Urknalltheorien keine Witze mehr machen.

Aber was besagen diese Theorien? Behaupten sie, das Universum sei an der Fläche der letzten Streuung erschaffen worden?

Nein.

Du hast im vorigen Kapitel gelernt, dass *die* Fläche der letzten Streuung, die wir auf der Erde am Ende des für uns sichtbaren Universums sehen, für Beobachter, die sich nicht auf der Erde befinden, nichts bedeutet – weil sie ihre eigene haben.

Aber was ist mit uns?

Wenn das Universum nicht an der Fläche der letzten Streuung erschaffen wurde, dann muss es etwas jenseits derselben geben.

Was könnte dort zu finden sein? Wissen wir es? Wäre das der Urknall?

In gewisser Weise ja.

Der Urknall liegt – von uns aus gesehen – hinter der Fläche der letzten Streuung, aber nicht direkt dahinter.

Er hat sich 380 000 Jahre vor dem ersten Tag der Lichtdurchlässigkeit des Universums ereignet.

Was hinter (oder jenseits oder vor) der Fläche der letzten Streuung lag und später zu dem für uns sichtbaren Universum wurde, kann als immer dichter und heißer werdende Suppe aus Materie, Licht, Energie und Krümmung beschrieben werden. Du wirst bald dorthin reisen und alles selbst sehen. Für den Augenblick aber mag es genügen, wenn ich sage, dass die Dinge umso extremer werden, je weiter du hinter die Wand in die tiefe Vergangenheit unseres Universums reist. Wenn du zu weit reist, stößt du auf nichts mehr, was noch Sinn ergibt. Selbst Raum und Zeit sind dann so in sich zusammengerollt, dass Einsteins Gleichungen versagen und das Geschehen nicht mehr erklären können.

Die Physiker kommen dann an einen Punkt, an dem sie über

nichts mehr etwas Sinnvolles sagen können. Dieser Punkt kann als der Augenblick der Geburt von Raum und Zeit, so wie wir diese Phänomene kennen, betrachtet werden. Nach der Definition, der ich in diesem Buch folge, liegt er jenseits des Urknalls.

Dorthin zu gelangen und herauszufinden, was der Urknall war, wird deine Mission in Teil fünf sein.

In Teil sieben wirst du deine letzte Reise machen und noch weiter gehen: über die Ursprünge von Raum und Zeit hinaus.

Warum nicht jetzt schon?

Weil du dir jetzt ein paar Sekunden Zeit nehmen solltest, um durchzuatmen und dir zu gratulieren.

Du bist weit gekommen, seit du auf dem Mond gelandet bist. Du hast viel über das Universum gelernt – Dinge, die deine Urgroßeltern nicht einmal für möglich gehalten hätten.

Du hast gelernt, dass der Stoff, aus dem unser Universum besteht, eine Verbindung von Raum und Zeit ist, die als Raumzeit bezeichnet wird, und dass diese von dem geformt wird, was sie enthält, und sich entsprechend ihrer Geometrie und ihrer Inhalte verändert.

Du hast gelernt, dass die Raumzeit über alle Maßen weiträumig ist, dass wir sie nicht vollständig sehen können und weder ihre Form noch ihre Ausdehnung kennen.

Du hast gelernt, dass das für uns sichtbare Universum ungeheuer groß ist, es aber nicht immer war.

Du hast gelernt, dass das Universum eine Geschichte hat und höchstwahrscheinlich einen Anfang hatte, der etwa 13,8 Milliarden Jahre zurückliegt und hinter einer lichtundurchlässigen Fläche verborgen ist.

Und du hast gelernt, dass das Universum sich stetig ausgedehnt hat und Minute für Minute größer geworden ist.

Du solltest stolz darauf sein, all das begriffen zu haben. Aber warum dann nicht gleich zum Anfang unseres Universums reisen?

Ein guter Grund dafür könnte sein, dass du zuvor versuchen solltest, herauszufinden, was unser Universum enthält. Denn ohne diese Kenntnis hast du keine Chance, seine tiefsten Geheimnisse zu erfahren – weder, was seinen möglichen Ursprung, noch, was sein mögliches Ende betrifft.

«Okay, machen wir das!», rufst du dir zu und öffnest die Augen.

Eine sanfte Brise geht über das Meer. Es ist Vollmond. Die runde Oberfläche des Erdtrabanten reflektiert Sonnenstrahlen, die deine Insel in silbernes Licht und silberne Schatten tauchen. Ein paar Schildkröten kriechen scheu aus dem Wasser, um die Nacht auf dem Sand zu verbringen oder, wenn die Zeit reif ist, ihre Eier zu legen.

Du fühlst dich großartig.

«Ich komme zurück!», rufst du den Sternen zu.

Aber du bist nicht mehr allein.

Hinter dir wird geflüstert, und als du dich umdrehst, siehst du, wie deine Freunde mit deiner Großtante über deine Situation beraten.

Sie haben gehört, wie du die ganze Nacht Selbstgespräche geführt hast, haben daraufhin beschlossen, den Tag deiner Abreise vorzuverlegen, und den frühesten Heimflug für dich gebucht. Dein Flieger geht in ein paar Stunden. Du solltest packen und dich ein bisschen ausruhen, sagen sie.

Deine Proteste und philosophischen Einwände nützen ebenso wenig wie die Vorträge, die du ihnen über Freiheit hältst.

Du wirst nach Hause geschickt.

Aber so traurig du verständlicherweise darüber bist, das Meer und die Vögel und den sanften Wind verlassen zu müssen – ich verspreche dir: Deine Reise durch die Welt der modernen Naturwissenschaft hat gerade erst begonnen.

Teil drei

Schnell

I
Sich bereitmachen

Unsere Sinne sind für unsere Größenordnungen, für unser Überleben hier auf der Erde gemacht. Unsere Augen sehen, ob Früchte reif sind, unsere Ohren sind wachsam für Gefahren, und unsere Haut ist für Eiseskälte ebenso empfindlich wie für die Hitze, die vom Feuer ausgeht. Wir haben es unseren Sinnen zu verdanken, dass wir unsere Umwelt – diese Welt, diese Wirklichkeit, in der wir leben – sehen, hören, fühlen, riechen und schmecken können.

Aber diese Wirklichkeit ist nicht alles, was es gibt.

Im Vergleich zu unserem Planeten sind wir winzig. Unser Planet wiederum ist im Vergleich zum Kosmos ein Nichts, wie du auf deinen Reisen durch das Universum gesehen hast. Daher wäre es merkwürdig, wenn unsere Körper, die uns ja nur das Überleben auf unserer bescheidenen kleinen Erde ermöglichen sollen, spektakulär ausgefeilte Sinne ausgebildet hätten, die in der Lage wären, jeden bekannten oder unbekannten Stimulus im ganzen Kosmos zu registrieren.

In der gesamten bisherigen Geschichte der Menschheit bestand für unsere Körper im täglichen Leben auf der Erde schlicht und einfach keine Notwendigkeit, die Geheimnisse der subatomaren Welt wahrzunehmen, etwa die Lichtgeschwindigkeit oder das ganze Spektrum der Erscheinungsformen von Licht, von den Mikrowellen bis zu den Röntgenstrahlen. Wir können nicht einmal den Unterschied zwischen zwei extrem hohen oder zwei extrem niedrigen Temperaturen ertasten und sollten es auch nicht versuchen – würden doch diese extremen Temperaturen unsere Finger schmelzen oder vereisen, bevor wir den Unterschied wahrnehmen könnten. Für unser Überleben ist es viel wichtiger, die Hand aus dem Feuer zu ziehen und sie vor Kälte zu schützen.

Wir können die milde Säure einer Zitrone mit der Zunge ertasten und beurteilen, ob die Zitrone verzehrt werden kann; wir können aber nicht den ätzenden Unterschied zwischen Schwefelsäure und Salzsäure wahrnehmen – beide würden uns ein Loch in die Zunge brennen.

Unsere Körper haben auch kein Gespür für die Krümmungen der Raumzeit (wenn man von deren direkter Schwerkraftwirkung absieht): Für unser tägliches Leben brauchen wir nur zu wissen, dass wir uns auf der Oberfläche unseres Planeten befinden.

Die Welt, die wir durch unsere Sinne wahrnehmen, ist also begrenzt – weil sie so ist, wie sie ist. Unsere Sinne sind unsere Fenster zur Welt. Sie sind aber nur kleine Bullaugen, die auf ein dunkles Meer von unermesslicher Weite hinaussehen. Und Jahrmillionen lang konnte sich unsere Anschauung dessen, was wir vertrauensvoll «unsere Wirklichkeit» nennen, nur auf diese Sinneswahrnehmungen stützen.

Das hat sich geändert. Wir können heute über das hinaussehen, was unsere Sinne erfassen können. Und da verändert sich die Wirklichkeit.

In den ersten beiden Teilen dieses Buches bist du weit gereist. Du hast intergalaktische leere Räume durchquert und einen Eindruck davon erhalten, wie groß unser Universum ist. Du hast entdeckt, dass Newtons Verständnis der Schwerkraft nicht allgemeingültig ist. Die Schwerkraft ist das Ergebnis einer Krümmung der Raumzeit, wie wir seit Einstein wissen. Sie ist keine Kraft.

Newton hat uns gelehrt, mit Wörtern und Gleichungen das Verhalten der von unseren Sinnen entdeckten Welt zu beschreiben und vorherzusagen. Einstein hat dir mit seiner allgemeinen Relativitätstheorie ermöglicht, darüber hinauszugehen. Dass du ihm dorthin folgen konntest, verdankst du aber nicht deinen animalischen Sinnen, sondern deinem Gehirn.

Mit deinem Gehirn hast du ein Gesetz entdeckt, das Raum,

Zeit, Materie und Energie zu einer Theorie der Schwerkraft verbindet.

Dies war dein erstes «Jenseits».

* * *

Du bist jetzt im Begriff, zwei weitere «Jenseits» zu betreten – wie ein Abenteurer, der neu entdeckte Kontinente durchstreift, auf denen ihm nichts vertraut ist und er nichts als selbstverständlich voraussetzen kann. Nicht einmal die Naturgesetze.

Das erste Jenseits ist der Bereich des sehr Schnellen, das zweite, das reichhaltigste Jenseits unserer Sinne überhaupt, ist der Bereich des sehr Kleinen. Beide werden dir auf den ersten (und zweiten und dritten ...) Blick sehr fremd vorkommen, und ich garantiere dir, dass dein «gesunder Menschenverstand» laut aufschreien und dir zurufen wird, was dir begegnet, fühle sich *falsch* an. Aber denke daran: Die ganze Materie, aus der dein Körper besteht, stammt aus diesen exotischen Gefilden. Du bestehst aus Wirklichkeiten, die ganz anderen Naturgesetzen gehorchen als denen, die wir erfahren, wenn wir es uns an einem tropischen Strand auf einem Liegestuhl bequem gemacht haben. Nur aufgrund eines sehr merkwürdigen Mechanismus erscheint uns die Wirklichkeit, die wir Tag für Tag erfahren, so, wie wir es gewohnt sind.

2
Ein Traum der besonderen Art

Du sitzt auf 13A, einem Fensterplatz. Die Maschine ist mit 73 Passagieren belegt. Alle sehen normal aus – bis auf dein Nachbar. Er sieht merkwürdig aus. Du versuchst, ihn nicht anzusehen, und bereust fast, um einen Platz möglichst weit von deiner Großtante entfernt gebeten zu haben. Ihr seid erst seit einigen Minuten an Bord, aber ihr wart die letzten Passagiere, und das Flugzeug ist jetzt startklar. Deine Freunde, mit denen du deinen Urlaub verbracht hast, winken zum Abschied; sie sind sichtlich erleichtert, dich abreisen zu sehen. Du aber seufzt. Auch wenn es ein unheimliches Gefühl war, es hat Spaß gemacht, im Universum unterwegs zu sein. Du bist nicht gerade scharf darauf, jetzt schon heimzufliegen.

Die Triebwerke schieben die geflügelte Maschine in den Himmel hinauf, in das Raumzeitgefälle, das unser Planet durch seine bloße Existenz erschafft. Du wirst in deinen Sitz gedrückt und fühlst dich dadurch schwerer als sonst. Du erfährst jetzt die Schwerkraft so, als säßest du nicht in einem Flugzeug, sondern auf der Oberfläche eines anderen Planeten – eines Planeten, dessen Schwerkraft größer ist als die der Erde.

Voller Sehnsucht nach einer weiteren interstellaren Reise schließt du die Augen und wirfst deine Phantasie an.

Eine schöne außerirdische Landschaft erscheint vor deinem geistigen Auge, mit seltsamen Bäumen und Seen und einem Himmel, an dem zwei Sonnen stehen. Du erinnerst dich, dass die Menschheit allein in den letzten Jahren tausende Planeten entdeckt hat, die um ferne Sterne kreisen, Planeten, von denen vielleicht eine Handvoll der Erde ähneln.

Das Summen der Triebwerke deiner Maschine schläfert dich langsam ein, und du fängst an, davon zu träumen, irgendwo weit weg zu sein, in einem futuristischen Flugzeug über einen rosafarbenen außerirdischen Himmel mit zwei Sonnen zu fliegen. Aus der Ferne dringt eine Stimme an dein Ohr. Sie sagt, dass dein Flugzeug seine Reiseflughöhe erreicht hat und jetzt auf nie da gewesene 99,999999999 Prozent der Lichtgeschwindigkeit beschleunigen wird.

Einige Zeit später, als dein Flugzeug seinen Sinkflug beginnt, weckt dich die Stimme einer Stewardess. Ein rascher Blick auf deine Armbanduhr sagt dir, dass du acht Stunden geschlafen hast. Du reckst dich und gähnst, schiebst das Fensterlid nach oben und siehst hinaus. Da steht nur *eine* Sonne am Himmel. Ihre Strahlen brechen sich an den Morgenwolken und tauchen sie dadurch in ein Rosa, das dich an den außerirdischen Himmel erinnert, den du vor dem Einschlafen in deinem Tagtraum gesehen hast. Die Erdoberfläche indes sieht überhaupt nicht aus wie erwartet, erstreckt sich doch ein scheinbar endloser Ozean bis zum Horizont.

In weniger als einer Minute sollst du zuhause landen, aber du siehst nur Wasser ... Dunkle Befürchtungen steigen in dir auf, und ein Schauer läuft dir über den Rücken. Ist dein Flugzeug entführt worden? Die anderen Passagiere einschließlich deiner Großtante einige Reihen vor dir scheinen ganz entspannt, und dein seltsamer Nachbar schläft. Also keine Entführung.

Dennoch, irgendetwas stimmt nicht.

Ist die ganze Erde überflutet worden, als du schliefst?

Du hast irgendwo gelesen, dass die Ozeane auf dem Globus vor ungefähr 10 000 Jahren viel tiefer waren als heute und einen Großteil der Kontinente bedeckten. Du schaust aus dem Fenster und wunderst dich. Kann es sein, dass du eine Zeitreise in die Vergangenheit gemacht hast und über einer überfluteten Erde aufgewacht bist, die von lange ausgestorbenen Arten bewohnt wird? Du musst lächeln über diese Vorstellung, aber ein unbehagliches Gefühl, dass irgendetwas nicht ganz richtig ist, bleibt.

Du hast ungefähr acht Stunden geschlafen – so scheint es zumindest. Und du bist gereist. Alles Mögliche kann mit dir oder deinem Flugzeug geschehen sein, während du nicht bei Bewusstsein warst.

Wahrscheinlich hast du dich in deinem Leben wie jedermann daran gewöhnt, zumeist genau dort aufzuwachen, wo du eingeschlafen bist. Jetzt stell dir vor, du hättest noch nie geschlafen und würdest zum ersten Mal in deinem Leben einnicken. Beim Aufwachen wärest du sicher ziemlich verwirrt. Als Erstes würdest du dich orientieren, wo du bist und wie spät es ist, wie manche es in einem Anfall von Panik immer tun, wenn sie nicht zuhause aufwachen. Ja, ob zuhause oder nicht, die meisten Menschen schauen automatisch auf die Uhr, wenn sie morgens die Augen öffnen, während sie sich nur selten – etwa nach einer besonders gelungenen Party – umschauen, *wo* sie aufwachen.

Doch in Wirklichkeit ist niemand je am selben Ort aufgewacht, an dem er eingeschlafen war. Die Erde unterbricht ihren Lauf ja nicht, wenn wir schlafen. In jeder Stunde, die vergeht, reist die Erde etwas mehr als 800 000 Kilometer um das Zentrum unserer Galaxie. Und wir mit ihr. 800 000 Kilometer, das entspricht ungefähr zwanzig Reisen um die Welt. Aber niemand macht sich darüber Gedanken, solange sein Bett unter ihm stehen bleibt.

Würde die Erde – oder würdest du – auch *in der Zeit* reisen, so wäre das etwas anderes. Aber das ist nicht möglich. Zeitreisen gibt es nicht. Oder doch?

Als du, aus dem Fenster deines Flugzeugs schauend, inmitten des Ozeans eine große Stadt erblickst, ist dir klar, dass du nicht auf derselben Erde landen wirst, auf der du abgeflogen bist.

Verständlich, dass du in Panik gerätst und aufspringen willst. Aber der Sicherheitsgurt hält dich auf deinem Sitz, und der Lärm der dröhnenden Triebwerke übertönt dein Schreien. Du gestikulierst wie von Sinnen in Richtung eines Flugbegleiters, der dir wütend einen finsteren Blick zuwirft und dir bedeutet, du sollest ruhig sein. Dann greift er nach seinem Mikrofon und erinnert alle

Passagiere daran, dass Störungen während des Sinkflugs und der Landung auch im Jahr 2417 noch unzulässig und strafbar sind.

Du reißt die Augen auf.

Welches Jahr hat er genannt?

Eine Sekunde später landet dein Flugzeug auf dem Wasser, um den Rest seines Weges schwimmend zurückzulegen – zwischen gläsernen Wolkenkratzern hindurch, deren architektonischer Stil dir fremd ist.

Als du verblüfft aus dem kleinen Fenster starrst, hörst du wieder die Stimme der Stewardess. Mit dem sanften professionellen Ton, der auf der ganzen Welt beim Flugpersonal üblich ist, heißt sie dich willkommen zuhause am 4. Juni 2417, vier Jahrhunderte nach dem Abflug, drei Tage vor dem planmäßigen Ankunftsdatum. Es ist jetzt 10 Uhr 25, der Morgennebel wird sich bald auflösen und einigen hellen, sonnigen Abschnitten weichen. Die Passagiere sollten Temperaturen erwarten, die ungefähr zehn Grad über den Durchschnittswerten des frühen 21. Jahrhunderts liegen. Vielen Dank, dass Sie mit McFly Airlines geflogen sind, einem Mitglied der Future Skies Alliance.

2417.

Du wirfst einen Blick auf dein Smartphone. Kein Signal. Typisch! Aber zum Glück tickt deine Armbanduhr noch. Und sie scheint davon auszugehen, dass du nur acht Stunden gereist bist, nicht 400 Jahre.

Irgendwas stimmt absolut nicht.

Ist das ein Streich? Haben deine Freunde das ausgeheckt?

Du schaust auf dein Flugticket.

Es ist ein Ticket für den Rückflug, also okay.

Hat man dich mit Drogen vollgepumpt?

Oder noch schlimmer: Kann es sein, dass das alles real ist?

Wartet am Flughafen ein Schuldeneintreiber auf dich, um für 400 Jahre die unbezahlte Miete zu fordern? Und die Person, mit der du dich kürzlich für ein Date verabredet hast? Und was ist mit der Milch in deinem Kühlschrank? Wichtige praktische Fragen schießen dir durchs Hirn, bis du nicht mehr weißt, wo dir der Kopf steht.

400 Jahre später!

Aber 400 Jahre für wen? Mit Sicherheit nicht für dich, denn dein Körper scheint in den acht Stunden seit dem Abflug nicht im Geringsten gealtert zu sein. 400 Jahre später für deine Freunde und deine Familie? Die Stadt, in der du gerade gelandet bist, sieht definitiv nicht aus wie irgendeine Groß- oder Kleinstadt aus dem Jahrhundert, in dem du groß geworden bist.

Die Zeit scheint außerhalb des Flugzeugs wirklich im schnellen Vorlauf vergangen zu sein, während du schliefst.

Aber Moment!

Wie ist es möglich, dass die Zeit *nur außerhalb* des Flugzeugs im schnellen Vorlauf dahingerast ist?

Klingt absurd.

Aber es scheint so gewesen zu sein.

Es *ist* so gewesen.

Und das liegt an der außerordentlich hohen Geschwindigkeit deines Flugzeugs.

3
Jeder hat seine eigene Zeit

Geschwindigkeit verändert alles. Sogar den Raum und die Zeit.

Eine Uhr, die mit sehr hoher Geschwindigkeit durch das Weltall rast, tickt nicht mit derselben Frequenz wie eine Uhr an deinem Handgelenk, wenn du langsam einen tropischen Strand entlanggehst. Eine universelle Zeit für die Bewegung, die Entwicklung und das Alter von allem, was im Universum vorhanden ist, eine universelle Zeit, gemessen gleichsam mit einer göttlichen Uhr, die sich außerhalb des Universums befände, gibt es nicht.

Die Erfahrung, die du gerade im Flugzeug gemacht hast, veranschaulicht das.

Die Zeit, die wir Menschen erfahren, scheint für uns alle dieselbe – scheint «universell» – zu sein. Niemand von uns (nicht einmal der Pilot eines Kampfjets) bewegt sich viel schneller oder viel langsamer fort als irgendein anderer, was für die Hersteller von Armbanduhren sehr günstig ist.

Aber auch wenn unsere Sinne dafür unempfindlich sind, es ist eine Tatsache, dass jeder von uns und alles, was sich bewegt, seine eigene Zeit hat: Wenn alle Menschen, alle Tiere, alle Pflanzen und alle unbelebten Dinge auf der Erdoberfläche eine eigene Uhr trügen, würde jede dieser Uhren anders ticken als alle anderen. Einstein hat das zehn Jahre vor der Veröffentlichung seiner Theorie der Schwerkraft, der allgemeinen Relativitätstheorie, erkannt, mit der du dich im zweiten Teil dieses Buches vertraut gemacht hast.

Nachdem er sich vergeblich an mehreren Universitäten um eine Assistentenstelle beworben hatte, musste Einstein, damals Anfang/Mitte zwanzig, seinen Lebensunterhalt als «Technischer

Experte 3. Klasse» beim Schweizer Patentamt in Bern verdienen. Vom Denken hielt ihn das jedoch nicht ab.

Wenn sein Job, Patentanträge zu prüfen, es zeitlich zuließ, versuchte er sich vorzustellen, wie die Welt sich für bewegte Objekte darstellt, und zwar je nach deren Geschwindigkeit. Er war noch nicht von der Schwerkraft besessen, auch nicht vom Universum als Ganzem. Sondern nur von der Frage, wie Objekte sich im Universum bewegen. Es ging ihm um eine Theorie bewegter Körper.

1905 war es so weit: Einstein, ganze sechsundzwanzig Jahre alt, konnte seine Arbeit veröffentlichen. Es dauerte nicht lange, bis die gesamte wissenschaftliche Welt begriff, dass ein völlig Unbekannter irgendwo an einem Schreibtisch im Eidgenössischen Institut für Geistiges Eigentum eine höchst ungewöhnliche These aufgestellt hatte: dass Uhren nicht immer mit derselben Frequenz ticken, sondern dass diese davon abhängt, in welcher Relation zueinander die Uhren sich bewegen.

Und das war noch nicht alles: Die Theorie, die dieser unbekannte junge Mann zur Diskussion stellte – die sogenannte *spezielle Relativitätstheorie* –, konnte genau vorhersagen, wie verschieden zwei Reisende die Zeit aufgrund ihrer relativen Geschwindigkeit erfahren würden.

Stellen wir uns Zwillinge vor.

Sagen wir: zwei – denn sie treten gewöhnlich in Paaren auf.

Einige Jahre nachdem Einstein seine Arbeit veröffentlicht hatte, errechnete der französische Physiker Paul Langevin anhand der speziellen Relativitätstheorie, dass, wenn ein Zwilling in einer Rakete mit 99,995 Prozent der Lichtgeschwindigkeit auf eine sechsmonatige Rundreise ins All geschossen würde, der andere Zwilling, der auf der Erde geblieben war, fünfzig Jahre warten müsste, bevor er seinen Bruder oder seine Schwester wieder in die Arme schließen könnte. Einstein zufolge sollten also sechs Monate im Leben des Zwillings im Raumschiff fünfzig Jahren seines Bruders oder seiner Schwester auf der Erde wie auch der ganzen Menschheit entsprechen: Unser Planet würde die Sonne während der Reise des

Weltraumfahrers fünfzigmal umkreisen. Obwohl am selben Tag geboren, wären die beiden Zwillinge nicht mehr gleichaltrig, da der eine 49½ Jahre älter wäre als der andere. Eine erstaunliche These.

Wenn du einen Metallstab erhitzt, dehnt er sich aus und wird länger – ein Phänomen, das als *Dilatation* bezeichnet wird. Wenn du den Stab behutsam erhitzt, dehnt nur er sich aus, und nicht auch beispielsweise der Amboss, auf dem er liegt. Das heißt, seine Umgebung bleibt unberührt.

Laut Einsteins spezieller Relativitätstheorie passiert mit der Zeit etwas Ähnliches. Wenn eine Rakete mit 99,995 oder ein Flugzeug mit 99,999999999 Prozent der Lichtgeschwindigkeit dahinrast, bewegt sich nur die Rakete beziehungsweise das Flugzeug – jeweils samt Inhalt – mit der betreffenden Geschwindigkeit fort. Nicht die Umgebung. Also wird jeweils nur die Zeit des fliegenden Objekts von seiner im Verhältnis zur Welt um es herum extrem hohen Geschwindigkeit betroffen.

Was die Zwillinge Langevins erfahren hätten, und was du in deinem extrem schnellen Flugzeug erfahren hast, das bezeichnen die Wissenschaftler als *Zeitdilatation*. Sie ist umso größer, je schneller jemand unterwegs ist.

Ein sehr merkwürdiges, schwer zu akzeptierendes Phänomen.

Einsteins spezielle Relativitätstheorie behauptete aber etwas, das noch schwerer zu akzeptieren war: nämlich dass die Dinge schrumpften, genauer: kürzer würden, wenn die Zeit eine Dilatation erfahre …

Da du in deinem Flugzeug schon eingeschlafen warst, als es zu diesen Phänomenen kam, mache ich dir ein Angebot: eine weitere Reise in die Welt des sehr Schnellen!

Du wirst sehen, wie sich unsere Wirklichkeit verändert, wenn man mit irrsinnigen Geschwindigkeiten unterwegs ist.

Vergessen wir für einen Augenblick dein Flugzeug, ja vergessen wir sogar die Schwerkraft.

Stell dir vor, du befindest dich auf der Erde, hast einen Raumanzug an und zwei Raketen auf dem Rücken, Raketen, denen nie der Treibstoff ausgeht. Du gibst deinem gegenwärtigen Leben einen Abschiedskuss und machst dich bereit, loszudüsen. Ins All.

Ab geht's – hoffentlich kommen dir keine versprengten Felsbrocken in die Quere!

Du bist nicht nur Geist, der durch die Geschichte unseres Universums reist, sondern du bist Geist und Körper, wie beim letzten Mal, und hast dich einfach nur zum Spaß auf einen Trip durch die Leere des Weltraums begeben.

Jetzt bist du im All.

Du wirfst einen prüfenden Blick auf deine Armbanduhr.

Sie tickt, wie sie immer getickt hat: Jede Sekunde vergeht eine Sekunde – was immer das heißen mag.

Die Erde bleibt hinter dir zurück. Aber stell dir bitte vor, dass über ihr eine riesige tickende Uhr hängt, die dir, wo immer du dich befindest, verrät, wie spät es etwa im Haus deiner Großtante ist, und zwar an welchem Tag in welchem Jahr.

Deine Triebwerke geben dir ordentlich Schub.

Du hast jetzt 87 Prozent der Lichtgeschwindigkeit erreicht.

Für die Uhr an deinem Handgelenk und für die Zellen deines Körpers vergeht noch immer eine Sekunde pro Sekunde, aber alles um dich herum sieht zunehmend entstellt aus.

Du drehst dich um und wirfst einen Blick auf die über der Erde hängende Uhr.

Während auf deiner Armbanduhr eine Sekunde vergeht, vergehen auf deinem Heimatplaneten zwei.

Unheimlich!

Dein Alterungsprozess hat sich auf die Hälfte verlangsamt, gemessen an all denen, die sich auf der Erde befinden. In deiner Wahrnehmung aber vergeht in einer Sekunde immer noch eine Sekunde. Die Diskrepanz scheint an der Erduhr zu liegen: Diese scheint schneller zu gehen.

Du rast weiter.

Du bist jetzt bei 98 Prozent der Lichtgeschwindigkeit. In einer deiner Stunden vergehen fünf Stunden auf der Erde.

Du schaust geradeaus, auf ferne Galaxien.

Merkwürdig, all diese leuchtenden Lichtkleckse, die eben noch extrem weit entfernt schienen, scheinen jetzt viel näher. Fünfmal näher, um genau zu sein.

Aber das ist unmöglich. Das kann nicht sein!

Du blickst auf deine Armbanduhr und auf dein Tachymeter (ein Gerät, das Geschwindigkeit misst, genau wie in einem Auto). Du fliegst nun mit 99,995 Prozent der Lichtgeschwindigkeit dahin, also mit derselben Geschwindigkeit, die Langevin für die Rakete des einen Zwillings vorsah. Das ist immer noch langsamer, als dein superschnelles Flugzeug war, aber bei 99,995 Prozent der Lichtgeschwindigkeit ticken Uhren auf der Erde immerhin hundertmal so schnell wie deine. Ein ganzer Tag und eine ganze Nacht auf deinem Heimatplaneten dauern für dich nur 1 Minute und 26 Sekunden. Eines deiner Jahre entspricht einem Jahrhundert im Haus deiner Großtante. Und die fernen Galaxien vor dir, die angeblich Millionen Lichtjahre entfernt sind, wie kann es sein, dass sie plötzlich so nah scheinen? *So* nah können sie doch nach wenigen Reisestunden nicht sein!

Aber sie sind so nah.

Hundertmal näher.

Die Entfernung zwischen dir und ihnen ist im selben Verhältnis geschrumpft, in dem sich der Zeitverlauf für dich verlangsamt hat, gemessen an dem der Erde.

Diese Schrumpfung vollzieht sich übrigens anders als die Expansion des Universums. Die Expansion verläuft in allen Richtungen in derselben Weise. Die Entfernung hingegen schrumpft nur in der Richtung, in der du dich fortbewegst.

Der Vorgang hängt *von dir und nur von dir* ab.

Vergiss also das Universum. Denk nur an dich, und konzentriere dich auf das, was du siehst.

Rechts und links von dir scheint sich nichts verändert zu haben. Oben und unten auch nicht. Die fernen Galaxien sind noch ziemlich genau dort, wo sie waren, bevor du angefangen hast zu beschleunigen. Für die Galaxien vor dir gilt das aber definitiv nicht. Ein zweiter Blick auf sie lässt kaum einen Zweifel, dass dort Verdächtiges vor sich geht: Nicht nur scheint die Zeit der Dilatation unterworfen, auch Längen und Distanzen haben sich offenbar verändert – haben sich verkürzt oder kontrahiert.

In der Tat. Das ganze Universum stellt sich für dich dar, als würdest du es durch eine Lupe betrachten, die die Dinge verzerrt, indem sie die Distanzen vor dir zusammenschrumpfen lässt, nicht aber die zur Seite.

Du blickst wieder auf deine Armbanduhr.

Immer noch rückt der Sekundenzeiger pro Sekunde einen Schritt weiter. Du beschleunigst auch jetzt noch, und alles scheint sich weiter zu entstellen. Verständlich, dass dich das verwirrt und ängstigt. Du drehst in weitem Bogen um, um zur Erde zurückzukehren, die du extrem weit entfernt erwartest. Sie ist aber direkt vor dir! Dagegen sind die Galaxien, auf die du gerade noch zugerast bist, wieder da, wo sie waren: extrem weit weg, wie dir ein Blick zurück verrät! Egal, in welche Richtung du dich mit dieser unglaublichen Geschwindigkeit bewegst, alles vor dir, wie weit entfernt auch immer, scheint nur einen Steinwurf entfernt zu sein, während sich in den anderen Richtungen nichts verändert.

Ein paar Minuten später rast du, immer noch verwirrt, an der Internationalen Raumstation vorbei, die die Erde in einer völlig verrückten Geschwindigkeit umkreist. Wie tickt deine Armbanduhr? Noch immer einmal in der Sekunde für eine Sekunde … Du fliegst an einer Astronautin vorbei, deren Bewegungen auf das Hunderttausendfache beschleunigt sind. Die Zeiger ihrer Armbanduhr drehen sich wie verrückt. Du *siehst* den Unterschied zwischen ihrer und deiner Zeit! *Du siehst, wie ihr Leben dahinrast*. Zehn Stunden auf ihrer Uhr vergehen in winzigen Bruchteilen einer Sekunde auf deiner … Und entsprechend bewegt sie sich – bewegen sich auch die Raumstation und die Erde und alles um sie herum … Deine Raketen verfeuern weiter ihren Treibstoff und schieben dich an der Erde vorbei. Schneller und immer schneller. Ins Unendliche und –

Nach einer halben Sekunde deiner Zeit ist die Astronautin zurück auf der Erde. Einige Wimpernschläge später ist sie tot, ihre Kinder sind herangewachsen und haben selber Kinder gezeugt und geboren, und die Erde dreht sich Tausende von Tagen und Nächten und Jahren, du aber bist jetzt zu weit weg, um davon noch etwas sehen zu können.

Einige Sekunden vergehen für dich.

Du beschleunigst weiter.

Ein Zurück zur Erde hätte jetzt keinen Sinn mehr. Du würdest in einer Zukunft landen, die so weit entfernt wäre, dass du dich wahrscheinlich wie eine Antiquität fühlen und sicher auch so behandelt werden würdest.

Das ganze Universum vor dir scheint weiterhin unverhältnismäßig näher zu rücken, und es wirkt auch immer flacher.

Rechts und links dagegen ist immer noch alles, wie es war. Nur vor dir, in der Richtung, in der du dich bewegst, kommt es zu Verzerrungen.

Du beschleunigst noch immer.

Du kommst der Lichtgeschwindigkeit immer näher, aber irgendwas stimmt jetzt wieder nicht: Obwohl deine Raketen dich bisher immer schneller durch Raum und Zeit getragen haben, ist deine Geschwindigkeit zuletzt nicht mehr viel größer geworden.

Stattdessen scheint sich die Energie deiner Rakete zu verwandeln – in Masse!

Ja, du bist ganz sicher. Du wirst Minute für Minute schwerer.

Jahrelange Diät ruiniert durch Raketen!

Wer hätte das gedacht …

«STOP!», rufst du, maßlos verärgert, und alles kommt zum Stillstand.

Du schwebst im All, irgendwo weit weg, wahrscheinlich Millionen Jahre in der Zukunft, aber immer noch wie erstarrt. Erstarrt wie das ganze Universum. Das ist günstig. Nichts bewegt sich.

Du kannst einen Moment entspannen.

Gut so.

Denken wir gemeinsam über die drei «kontraintuitiven» Aspekte deines Hochgeschwindigkeitstrips nach.

Erstens, die Zeit ist für dich anders vergangen als für jedermann auf der Erde, anders auch als für die Astronautin (deren Zeit mit der Zeit auf der riesigen Uhr über dem Haus deiner Großtante fast identisch war). Die mechanischen Uhren an deinem und an ihrem Handgelenk tickten nicht entfernt mit derselben Geschwindigkeit, und je schneller du geflogen bist, umso größer wurde die Diskrepanz. Das war die erste Veränderung. Ich gebe zu, sie war befremdlich, aber sie war real.

Als Zweites hast du erfahren, dass die Entfernungen vor dir geschrumpft sind: Was sehr weit entfernt schien, solange du dich nicht schnell bewegtest, war plötzlich sehr nah, nachdem du stark beschleunigt hattest. Zugegeben, auch das ist befremdlich, aber das ändert nichts daran, dass es wahr ist. Dieses Phänomen wird als *Längenkontraktion* bezeichnet.

Das Dritte ist, dass du schließlich immer massereicher geworden bist. Das war ärgerlich, um es vorsichtig auszudrücken, aber es war vielleicht nicht so unerwartet wie die erste und die zweite Veränderung, denn du weißt ja, dass $E = mc^2$ ist. Sehen wir uns daher diese Begleiterscheinung von Hochgeschwindigkeitsreisen zuerst an.

Nichts, was Masse hat, kann Lichtgeschwindigkeit erreichen, geschweige denn sie übertreffen. Das ist ein Naturgesetz. Aus ihm folgt, dass etwas, das Masse hat, sich umso schwerer beschleunigen lässt, je schneller es schon unterwegs ist. Was bedeutet das in der Praxis? Stell dir vor, du fliegst so schnell, dass du mit einem zusätzlichen Kilometer pro Stunde auf deinem Tachymeter Lichtgeschwindigkeit erreichen würdest. Und stell dir weiter vor, du nimmst einen Tennisball aus der Tasche und wirfst ihn in Flugrichtung. Sagen wir, mit einer Geschwindigkeit von 20 Kilometern pro Stunde.

Auf der Erde wäre das ein Leichtes. In deiner fiktiven Situation aber ist es das nicht. Es ist sogar unmöglich. *Nichts* kann schneller sein als Licht. Wenn du also fast mit Lichtgeschwindigkeit fliegst –

nur einen Kilometer pro Stunde langsamer –, dann *kann* dein Ball nicht 20 Kilometer pro Stunde schneller fliegen.

Natürlich hindert dich nichts daran, den Ball zu werfen. Aber wenn er nicht schneller fliegen kann als mit Lichtgeschwindigkeit, dann ist klar, dass etwas anderes passieren muss, wenn du ihn in die Leere vor dir schleuderst. Und zwar was? Die Antwort gibt unser alter Freund $E = mc^2$: Was von der zusätzlichen Energie, die du dem Ball gibst, wenn du ihn in Flugrichtung wirfst, nicht zu Geschwindigkeit werden kann, das wird in Masse umgewandelt.

Dir war schon bekannt, dass Masse in Energie umgewandelt werden kann (zum Beispiel im Innern von Sternen), und hier hast du ein Beispiel für das umgekehrte Phänomen: Energie wird in Masse umgewandelt. So weißt du jetzt dank Einsteins spezieller Relativitätstheorie, warum du immer massereicher geworden bist, bevor du «STOP!» gerufen und alles zum Stillstand gebracht hast.

Wenden wir uns nun den beiden anderen Problemen deiner Hochgeschwindigkeitsreise zu: der Zeitdilatation und der Längenkontraktion.

Die meisten Menschen sind verblüfft, aber auch fasziniert, wenn sie mit der Tatsache konfrontiert werden, dass es keine universelle Zeit gibt. Unser gesunder Menschenverstand, geschärft in Jahrmillionen der Evolution auf der Oberfläche unseres kleinen Planeten, rebelliert intuitiv gegen diese Vorstellung – auch mir ist es so gegangen. Aber auch wenn wir die *Veränderungen* sehen können, die «die Zeit» mit uns und unserer Umgebung vornimmt, der *Begriff* der Zeit ist ziemlich abstrakt, bezeichnet er doch ein Dahinfließen von etwas, das nicht berührt werden kann und selber vollkommen unsichtbar ist. Daher können wir uns mit der Vorstellung, dass Zeit nicht – wie wir einst geglaubt haben – gleich Zeit ist, abfinden, so befremdlich sie uns auch vorkommt.

Auch mit dem Raum glauben wir vertraut zu sein. Aber wir täuschen uns. Wir sind es nicht.

Du glaubst, ein Meter sei immer ein Meter?

Das stimmt nicht. Seine Länge hängt davon ab, wer ihn vor

Augen hat. Raum und Zeit sind untrennbar miteinander verbunden: Wenn die Zeit sich ändert, müssen sich auch die Längen und Entfernungen ändern.

Du fragst dich, warum das so sein muss.

Warum *muss* es zu einer Kontraktion von Längen und Entfernungen kommen, wenn die Zeit eine Dilatation erfährt?

Die Antwort liegt im absoluten, unüberschreitbaren Geschwindigkeitslimit der Natur: in der Lichtgeschwindigkeit.

Käme es nicht zur Kontraktion von Längen und Entfernungen, so hättest du dieses Limit schon überschritten.

Licht ist im Weltall mit einer Geschwindigkeit von knapp 300 000 Kilometern pro Sekunde unterwegs.

Wenn du mit 87 Prozent der Lichtgeschwindigkeit fliegst, sieht dich ein Beobachter auf der Erde in einer seiner Sekunden 260 000 Kilometer zurücklegen.

Du musst allerdings bedenken, dass deine Sekunden nicht gleich seinen Sekunden sind, wenn du so schnell fliegst. Bei 87 Prozent der Lichtgeschwindigkeit entspricht eine deiner Sekunden *zwei* Sekunden auf der Erde – und in diesen zwei Sekunden sieht der Beobachter auf der Erde dich 520 000 Kilometer zurücklegen, also das Doppelte der Strecke, die du in einer Sekunde zurücklegst.

Logisch, nicht wahr?

Nein. Warum nicht? Weil, wenn du in *zwei* seiner Sekunden 520 000 Kilometer zurückgelegt hast, nur *eine* deiner Sekunden vergangen ist.

Das entspräche einer Geschwindigkeit von 520 000 Kilometern pro Sekunde.

Da die Lichtgeschwindigkeit aber nur knapp 300 000 Kilometer pro Sekunde beträgt, hättest du den Rekord für das Universum pulverisiert …

Doch das ist verboten. Nicht von der Polizei, sondern von der Natur. Denk daran: *Nichts* kann sich schneller fortbewegen als das Licht. Das hatten schon zu Beginn des 20. Jahrhunderts zahlreiche Experimente bewiesen, ebenso wie die Tatsache, dass Licht im

Weltall immer mit dieser Geschwindigkeit (nicht schneller, nicht langsamer) unterwegs ist. Newton hätte dies mit seinem Weltbild nicht erklären können. Einstein konnte es – mit seinem.

Nach seiner Theorie bewegter Körper, der speziellen Relativitätstheorie, unterliegen Zeiten der Dilatation und Entfernungen der Kontraktion notwendig so, dass kein Objekt, egal, von wem und von wo aus betrachtet, das Limit der Lichtgeschwindigkeit überschreiten kann.

Wenn die Zeit eines Beobachters auf der Erde doppelt so schnell vergeht wie deine, dann sind die Entfernungen, die du zurücklegst, aus deiner Perspektive halb so groß wie aus seiner.

Wenn du mit 87 Prozent der Lichtgeschwindigkeit dahinrast, legst du pro Sekunde nicht 520 000 Kilometer zurück, sondern 260 000. Was einem Beobachter auf der Erde als ein Kilometer erschiene, wäre für dich nur ein halber.

Deine Geschwindigkeit ist immer gleich, egal, wer sie misst, ob du oder jemand anderes.

Nur Zeiten und Entfernungen, nicht auch Geschwindigkeiten hängen vom Beobachter ab.

Wenn dir ferne Galaxien viel näher vorkamen, als du mit höherer Geschwindigkeit unterwegs warst, dann war das so, weil sie viel näher *waren*. Wirklich! Aber nicht nur Entfernungen, auch Objekte schrumpfen bei zunehmender Geschwindigkeit. Für alle, die nicht mit an Bord wären, unterläge jede Rakete mit all ihren Passagieren der Kontraktion. Auch mit dir ist das passiert. Als du mit 87 Prozent der Lichtgeschwindigkeit dahinflogst wie Superman mit vorgestreckter Faust, da warst du, von der Erde aus gemessen, auf die Hälfte deiner Körpergröße geschrumpft. Jemand, der mit dir geflogen wäre, hätte das aber nicht feststellen können. Warum nicht? Weil auch sein Maßband geschrumpft gewesen wäre …

All das folgt aus der unveränderlichen und unüberbietbaren Geschwindigkeit von Licht.

Und all das hat Einstein in seine spezielle Relativitätstheorie von 1905 gepackt: in eine Theorie, die die Naturgesetze für jeden formuliert, der mit (exzeptionell) hohen Geschwindigkeiten unterwegs sein möchte.

Befremdlich? Ja.

Kontraintuitiv? Sicher.

Aber so ist die Natur.

Doch was ist mit der Schwerkraft, von der wir bewusst eine Zeit lang abgesehen haben? Wenn wir ein realistisches Bild von unserem Universum haben wollen, müssen wir sie jetzt wieder einbeziehen. Daher wirst du deine Reise gleich fortsetzen: deine Hochgeschwindigkeitsreise durch ein Universum, dessen stoffliche Substanz, die Raumzeit, mit ihren energiegeladenen Inhalten interagiert und sich, die Schwerkraft erschaffend, um sie herum krümmt.

Zurück zu dir.

Du befindest dich im Weltall. Noch immer steht alles still.

Die Erde ist irgendwo weit hinter dir. Die Astronautin, die du gesehen hattest, ist seit Ewigkeiten tot und begraben. Du warst geradewegs auf ferne Galaxien zugerast, die jetzt viel näher scheinen.

Denk daran, dass Zeit und Raum jetzt untrennbare Bestandteile der Raumzeit sind, des Stoffes, aus dem unser Universum besteht, und dass die Schwerkraft Effekt der Krümmung dieses Stoffes durch die Energie ist, die er in welcher Form auch immer enthält, und dass Masse Energie ist.

Du warst immer massereicher geworden, als du deine Reise zum Stillstand brachtest.

Heben wir diesen Stillstand auf.

Fertig?

Du befindest dich wieder im Flug.

Deine Raketen treiben dich mit unverminderter Kraft voran, so dass dein Körper mit außerordentlicher Geschwindigkeit dahinrast. Du wirst immer schwerer, immer massereicher, und da die Schwerkraft wieder im Spiel ist, krümmt deine zunehmende Masse die Raumzeit um dich herum immer stärker.

Dein Körper hat jetzt die Masse eines kleinen Berges.*

Felsbrocken, denen du nahe kommst auf deinem Flug, stürzen durch das von dir erzeugte Gefälle auf dich herab.

Es tut weh, wenn sie auftreffen, aber da du immer massereicher geworden bist, ohne an Volumen zuzunehmen, hast du an Dichte gewonnen, und die Felsbrocken zerbrechen in winzige Stücke.

Du nimmst immer mehr Energie auf und wirst dadurch so massiv wie die Erde.

Du hast große Felsbrocken und sogar kleine Planeten angezogen, die dich jetzt umkreisen.

Du bist so schwer, die Krümmungen, die du in der Raumzeit um deinen Körper herum erzeugst, sind so stark, dass das Universum, soweit du sehen kannst, in jeder Richtung verzerrt ist, nicht nur nach vorn. Und das liegt nicht mehr an deiner Geschwindigkeit, sondern an deiner Schwerkraft, an der Krümmung der Raumzeit, an der Energie, die du in dir angesammelt hast. Aufgrund dieser Energie sind Raum und Zeit, die im Stoff unseres Universums nun einmal miteinander verschränkt sind, so gekrümmt, dass das Universum, wohin du auch siehst, verzerrt und beschleunigt erscheint, so als verginge deine Zeit jetzt langsamer als jede andere im Universum.

* * *

Du hast jetzt, konzentriert in deinem Körper, ungefähr die Masse von fünf Erden. Es fällt dir schwer, die Hände zu heben. Im Grunde kannst du dich gar nicht mehr bewegen.

Ehrlich gesagt, wenn ich du wäre, würde ich hier abbrechen.

Warum?

Weil du früher oder später als schwarzes Loch enden würdest,

* Auch wenn sie die Masse eines Berges nicht erreichen: Genau dasselbe geschieht mit den Elementarteilchen in Teilchenbeschleunigern – statt Lichtgeschwindigkeit zu erreichen, gewinnen sie an Masse.

solltest du weiterhin in deinem Körper immer mehr Energie akkumulieren.

Und das wäre wirklich keine gute Idee.

Da du schon zu massiv bist, um dich noch bewegen zu können, kannst du nicht einmal checken, ob es nicht einen verborgenen Schalter gibt, mit dem sich deine Raketen ausschalten lassen.

Deine Hände sind jetzt wie festgeklebt an deinen Hüften, du fängst an, in dir zusammenzufallen und –

«STOP!!!», rufst du in Panik – und findest dich in deinem Flugzeug wieder, an deinem Fenster.

Dein merkwürdiger Nachbar sieht dich an.

Nach seinem Gesichtsausdruck zu urteilen hast du ihn geweckt.

Er ist wirklich merkwürdig, aber *du* siehst jetzt wahrscheinlich noch merkwürdiger aus.

Du murmelst ein unhörbares «Entschuldigung!» und drehst dich zu deinem Fenster, um hinauszusehen.

Der Tag bricht an.

Keine Hinweise auf eine baldige Landung in einer futuristischen Stadt.

Keine Hinweise darauf, dass ferne Galaxien näher wären, als sie sein sollten.

Kein kleiner Planet, der dich umkreist.

Du fliegst nur.

Du blickst auf deine Armbanduhr.

Du bist jetzt anscheinend acht Stunden in der Luft.

«Darf ich fragen, warum Sie geschrien haben?», fragt dein merkwürdiger Nachbar.

«Wo sind wir? In welchem Jahr?», fragst du mit aufgerissenen Augen zurück.

«Bitte?»

«In welchem Jahr?», wiederholst du nervös.

«2017!», antwortet der Mann, leicht amüsiert.

Als die Stewardess den Sinkflug des Fliegers ankündigt, wird dir klar, dass du alles nur geträumt hast; dass du nicht in die Zukunft geflogen bist, sondern dich noch auf dem Weg zu deiner schönen alten normalen Heimatstadt mit ihren gepflasterten Straßen und Backsteingebäuden befindest.

Die Außentemperatur beträgt 12 °C, sagt die Stewardess weiter, und der Morgennebel wird sich ab Mittag lichten …

2017.

Dir fällt ein Stein vom Herzen.

Aber was für ein seltsamer Traum!

4
Wie man nie alt wird

Was du gerade erlebt hast, war jedoch mehr als nur ein Flug ins Reich der Phantasie.

Du hast einen Eindruck davon erhalten, wie das Universum aussähe, wenn du dich sehr, sehr schnell fortbewegen könntest. Die Wissenschaftler bezeichnen Geschwindigkeiten, bei denen die merkwürdigen Effekte, die du kennengelernt hast, nicht mehr ignoriert werden können, als *relativistische* Geschwindigkeiten; alles, was du eben geträumt hast, gehorchte den Naturgesetzen aus relativistischer Perspektive.

Natürlich hat kein Mensch diese Geschwindigkeiten je erreicht – im Unterschied zu den Elementarteilchen, die uns umgeben. Sie erreichen sie sogar ständig. Empirisch festzustellen, wie die Teilchen sich verhalten, war jedoch 1905, als Einstein seine verblüffenden Gedanken publik machte, äußerst schwierig.

Erst 66 Jahre nach der Veröffentlichung der speziellen Relativitätstheorie gelang es Joseph Hafele und Richard Keating, zwei amerikanischen Naturwissenschaftlern, ein Experiment zu entwickeln, mit dem sich die seltsamen Effekte der Zeitdilatation, die Einstein vorhergesagt hatte, nachweisen ließen.

Wir schreiben das Jahr 1971.

Hafele und Keating haben drei Atomuhren beschafft – die besten Uhren, die jemals hergestellt wurden. Wenn sie einmal synchronisiert sind, *bleiben* sie mit außerordentlicher Genauigkeit synchron: In Jahrmillionen weichen sie nur eine Milliardstel Sekunde voneinander ab. Es sind also sehr, sehr zuverlässige Uhren.

Hafele und Keating hatten, wie gesagt, drei davon. Synchronisiert. Und die brachten sie zu einem Flughafen.

Eine ließen sie am Boden, in der Flughafenlobby, für die anderen beiden hatten sie je einen Platz in zwei kommerziellen Maschinen gebucht.

Wenn ich mir die Reaktion der anderen Passagiere vorstelle, muss ich lächeln …

Egal, die beiden Maschinen hoben ab. Die eine flog ostwärts um den Globus herum, die andere westwärts, bis sie schließlich wieder auf ihrem Ausgangsflughafen landeten und die beiden Uhren sich wieder zu ihrem am Boden gebliebenen synchronisierten Alter Ego gesellen konnten. Da die Erde sich aber in *östlicher* Richtung um sich selbst dreht, machte es einen kleinen Unterschied für die durchschnittlichen relativen Geschwindigkeiten der Flugzeuge und des Flughafens, dass das eine Flugzeug nach Osten, das andere nach Westen geflogen war.

Verhielte die Natur sich so, wie unsere Intuition uns annehmen lässt, so hätten die drei Atomuhren synchron bleiben müssen, egal in welcher Richtung die Flugzeuge geflogen wären. Auf der Universaluhr, die auf Gottes Nachttisch steht, ist eine Sekunde eine Sekunde, so dass in jeder Sekunde eine Sekunde vergeht. Darin stimmen alle Uhren, die du je gesehen oder in Gebrauch gehabt hast – ob mechanisch oder nicht –, überein. Fall erledigt. Es sei denn, die Natur schert sich nicht darum, was nach unserer Intuition der Fall sein müsste. Es sei denn, unsere gewöhnlichen Uhren sind einfach nicht genau genug, um uns die Wahrheit zu sagen. Als die beiden Flugzeuge wieder gelandet waren, stellten Hafele und Keating fest, dass die drei Atomuhren nicht mehr synchron waren.

Verglichen mit der am Flughafen gebliebenen Uhr ging die Uhr der ostwärts geflogenen Maschine 59 Milliardstelsekunden nach, während die Uhr der westwärts geflogenen Maschine 273 Milliardstelsekunden vorging.

Wären die drei Uhren beieinander geblieben, hätten mehr als 300 Millionen Jahre vergehen müssen, damit diese Diskrepanzen auf natürlichem Wege zustande gekommen wären.

Hafele und Keating zufolge gab es zwei Gründe für diese Diskrepanzen.

Der erste Grund hing mit den involvierten Geschwindigkeiten zusammen, mit der speziellen Relativitätstheorie: Wie Einstein angenommen hatte, hatten die relativen Geschwindigkeiten der drei Uhren in der Tat zu winzigen, aber messbaren Zeitdilatationseffekten geführt.

Der zweite Grund hatte nichts mit Geschwindigkeiten zu tun, sondern mit der Schwerkraft, mit Einsteins allgemeiner Relativitätstheorie: Wie eine auf einer Gummimatte rollende schwere Kugel das Gummi ganz in ihrer Nähe stärker eindrückt als weiter entfernt, so müsste die Erde in Bodennähe stärker auf die Raumzeit einwirken als am Himmel – dort, wo Flugzeuge fliegen – und folglich auch Auswirkungen darauf haben, wie die Zeit in verschiedenen Höhen vergeht, hatte Einstein gesagt.

Hafele und Keating hatten diese beiden unabhängig voneinander auftretenden Effekte berechnet, *bevor* sie ihr Experiment durchführten, und hatten sie addiert.

Insgesamt hatten Einsteins Theorien vorhergesagt, dass die Uhr in der ostwärts geflogenen Maschine, verglichen mit der am Boden gebliebenen Uhr, bis zu 60 Milliardstelsekunden nachgehen, die Uhr in der westwärts geflogenen Maschine ungefähr 275 Milliardstelsekunden vorgehen würde.

Und das Experiment hatte bewiesen, dass er recht gehabt hatte.

Du bist vielleicht nicht sonderlich beeindruckt, weil die genannten Zeitdifferenzen winzig erscheinen. Sie sind in der Tat winzig. Bedenke aber, dass ein Flugzeug nicht sehr schnell fliegt und dass die Erde kein sehr großes kosmisches Objekt ist. Wenn du schneller fliegst und/oder im All in die Nähe eines Objekts mit weit größerer Schwerkraft gerätst, dann kann die Zeitdifferenz gewaltig werden, wie du in deinem Traumtrip im fast mit Lichtgeschwindigkeit fliegenden Flugzeug erfahren hast.

Natürlich ist das Experiment von Hafele und Keating nach 1971 mehrfach mit immer größerer Präzision wiederholt und sein Resultat dadurch mit immer größerer Genauigkeit bestätigt worden. Raumzeit ist wirklich das, was das Wort besagt: eine Verbindung von Raum und Zeit.

Die Geschwindigkeiten, mit denen Uhren gehen, hängen in unserem Universum davon ab, wo sich derjenige befindet, der sie wahrnimmt, was in seiner Nähe ist (das ist der Einfluss der Schwerkraft) und wie schnell er unterwegs ist. Zu Beginn des 20. Jahrhunderts war das sehr abstrakt. Heute ist es eine durch Experimente bewiesene Tatsache. Keiner kann sie anzweifeln.

Zeit und Entfernung sind in unserem Universum keine *absoluten* Phänomene. Sie hängen vom Beobachter ab: davon, wer sie erfährt beziehungsweise vor Augen hat. Beide sind relativ. Wäre es anders, so wäre die Lichtgeschwindigkeit weder unveränderlich noch unüberschreitbar.

Aber was hat die Menschheit mit diesem Wissen anfangen können? Hat es unser tägliches Leben verändert? Der Teil, der nur mit Geschwindigkeit zu tun hat, hat dies in der Tat getan, und zwar in großem Umfang. Nicht nur, dass unsere Technologie oft von ultraschnellen Elementarteilchen Gebrauch macht, um auf allen möglichen Wegen Informationen zu übermitteln, die spezielle Relativitätstheorie hat uns auch geholfen zu verstehen, wie all die Materie, aus der wir gemacht sind, funktioniert. Wie du in Kürze sehen wirst, sind die Elektronen in den Atomen, aus denen dein Körper besteht, ungeheuer schnell unterwegs (und für fast alles andere in der Welt des sehr Kleinen gilt das ebenfalls).

Was jedoch Schwerkraft und Raumzeit betrifft, ist bisher, so erstaunlich das klingen mag, nur ein Massenmarktartikel entwickelt worden, der von der Beziehung zwischen den beiden Phänomenen Gebrauch macht: GPS. Jedes Mal, wenn du mit einem GPS-Gerät deine Position bestimmst, sei es auf deinem Smartphone, sei es in deinem Auto, machst du dir die Tatsache zunutze, dass Raum und Zeit um die Erde herum gekrümmt sind. Je näher du der Oberfläche bist, umso steiler ist die Krümmung – nicht nur im Raum, sondern auch in der Zeit.

In den Satelliten im All, die mit deinem GPS-Gerät kommunizieren, um es zu lokalisieren, befinden sich Uhren. Würde die Zeitdifferenz zwischen dem Erdboden und dem Satelliten nicht korrigiert, so würde deine Position schon nach kurzer Zeit falsch berechnet werden (im Laufe eines Tages würde sich die Abweichung auf ungefähr 10 Kilometer vergrößern). GPS wäre nutzlos. Dass GPS funktioniert, ist Einstein zu verdanken: der speziellen und der allgemeinen Relativitätstheorie.

So viel dazu. Merke: Es gibt nicht so etwas wie eine Uhr, die im ganzen Universum gleich geht.

Jetzt zu etwas anderem. Bei einer Geschwindigkeit von 99,999999999 Prozent der Lichtgeschwindigkeit war das Flugzeug in deinem Traum unfassbar schnell unterwegs, verglichen mit der Erde und all ihren Bewohnern. Du bist im Jahr 2417 gelandet und hast damit noch Glück gehabt.

Denn wärest du *noch* schneller geflogen, so wärest du in noch fernerer Zukunft in deiner Heimatstadt angekommen.

In *wie* ferner? Das hätte natürlich wieder von deiner Geschwindigkeit abgehangen.

Dafür gibt es aber, wie du weißt, ein Limit: Nichts kann sich schneller fortbewegen als das Licht.

Vielleicht wird es eines Tages möglich sein, mit Lichtgeschwindigkeit zu reisen, doch würde das von dir ein großes Opfer erfordern: Du müsstest dich von deiner Masse trennen. Ganz. Licht kann keinerlei Masse transportieren – darum ist es so schnell. Licht ist leicht; es ist ohne Gepäck unterwegs.

Was ist denn das Problem an der Materie, wirst du zu Recht fragen.

Nun, du hast es selbst erlebt: Alles, was Masse hat, gewinnt noch Masse hinzu, wenn es zu stark beschleunigt wird. Um Lichtgeschwindigkeit erreichen zu können, darf man daher überhaupt keine Masse haben.

Doch was würde geschehen, *wenn* du dich in ein masseloses

Etwas verwandeln könntest? Wie würde dann deine Zeit vergehen? So schockierend es klingen mag: Deine Zeit würde gar nicht vergehen. Jede (ebenfalls masselose) Uhr, die du bei dir hättest, würde einfach aufhören zu ticken.

Bei Lichtgeschwindigkeit kommt die Zeit zum Stillstand. Vollkommen.

Daher ist das Licht, das uns heute erreicht, nachdem es durch das ganze Universum gereist ist, noch genau dasselbe wie zu dem Zeitpunkt, da es ausgesandt wurde. Während eine Postkarte nach 13,8 Milliarden Jahren Postweg zerrissen und zerfetzt wäre und derjenigen, die sie einmal war, nicht mehr entfernt gliche, nagt der Zahn der Zeit an den Bildern, die das Licht durch den ganzen Kosmos transportiert, nicht im Geringsten. Wenn wir Licht empfangen, das aus den fernsten Bereichen des für uns sichtbaren Universums stammt, erhalten wir Bilder vom Universum, wie es damals war.*

Da du aber aus Masse bestehst, bist du unvermeidlich der Zeit unterworfen. Dagegen bist du machtlos. Um ewig zu werden, müsstest du dich in Licht verwandeln, was aber nicht möglich ist. *Wenn* es möglich wäre, würde deine Zeit nicht mehr vergehen. Du wärest wirklich ewig, würdest es aber nicht merken.

Doch auch wenn du nicht ewig sein kannst: Du könntest trotz deiner Masse (keine Anspielung auf dein Gewicht!) eine Zukunft erreichen, die für deine Nachbarn unerreichbar wäre. Du müsstest dich nur schnell, ja superschnell fortbewegen, etwa wie dein Flugzeug im Traum. Oder dich auf einem Planeten niederlassen, der eine viel größere Schwerkraft hätte als die Erde.

Um das Thema abzuschließen: Ich weiß, dass du die Vorstellung zu altern nicht magst und lieber so lange wie möglich – auf jeden Fall

* Abgesehen von den Korrekturen, die die von der Expansion unseres Universums bewirkte Rotverschiebung notwendig macht. Die Bilder, die wir vom Kosmos erhalten, sind durch die Expansion des Universums gedehnt worden, sie sind aber nicht gealtert.

länger als dein Nachbar – jung bleiben würdest. Aber ich warne dich: Schnell laufen oder Formel-1-Fahrer oder Testpilot bei der Royal Air Force werden ist zwecklos. Und ebenso zwecklos wäre es, ein Flugzeug zu besteigen, um mit 99,999999999 Prozent der Lichtgeschwindigkeit zu fliegen.

Warum?

Weil *deine* Zeit aus *deiner* Perspektive immer gleich schnell vergehen wird.

In deinen Augen und für die Zellen, die deinen Körper ausmachen, wird eine Sekunde immer und ewig eine Sekunde sein, ein Tag ein Tag, ein Jahr ein Jahr und so weiter. Deine Zeit und dein Alterungsprozess werden sich nicht verlangsamen, du wirst nicht länger leben, deine Zellen werden weiter im selben Tempo wachsen und absterben, und jedem, der mit dir reisen wird, wird es genauso gehen. Mit hoher Geschwindigkeit unterwegs sein oder auf einem fernen Planeten mit höherer Dichte leben wird dein Leben nicht verlängern, weil 24 Stunden für dich weiterhin 24 Stunden sein und sich auch so «anfühlen» werden. Es kann aber sein, dass du in den Augen *anderer Leute* länger lebst als sie selbst.

Deine Gegenwart gleichsam vorzuspulen, um rasch in der Zukunft eines anderen Menschen anzukommen, ist theoretisch möglich (und eines Tages vielleicht auch praktisch).* Du würdest aber, könntest du dich mit hoher Geschwindigkeit fortbewegen, nie länger leben.

Du hast mithilfe der speziellen und der allgemeinen Relativitätstheorie entdeckt, dass es jenseits der Welt, zu der wir durch unsere Sinne Zugang haben und in der wir unser tägliches Leben leben, noch eine andere, eine überaus merkwürdige Welt gibt. Doch was du bislang gesehen hast, ist nicht entfernt so merkwürdig wie das, was du erfahren wirst, wenn du wieder sicher zuhause angekommen bist.

* Zurückzukehren allerdings nicht. Denk also zweimal nach, bevor du einen solchen Trip buchst, solltest du die Gelegenheit dazu erhalten.

Es ist Zeit, dass du nach der Welt des sehr Großen und des sehr Schnellen auch die Welt des sehr Kleinen betrittst.

Und ich fürchte, wenn du bisher nicht an Magie geglaubt hast, dann wird sich das jetzt ändern.

Teil vier

Eintauchen in die Quantenwelt

I

Ein Goldklumpen und ein Magnet

Deine Großtante ist abgereist. Um mit jemandem über deinen seltsamen Traum von den Auswirkungen der Relativität der Zeit sprechen zu können, hattest du sie eingeladen, noch ein paar Tage zu bleiben, aber sie hatte abgelehnt – überraschenderweise. Da du wohlauf und gesund seiest und da ihre Aufgabe, dich nach Hause zu bringen, erfüllt sei, war sie mit der ersten Maschine nach Sydney geflogen. Die Kristallvasen, die sie mitgebracht hatte, um dich aufzumuntern, hat sie dir dagelassen – alle.

Sie ist also jetzt wieder in Australien, und du bist wieder zu Hause. Sitzt auf deinem Sofa. Schaust ihre scheußlichen Vasen an und spielst dabei mit einer kleinen magnetischen Palme, die du zur Erinnerung an deine tropische Insel in einem Souvenirladen gekauft hast.

Du hast noch eine Woche Urlaub, bevor du wieder zur Arbeit musst: sieben Tage, in denen du dir ebenso viele Möglichkeiten einfallen lassen kannst, die Vasen loszuwerden. Aber du zögerst.

Bist du fertig mit deinen Abenteuern in den verborgenen Bereichen der Wirklichkeit, oder gibt es noch eine andere Ebene, auf der du sie verstehen musst?

Du grübelst und stehst auf, um dir einen Kaffee zu machen.

Beim Hantieren in der Küche fällt dein Blick plötzlich auf einen Stein, der ein kleines Stück aus der Wand herausragt. Wie seltsam! Du ziehst ihn heraus und entdeckst hinter ihm zu deiner Überraschung ein würfelförmiges Stück Gold, das wahrscheinlich irgendein (sehr unbedachter) Vormieter dort versteckt hat. Es ist halb so groß wie deine Handfläche und ein kleines Vermögen wert. Dass du den Stein nicht früher bemerkt hast! Aber kann es ein erfreulicheres

Nachhausekommen geben? Du hast Gold in der Küche gefunden! Also denkst du nicht weiter darüber nach. Du gießt dir Kaffee ein und blickst mit einem durchtriebenen Lächeln auf deinen Schatz.

Du hast den Kosmos, die Welt des sehr Großen, bereist.

Du warst so schnell unterwegs, wie es überhaupt möglich ist.

Du hast aber keine Ahnung von der Welt des sehr Kleinen: von dem, woraus Materie *besteht*. Besteht Gold aus kleinen Steinen?

Warum sind die Substanzen um dich herum so verschieden? Warum ist Gold anders als Käse? Warum sind wir bei Zimmertemperatur nicht flüssig wie das Wasser?

Schmunzelnd entscheidest du dich für die Wissenschaft statt für das Geld und zersägst deinen goldenen Würfel in zwei Hälften, um zu sehen, was sich im Innern befindet.

Im Unterschied zu einigen (nicht allen) Käsesorten ist der Würfel im Innern genauso beschaffen wie auf der Oberfläche: goldfarben, geruchlos und so weiter. Trotzdem zersägst du eine der beiden Hälften wieder in zwei Hälften und wiederholst dies ein paar Mal voller Neugier, ob sich nicht etwas ändert, wenn die Stücke immer kleiner werden.

Aber es scheint immer Gold zu sein.

Man könnte glauben, dieses Zersägen könne immer so weitergehen, aber das ist nicht richtig. Nach 26 oder 27 Halbierungen hättest du das kleinste Stück Gold, das es geben kann. Würdest du es ein weiteres Mal zerteilen, so würdest du immer noch etwas erhalten, aber es wäre kein Gold mehr.

Diese elementare Menge Gold, das kleinste Etwas, das immer noch Gold ist, wird von den Wissenschaftlern als Gold*atom* bezeichnet.

Übrigens: Etwas 26-mal in gleiche Teile zu teilen ist nicht so leicht, wie es scheinen mag. Würdest du es zuhause versuchen, so würdest du merken, dass es sogar sehr schwer ist. Um dir eine Vorstellung davon zu geben: Du könntest es andersherum probieren, eine Seite dieses Buches herausreißen und sie 26-mal in der Mitte falten. Du würdest einen ungefähr 14 Kilometer hohen Papierberg erhalten! Um nach 26 Halbierungen etwas zu erhalten, das so dünn wäre wie eine Seite dieses Buches, bräuchtest du also einen Berg, der 50 Prozent höher wäre als der Mount Everest.

Ein einzelnes Goldatom lässt sich nur mit den modernsten Technologien sichtbar machen.*

Aber wie ist es mit Blei oder Silber oder Kohlenstoff?

Nun, bei jedem anderen reinen Material, das du statt Gold gefunden hättest, wärest du zum selben Ergebnis gekommen: Halbiere ein handtellergroßes Stück 26-mal (plus/minus 1 oder 2), und du erhältst ein Atom: etwas, das nicht weiter zerteilt werden kann, ohne etwas anderes zu werden als das Ausgangsmaterial. Käse übrigens ist *kein* reines «Material», besteht aber ebenfalls aus Atomen, nämlich aus Atomen, die miteinander verklebt sind. Die ganze bekannte Materie in unserem Universum besteht aus Atomen.

Aber woraus bestehen die Atome selbst?

Du weißt noch nichts Genaues, aber du ahnst, dass sie kleinere Bestandteile enthalten und dass diese in allen Atomen des ganzen Universums identisch sind. Du wirst gleich in ihrer Welt unterwegs sein, ich kann aber jetzt schon sagen, dass reine Materialien sehr verschiedene Eigenschaften und, wie jeder weiß, sehr verschiedenen Wert haben, weil die Zahl jener kleineren Bestandteile von Atom zu Atom verschieden ist. Jeder Edelmetallhändler würde sich fragen, ob du bei Verstand bist, wenn du versuchen würdest, für ein Kilogramm Quecksilber (Handelspreis ungefähr 40 Euro) ein Kilogramm Gold (36 000 Euro) oder gar Plutonium (3 Millionen Euro, je nach Marktpreis) einzutauschen, mit der Begründung, dass die Materialien doch aus ähnlich aufgebauten Atomen bestehen.

Was hat es also auf sich mit diesen Atomen? Was gibt den aus ihnen bestehenden Materialien so verschiedene Eigenschaften und Erscheinungsformen? Und warum kannst du mit einem Messer durch Butter schneiden, nicht aber durch Diamanten, wenn doch alles aus demselben Zeugs besteht?

* Von einer solchen Technologie wirst du im übernächsten Kapitel erfahren.

Mit all diesen Fragen, die sich in deinem Kopf stapeln, gehst du zum Kühlschrank, um Milch für deinen Kaffee zu holen.

Auf dem Weg dorthin greifst du dir gedankenlos deine magnetische Palme, um sie an den Kühlschrank zu heften. Doch sie kommt dir zuvor: Sie entgleitet deiner Hand und knallt an die Metalltür! Du erstarrst.

Dass ein Magnet sich so verhält, war bisher nichts Besonderes für dich.

Das hat sich jetzt geändert.

Wie macht der Magnet das bloß?

Woher weiß der Kühlschrank, dass der Magnet kommt? Oder weiß der Magnet, dass da der Kühlschrank steht? Oder wissen beide voneinander? Oder ist es reine Magie?

Soweit du dich erinnern kannst, hast du nie eine sichtbare Interaktion zwischen einem Magneten und einem Kühlschrank bemerkt, eine ausgestreckte Geisterhand etwa, mit der der Letztere den Ersteren ergriffen und zu sich hingezogen hätte.

Aber vielleicht hast du nicht genau genug hingesehen.

Du ziehst den Magneten vom Kühlschrank ab und wirfst einen Blick auf die Rückseite der roh von Hand gefertigten Palme. Soweit du erkennen kannst, ist die dunkle Oberfläche völlig eben.

Du nimmst das gute Stück fest zwischen Daumen und Zeigefinger, presst die linke Wange an die Kühlschranktür, siehst voll konzentriert in die Luft und näherst den Magneten wieder der Tür.

Die Palme ist jetzt ein paar Zentimeter von ihr entfernt.

Du spürst etwas.

Eine Kraft.

Eine Anziehungskraft zieht den Magneten zum Kühlschrank. Oder den Kühlschrank zum Magneten. Oder beide zueinander. Schwer zu sagen.

Aber zu sehen ist nichts, das ist sicher. Du kannst nicht das leiseste Anzeichen dafür erkennen, dass etwas geschieht, das erklären könnte, woher Magnet und Kühlschrank von der Gegenwart des jeweils anderen wissen.

Der Magnet ist jetzt ungefähr einen halben Zentimeter vom

Kühlschrank entfernt, und die Anziehungskraft wird sehr viel stärker.

Du musst dich sogar anstrengen, um den Magneten dort zu halten, wo er ist.

Und zu sehen ist noch immer nichts.

Du gibst nach. Der Magnet springt aus deinen Fingern an die Tür und haftet dort. Fest. Er ist glücklich angekommen – du bist neugierig und verwirrt.

Jahrhundertelang haben sich Männer und Frauen über dieses seltsame Anziehungsphänomen gewundert. Ist es nicht gespenstisch? Der Magnet ist gesprungen. Nichts war geschehen, bevor er den Kühlschrank berührte, und doch war da eine Kraft gewesen. Jedenfalls dachten das unsere Vorfahren, wenn sie Magneten sahen. Sie sprachen von geisterhafter *Fernwirkung*, um das unsichtbare Etwas zu benennen, das Magneten ihre Anziehungskraft verleiht.

Es ist ein bisschen wie mit der Schwerkraft.

Sehen kann die auch niemand.

Als Newton seine Formel für die wechselseitige Anziehung der Objekte im Universum publik machte, hatte er keine Ahnung, was für die Schwerkraft, die er beschrieb, verantwortlich war. Das hat Einstein vor gut hundert Jahren geklärt. Die Schwerkraft, so Einstein, ist keine Kraft, sondern ein Fallen. Ein Fallen, das den Krümmungen der Raumzeit folgt.

Ist die Wirkung von Magneten genauso zu erklären? Erzeugen auch sie steile Krümmungen in der Raumzeit?

Nein. Das kann ja nicht sein. Sonst würden Magneten alles (Holz, uns Menschen, Bier, wirklich alles) anziehen, nicht nur Nägel, Eisenfeilspäne und andere potentielle Magneten. Du hast nie das Gefühl gehabt, deine Finger würden von einem Magneten angezogen. Es muss also eine andere Erklärung geben. Und es gibt sie, man hat sie vor ungefähr achtzig Jahren gefunden. Sie hat mit dem zu tun, was wir als *Feld* bezeichnen. Als Quantenfeld, um genau zu sein. Du aber wirst jetzt erfahren, was für ein Wunder das ist, ein Quantenfeld.

2
Wie ein Fisch im Meer

Stell dir vor, du bist ein Fisch und möchtest aus irgendeinem Grund sehen, was sich über dem Meer, deinem Zuhause, befindet. Du nimmst so viel Fahrt auf, wie du kannst, und schießt wie ein Torpedo aus den Tiefen aufwärts. Du möchtest erreichen, was für uns Menschen die Meeresoberfläche ist, was du aber, als Fisch, wahrscheinlich als Decke bezeichnest.

Du schwimmst schnell. Du schwimmst schneller. Es wird immer heller um dich herum, je mehr du dich dem Ende deiner flüssigen Welt näherst. Dann bist du raus. Kein Wasser umgibt dich mehr. Du fliegst durch eine blaue Leere (die wir Menschen als Atmosphäre bezeichnen). Du schlägst mit deinen Flossen, so schnell du kannst, aber es gelingt dir nicht, weiter hinauf zu schwimmen. Da du kein Vogel, sondern eben ein Fisch bist, kommt dein Aufwärtstrip zu einem abrupten Ende. Du gleitest und rutschst das von der Erde erzeugte Raumzeitgefälle hinab und platschst zurück ins Meer.

Einige Zeit später, du bist zurück in den salzigen Tiefen deines flüssigen Zuhauses, diskutierst du mit befreundeten Fischen, die ebenfalls eine Vorliebe für das Unbekannte haben, über deine Erfahrung. Der Vermutung, dass Schwimmen da oben, oberhalb der Decke deiner unermesslichen flüssigen Welt, unmöglich sei, stimmst du sofort zu. Über dem Meer, so dein Fazit, gibt es nur blaue Leere.

Wir Menschen wissen es besser. Wir wissen, dass über dem Meer Luft ist und dass das, was wir als Luft bezeichnen, alles andere als ein Nichts ist. Müssen wir sie länger als ein paar Minuten entbehren, so müssen wir sterben.

Dennoch, die meisten von uns sind nicht viel klüger als der Fisch unter der Meeresoberfläche: Glauben wir nicht, dass im Weltall, oberhalb der Atmosphäre, jenseits unserer kostbaren Luft, *nichts* ist? Glauben wir nicht, dass das Weltall nur schwarze Leere ist? Der Rest dieses Buches wird dir beweisen, dass das ein Irrtum ist.

Das Weltall ist alles andere als leer.

Als du als Fisch kurz über die Meeresoberfläche gesprungen bist, bist du in eine andere Welt gelangt: in eine Welt, die nicht flüssig ist, sondern zum größten Teil aus Gas und Staub besteht.

Die Welt, in die du jetzt eintreten wirst, erstreckt sich viel weiter. Sie wird als *Quanten*welt bezeichnet und ist die Welt der elementaren Phänomene von Materie und Licht.

Im Unterschied zum Meer, das aus Wasser besteht und dort endet, wo die Luft beginnt, ist die Quantenwelt überall: im Meer, im Erdboden, in der Materie, aus der wir bestehen, im Licht und im Weltall – selbst dort, wo es «leer» ist. Um ihr Reich zu betreten, hat die Menschheit Jahrtausende gebraucht. Die Tore zur Quantenwelt sind tief im sehr Kleinen verborgen. Und weil die Luft, die Schwerkraft und viele andere Dinge uns leicht den Blick auf diese Welt verstellen, lassen wir sie einen Moment lang beiseite.

Am besten, du begibst dich dafür wieder ins All.

Als du deinen Magneten wieder von der Kühlschranktür abziehst und noch einmal einen Blick auf seine Oberfläche wirfst, kannst du keinerlei Veränderung feststellen. Sie ist immer noch schwarz. Und immer noch glatt. Aber du hast doch die Kraft gespürt, daran gibt es nichts zu rütteln! Wie merkwürdig!

Du presst wieder deine Wange gegen den Kühlschrank, um das Experiment zu wiederholen, und konzentrierst dich darauf so sehr, dass außer dem Magneten und dem Kühlschrank alles um dich herum verschwindet: der Fußboden, die Luft, dein Goldklumpen, die Wände, die ganze Küche und deine Wohnung – weg. Deine Stadt – weg. Auch die Erde und der Mond und alles andere – weg.

Du schwebst im All, in einer Gedankenwelt, die den heute bekannten Naturgesetzen gehorcht. Um dich herum ist keine Luft. Es gibt auch keine Schwerkraft. Außer dir, dem Magneten, dem Kühlschrank und dem, was Magneten mit Kühlschränken interagieren lässt – was immer das sei –, ist nichts.

Da du solche Situationen inzwischen gewohnt bist, denkst du nicht weiter darüber nach, sondern konzentrierst dich auf die Aufgabe.

Deine Wange an der Kühlschranktür ist kalt. Der Magnet befindet sich noch in deiner Hand. Du lässt ihn los – und im selben Moment beginnt für dich ein neues Abenteuer: Du schrumpfst! Auf deinen Reisen durch die Raumzeit hast du das Universum aus einer Perspektive gesehen, die es dir ermöglichte, das sehr Große in den Blick zu bekommen. Danach bist du äußerst schnell unterwegs gewesen, um die Welt aus der Perspektive extremer Geschwindigkeit zu erfahren. Jetzt bist du dabei, die Quantenwelt zu entdecken, und deshalb schrumpfst du.

Stark.

Du wirst zu einem Mini-Ich, das nur einige Atome lang ist.

Wie lang (oder kurz), wie groß (oder klein) das ist?

Schau'n wir mal.

Während du dies liest, ist dein Buch oder dein Bildschirm wahrscheinlich einige Handbreit von deinen Augen entfernt. Das kleinste Etwas, das du auf diese Entfernung erkennen kannst, ist ungefähr ein zwanzigstel Millimeter breit, ein Drittel der Breite eines Menschenhaares.

Dein Mini-Ich ist 100 000-mal kleiner als das, hat damit aber ungefähr die richtige Größe, um sehen zu können, ob sich zwischen deinem Magneten und deinem Kühlschrank etwas abspielt.

Konzentriert, wenn auch ein bisschen bestürzt über dein Schrumpfen, hältst du nach Geisterhänden Ausschau, die sich aus der einen oder der anderen Richtung hervorstrecken. Du bewegst deinen Minikopf nach links und rechts und nach oben und unten.

Du siehst absolut nichts.

Du weißt, dass der Magnet irgendwo rechts von dir ist und der Kühlschrank irgendwo hinter deinem linken Ohr, aber aus deiner neuen Perspektive sind sie zu weit entfernt, als dass du sie sehen könntest.

Also wartest du.

Aber nichts geschieht.

Absolut nichts.

Nach einer Weile beschließt du, etwas anderes zu versuchen, nämlich zu fühlen statt zu sehen – vielleicht ist das die Lösung. Wie damals, als du noch ein Kind warst und, um die Zeit totzuschlagen, so tatest, als hättest du übernatürliche Kräfte.

Du atmest ein paar Mal virtuell ein und aus, um dich zu konzentrieren, und schaltest dann dein Augenlicht aus. Du bist wie ein klitzekleiner Yogi im All. Winziger als ein Staubkorn. Die Augen geschlossen, breitest du langsam die Arme aus, wie du es in Filmen gesehen hast.

Zuerst spürst du nichts. Dann aber doch.

Du kommst dir vor wie ein Fisch im Meer, so als schwämme alles um dich herum in einer Art – was? Nicht Wasser, das ist klar … Du öffnest deine klitzekleinen Augen, gespannt zu sehen, woraus dieses Meer besteht, aber sofort ist das Gefühl wieder weg, und zu sehen ist nichts. Wirklich sehr seltsam. Sogar ein bisschen beängstigend. Aber du bist kein Feigling und machst dir schnell klar, dass das, was du gerade gespürt hast, wie so viele andere Dinge in unserem Universum real, aber unsichtbar ist.

Du schließt also wieder die Augen, um nach Yogi-Art in die Quantenwelt einzutreten.

Überall um dich herum ist das «Meer». Sind da nicht sogar – Ströme? Ja, scheint so. Ströme, die dort entspringen, wo sich der Magnet befinden dürfte, und die am Kühlschrank enden. Kraftlinien gehen direkt durch dich hindurch, und dir wird klar, dass sie es sind, die Magneten mit Kühlschränken interagieren lassen. Sie bilden das sogenannte *elektromagnetische Kraftfeld*. Hinter deinen geschlossenen Miniaugen wirkt es wie ein Kraftnebel, der sich überallhin erstreckt und nah dem Magneten und dem Kühlschrank am undurchdringlichsten ist. Mit Lichtgeschwindigkeit gehen kleine Wellen durch ihn hindurch und verraten dir, dass der Magnet und der Kühlschrank einander näher kommen, was bedeutet, dass sie einander früher oder später erreichen, was wiederum bedeutet, dass – du öffnest die Augen und starrst entsetzt auf den riesigen schwarzen Magneten, der dich zu zermalmen droht.

Zitternd vor Angst weichst du zurück.

Du bist dem Magneten jetzt so nahe, dass du fast die Atome an seiner Oberfläche vibrieren sehen kannst. Sogar winzige Ströme scheinen in ihm zu fließen. Woraus bestehen sie? Sind sie elektrisch? Magnetisch? Sowohl als auch? Du weißt es nicht, sicher ist nur, dass – MOMENT! WAS WAR DAS?

Irgendwas ist passiert.

Du hast es gesehen.

Was war es? Kein Arm, der sich vom Magneten zum Kühlschrank hin ausstreckte. Sondern du hast Licht gesehen. Virtuell oder real, ist schwer zu sagen, aber da war Licht. Es kam wie aus dem Nichts, direkt vor deinen Miniaugen, von oberhalb der Oberfläche des Magneten. Oder aus ihm heraus? Du wendest den Kopf dorthin, wo es hingegangen ist, und siehst die riesige Kühlschranktür sich ebenfalls auf dich zubewegen –

Du hältst deinen Miniatem an.

Du bist nur noch einen Augenblick davon entfernt, zermalmt zu werden.

Immer mehr dieser seltsamen Lichtperlen blitzen in der Leere auf, die den Magneten und den Kühlschrank noch vor einem Moment zu trennen schien, die nun aber definitiv keine Leere mehr ist. Die Perlen werden zwischen dem Magneten und dem Kühlschrank ausgetauscht und wirken wie eine Heerschar winziger Engel, die die beiden Objekte zueinander hinziehen.

Gebannt von dem Spektakel fragst du dich, ob diese Lichtteilchen Produkte deiner Phantasie sind oder ob sie real sind … Sie scheinen virtuell, da sie nur einen Augenblick lang Bestand haben und wie aus dem Nichts kommen, aber sie haben auch einen sehr realen Effekt auf den Magneten. Ja, in diesen aufgeweckten kleinen

Kerlchen steckt die Kraft, die den Magneten dem Kühlschrank in deiner Wohnung genähert hat …

Du schließt deine Miniaugen.

Gleich wirst du zermalmt.

Doch – *peng*!

Du bist zurück in deiner Küche und starrst verdutzt auf die Kühlschranktür, dorthin, wo der Magnet sich gerade mit einem lauten metallischen Geräusch festgesetzt hat.

Du wischst dir einen Tropfen kalten Schweiß von der Stirn und atmest durch. Obwohl du allein bist, bist du peinlich berührt, weil du geglaubt hast, das eben Erlebte sei nicht nur deiner Phantasie entsprungen.

Es schien ja auch wirklich sehr real zu sein.

Du hast gerade eine *Fernwirkung* erlebt, die nicht auf Magie beruhte, obwohl ich zugebe, dass das Phänomen ziemlich gespenstisch ist. Du hast gesehen, dass die geheimnisvolle elektromagnetische Kraft, die zwei Magneten miteinander interagieren lässt, in virtuellen Lichtteilchen steckt, die nur zu einem einzigen Zweck existieren: die elektromagnetische Kraft zu übertragen. Sie tauchten zwischen dem Magneten und deinem Kühlschrank aus einem scheinbaren Nichts auf, das alles andere als ein Nichts war. Im Grunde hast du gerade das sogenannte elektromagnetische Feld entdeckt, das sich überall im Universum zwischen zwei Objekten befindet, egal, ob es sich um Magneten handelt oder nicht. Es ist ein Meer von Kraft, aus dem jederzeit virtuelle Lichtteilchen hervortreten können.

Auch jetzt, da du auf deinen Kühlschrank starrst, werden zwischen seiner Tür und dem Magneten zahllose dieser virtuellen kleinen Lichtperlen ausgetauscht, aber du kannst sie nicht mehr sehen. Sie sind unsichtbar, normalerweise – darum werden sie als virtuell bezeichnet. Sie schießen aus einer Leere hervor, die keine ist, und verschwinden wieder, ohne uns Gelegenheit zu geben, sie zu sehen.

Diese virtuellen Trägerteilchen sind überall um dich herum; sie sind sogar *in* dir.

Sie gehören zum elektromagnetischen Feld, einem unsichtbaren Nebel, der nicht nur den Zwischenraum zwischen Kühlschränken und Magneten füllt, sondern das ganze Universum.

Aber was ist mit Magneten, die einander abstoßen? Du hast dieses Phänomen doch sicher einmal gesehen.

Wie du bald erfahren wirst, wenn du (in einem der nächsten Kapitel) durch ein Atom hindurchfliegst, können die virtuellen Lichtperlen, deren Bekanntschaft du gerade gemacht hast, die Materie, aus der wir bestehen und von der wir umgeben sind, entweder anziehen oder abstoßen oder unbehelligt lassen. Das hängt davon ab, was die betreffende Materie enthält. Im Grunde hängt es nur von einem Phänomen ab, das die Wissenschaftler als *elektromagnetische Ladung* bezeichnen. Wie du dein Gewicht auf einer Waage ermitteln kannst, so gibt es auch ein Gerät, mit dem du deine Ladung messen kannst. Sie ist aber insgesamt null, da der menschliche Körper elektromagnetisch neutral ist (andernfalls würden Magneten an dir haften, was ziemlich lästig wäre). Für die einzelnen Teilchen, aus denen dein Körper besteht, gilt das allerdings nicht.

Es gibt nur zwei Arten elektromagnetischer Ladung in der Natur. Sie werden der Einfachheit halber als positiv und negativ, plus und minus bezeichnet, könnten aber auch ganz anders bezeichnet werden.

Die virtuellen Lichtperlen stoßen *gleichnamige* Ladungen ab und ziehen ungleichnamige an. Plus und plus – ebenso minus und minus – werden von dem virtuellen Licht, das zwischen ihnen erscheint, gleichsam voneinander fortgestoßen, wobei die Zahl der auftretenden virtuellen Lichtperlen umso größer und die Abstoßungskraft umso stärker ist, je näher die beiden Ladungen einander sind. Plus und minus dagegen kuscheln gern. Wie dein Magnet und dein Kühlschrank. Und je näher sie einander sind, umso stärker ziehen sie sich an. Neutrale Objekte wiederum scheren sich nicht um diese Lichtperlen, wobei sie entweder deshalb neutral sind, weil sie – wie dein Körper – genauso viele positive wie negative Ladungen haben, oder weil sie – wie einige

Teilchen, die du später kennenlernen wirst – überhaupt keine elektrische Ladung haben. Das sind die Gesetze des elektromagnetischen Feldes.

Da diese Erklärung für das Interagieren von Magneten und Kühlschränken nicht visuell überprüfbar ist, denkst du vielleicht, sie sei zwar möglicherweise ein nützliches Konstrukt, entspreche aber sicher nicht dem realen Geschehen. Das elektromagnetische Feld, wirst du dann behaupten, sei nur ein Bild, das den Wissenschaftlern zu beschreiben erlaube, wie geladene Objekte auf einen Magneten reagieren. Gewiss ein sinnreiches und phantasievolles Bild, aber eben nur ein Bild. Mehr nicht.

Natürlich könntest du so denken, aber du hättest unrecht.

Das Feld, von dem du gerade erfahren hast, dieser unsichtbare Nebel, der das ganze Universum durchzieht und in der Nähe geladener Objekte und zwischen ihnen wirksamer wird, ist viel mehr als nur ein Bild.

Es ist real.

Es herrscht nicht nur über alles, was elektrisch oder magnetisch geladen ist, sondern es bringt auch jedes elektromagnetisch geladene Teilchen und jede Form von Licht im Universum hervor. Die Elektronen, denen du bald begegnen wirst, sind davon ebenso Ausdruck wie das Licht, das deine Augen sehen. Beide Phänomene sind nichts als kleine Wellen im elektromagnetischen Feld.

Viele der brillantesten Köpfe unter den Naturwissenschaftlern halten das elektromagnetische Feld heute für fundamentaler als etwa die Magneten selbst. Oder als Kühlschränke. Für fundamentaler sogar als das Licht. Und für fundamentaler als dich – so absurd das auch klingen mag.

Noch in diesem Teil des Buches wirst du von zwei anderen Quantenfeldern erfahren, die sich ebenfalls durch das gesamte Universum erstrecken. Und du wirst erfahren, dass du und ich und die ganze Materie, die wir kennen, und das ganze Licht, das irgendwo leuchtet, nach dem Verständnis der modernen Naturwissenschaft nur Ausdruck dieser Felder, nur kleine Wellen in ihnen sind. Wir Menschen gleichen wirklich Fischen im Meer: in einem aus Feldern bestehenden Meer, in dem auch alles andere schwimmt. Und obwohl unsere Vorfahren einst im Meer lebten, dauerte es Äonen, bis ihre Nachkommen nach langer Evolution die Existenz von Quantenfeldern erkannten.

3
Eintritt ins Atom

Du hast jetzt lange genug verdutzt auf deinen kitschigen Kühlschrankmagneten gestarrt. Du schüttelst den Kopf und öffnest den Kühlschrank, um die Milch herauszunehmen, die du holen wolltest, bevor der Magnet dich auf ein gespenstisches Phänomen aufmerksam machte.

Du gehst zurück zu dem Tisch, auf dem deine Tasse steht, und möchtest Milch in deinen Kaffee gießen, als der Anblick des daneben liegenden Goldklumpens dich innehalten lässt.

Wie, fragst du dich, sind die Atome des Goldes, das du gefunden hast, genau beschaffen? Oder die Atome, die an der Oberfläche deines Magneten vibrieren? Gleichen sie kleinen runden Kugeln? Oder Würfeln? Was genau hat es mit den Ladungen auf sich, auf die die virtuellen Lichtperlen des elektromagnetischen Feldes so gern reagieren? Und was zum Teufel habe ich damit gemeint, als ich gesagt habe, sie seien Ausdruck von Feldern?

Wie du dir wahrscheinlich schon gedacht hast, versetzen dich diese Fragen augenblicklich in deine Mini-Ich-Existenz zurück, die irgendwo in deiner Küche schwebt, weit von jedem vertrauten Objekt entfernt, aber neugierig, woraus dieses Goldatom, das du isoliert hast, besteht.

Zunächst aber begegnest du nicht einem Goldatom, sondern dem kleinsten Atom, das es gibt. Jenem, das 74 Prozent aller bekannten Materie im Universum ausmacht: Wasserstoff. Dem Atom, das Sterne wie die Sonne in ihrem Innern mit anderen seinesgleichen verschmelzen, um größere Atome zu erschaffen – und um, als Nebenprodukt dieser Fusion, zu leuchten.

Viel siehst du allerdings nicht.

Sicher, da ist etwas vor dir, aber wo genau es ist oder gar was es ist, kannst du nicht sagen. Du kneifst deine Miniaugen zusammen, um sie auf dieses Etwas zu fokussieren, aber es nützt nichts, und so beschließt du, es wieder mit Fühlen nach Yogi-Art zu versuchen.

Kaum zu glauben – es funktioniert!

Du hast die Augen zwar geschlossen, kannst dir aber etwas vorstellen:

Eine Art Welle, die das elektromagnetische Feld kräuselt ... eine Welle, die um eine Kugel – eine hohle Kugel – nein, eine hohle Keule herumvibriert ... Genau genommen ist es keine Welle, sondern sieht nur aus wie eine kugel-, nein keulenförmige Welle mit Kräuselungen, die sich fast mit Lichtgeschwindigkeit bewegen, so dass der Raum aus der Sicht dieses wellenartigen Etwas in hohem Maße entstellt sein muss, wie auch seine Zeit viel schneller vergehen muss als deine. Es ist aber nicht in einer bestimmten Position gebündelt ... Also offen gesagt, du weißt nicht, *was* du dir vorstellst, aber dieses kugel- oder keulen- oder wie-auch-immer-förmige schnelllebige Ding trägt eine elektrische Ladung. Du spürst sie genauso, wie du das Näherkommen des Magneten gespürt hast.

Ist *das* ein Atom? Du konzentrierst dich weiter und erkennst, dass da, tief im Innern verborgen, noch etwas anderes ist – etwas sehr Kleines, verglichen mit dem Volumen, das die Welle umspannt, das aber offenbar stark, sogar sehr stark ist, da es die bewegliche Ladung, die du spürst, daran hindert, sich zu entfernen.

Du erkennst, dass das Wasserstoffatom einen Kern hat, der von einer beweglichen Ladung umgeben ist. Alle Atome im Universum weisen diese Struktur auf: einen Kern von unterschiedlicher Größe, der von einer oder mehreren elektrisch geladenen Wellen umgeben ist.

Die Wissenschaftler bezeichnen diesen Kern als *Atomkern* und die nicht scharf abgegrenzte, geladene, vibrierende Welle als *Elektron*.

Eine verwirrende Offenbarung!

Das Elektron ähnelt nämlich gar nicht dem kleinen Punkt, als den du es dir vorgestellt hast.

Um sicherzugehen, dass du hier nichts verwechselst, beendest du deinen Yogi-Modus und öffnest die Augen. Wider Erwarten verschwindet die vibrierende Welle sogleich und wird zu etwas anderem, das eher einem Teilchen gleicht.

Gut.

Elektronen wie dieses – *genau* wie dieses – finden sich in unterschiedlicher Anzahl in allen Atomen des Universums. Sie sind die Basis aller unserer elektrischen und magnetischen Geräte, seien es Computer, Waschmaschinen, Mobiltelefone, Glühlampen oder was auch immer. Ohne sie sind unsere Energiespeicher und all unsere Kommunikationsmittel undenkbar.

Daher streckst du langsam, ganz langsam eine deiner beiden winzigen Hände aus, um das Elektron zu ergreifen und aus der Nähe zu betrachten.

Doch seltsam, es ist schwer zu fangen. Jedes Mal, wenn du es aus dem Augenwinkel erblickst, fängt es an, sich unstet zu bewegen, so als führte schon dein Versuch, es zu orten, dazu, dass es seine Bahn in unvorhersehbarer Weise ändert.

Glaube nicht, dass deine Phantasie dir einen Streich spielt! Es ist ein reales Phänomen. Eines von vielen, die es nur in der Quantenwelt, nicht in unserer Alltagswelt der Kristallvasen und Kaffeetassen gibt.

Aus unserer Sicht ist es Teil einer fundamentalen Unbestimmtheit der Natur. Was das bedeutet, wird dir erst in Teil sechs klar werden, aber du spürst schon jetzt, dass etwas Unheimliches vorgeht. Du musst dieses Elektron zu fassen kriegen und zum Sprechen bringen, denkst du, und du hast recht. Auch wenn du nur ein Mini-Ich bist, hier, in der Welt des sehr Kleinen, bist du reiner Geist, und was du als solcher tun willst, das gelingt dir auch. Undenkbar, dass dich ein winziges Elektron eines Besseren belehrt. Also – zack! Kaum hat dein Miniauge es erspäht, greifst du blitzschnell zu. Das Elektron befindet sich jetzt in deiner Rechten, die du schön geschlossen hältst. Es flattert in ihr – ein Gefühl, als schlüge ein beinahe mit Lichtgeschwindigkeit fliegender Schmetterling mit seinen Flügeln gegen deine Handfläche. Du presst jetzt allmählich die Finger zusammen. Elektronen sind geladene Teilchen; sie interagieren mit denen in deiner Minihand durch virtuelle Lichtperlen, die aus dem elektromagnetischen Feld hervorschießen.

Du presst und presst und presst, damit das Elektron im kleinsten aller Gefängnisse zur Ruhe kommt, und – plötzlich spürst du es nicht mehr. Es ist weg.

Du öffnest die Faust.

Kein Elektron drin!

Du bist absolut sicher, dass du zwischen deinen kleinen Fingern keinen Spalt gelassen hast, und trotzdem ist es entwischt. Du hast es nicht einmal gespürt. Es ist durch dich hindurchgesprungen, ohne dich zu berühren.

Es umkreist jetzt wieder den unsichtbaren Kern des Wasserstoffatoms, dem du es weggenommen hattest.

Wie gemein!

Aber wie konnte es sich deinem Zugriff entziehen, ohne dich zu berühren? Wie hat es das gemacht? Es ist durch deine Hand getunnelt! Das Elektron hat einen Satz gemacht, ja einen Rekordsprung. Einen Quantensprung. Etwas, was es nur in der subatomaren Welt gibt, nicht im täglichen Leben auf der Makroebene von Küchen, Vasen und Flugzeugen. Könnte man jedenfalls meinen.

Du hast es zwar noch nicht geschafft, ein Elektron zu analysieren, aber du kennst schon eine seiner bizarren Eigenschaften: Es kann springen, wie wir es uns kaum vorstellen können. Das Phänomen wird als *Quantentunneleffekt* oder *Quantensprung* bezeichnet. Übrigens können *alle* Teilchen, die dir in der Quantenwelt begegnen werden, in dieser Weise springen oder tunneln, nicht nur Elektronen.

Lass uns hier kurz innehalten und gemeinsam über Terminologie nachdenken.

Wenn Wissenschaftler etwas Neues entdeckt haben, müssen sie ihm einen Namen geben. Für das sehr Kleine, für die Quantenwelt, bilden sie Wortverbindungen aus dem Wort «Quanten» und einem anderen Wort, das üblicherweise aus der Umgangssprache stammt. Hier sind es die leicht verständlichen Wörter «Tunnel», «Sprung» und «Welt», die je für sich eben das bedeuten, was sie für uns in der Alltagswelt bedeuten. Das Wort «Quanten» dient jedoch als Warnung. «Quanten» besagt, dass es da etwas Merkwürdiges gibt. In unserem Beispiel, dem «Quantentunneleffekt», ist es der Umstand, dass Elektronen durch Dinge hindurchtunneln, ohne dass da ein Tunnel wäre.

In unserer Lebenswelt kommt es kaum je zu Quantensprüngen, aber stell dir vor, es wäre anders. Stell dir vor, du bist wieder Kind und befindest dich in der Küche, und dein Vater hat dich gebeten, den Tisch im Esszimmer abzuräumen. Es ist aber schon spät, und du spürst plötzlich die 100 Kilometer Luft, die auf deinen schmalen Schultern lasten. Du murmelst etwas kaum Hörbares, das dem Brummen eines Bärenjungen nicht unähnlich ist. Doch es nützt nichts, der Tisch wartet.

Verzweifelt setzt du dich auf den Boden. Aber siehe da – plötzlich befindest du dich im Esszimmer, auf der anderen Seite der Wand, die die beiden Räume voneinander trennt, und alles, was auf dem Tisch steht – das ganze Besteck, die Teller und die Gläser –, tunnelt oder springt direkt durch die Wand in die Küche. Das klingt vielleicht wie ein Märchen oder wie eine Szene aus *Mary Poppins*, doch lässt sich bei Quantensprüngen wie diesen nicht absehen, wohin die Bestecke, Teller und Gläser springen würden. Sie würden jedenfalls kaum in der Spülmaschine landen, und dein Vater würde alles neu kaufen müssen, weil nichts wiederzufinden wäre.

Klingt verrückt, nicht wahr?

Aber das ist der Quantentunneleffekt. Gälten die Quantengesetze für unsere Lebenswelt, so gäbe es weder Türen noch Wände noch eine Privatsphäre. Glücklicherweise ist es nicht so, wobei der Grund dafür rätselhaft ist.

Im Reich des sehr Kleinen aber kann dank des Quantentunneleffekts fast alles jede Grenze überschreiten. Wie? Man vermutet, dass die Teilchen sich von dem Quantenfeld, zu dem sie gehören, also von dem die ganze Raumzeit füllenden Meer, in dem sie schwimmen, Energie borgen können. Und zwar so viel sie wollen. Der Traum jedes Athleten!

Aber das verrät dir nicht, wie ein Elektron *aussieht*, und vielleicht muss dein Mini-Ich hier eine leichte Enttäuschung verkraften. Ein Elektron darzustellen ist nämlich aufgrund des Quantenfelds, zu dem es gehört, nicht möglich.

Da das elektromagnetische Feld sich durch das ganze Universum erstreckt, gehört ihm jedes einzelne Elektron an, wobei jedes Elektron mit jedem anderen Elektron, egal an welchem Ort und zu welcher Zeit, absolut identisch ist. Vertausche zwei Elektronen, und das Universum wird es nicht merken. Aufgrund dessen, aufgrund des Quantenfelds, dessen Ausdruck sie sind, lassen sich Elektronen nicht wie makroskopische Objekte beschreiben. Sie gehören zum Feld. Jedes Elektron ist Teil des Feldes, wie jeder Wassertropfen Teil des unermesslichen Ozeans und jede Windbö Teil der Nachtluft ist; man kann sie nicht dingfest machen. Solange man nicht näher hinsieht, heben Tropfen und Böen sich vom Ozean beziehungsweise vom Wind nicht ab. Sie sind hineingemischt in etwas, das viel größer ist als sie selbst, und haben daher keine eigene Identität.

Sobald du aber hinsiehst, sind die Elektronen der Quantenwelt mit Wassertropfen vergleichbar, die dem Ozean entnommen sind: Sie sind dann Teilchen, die bestimmte Eigenschaften haben, allerdings andere Eigenschaften als alles, was du je gesehen hast. Sie verhalten sich nicht, wie wir es erwarten – oder wie zumindest unsere Sinne es aufgrund unserer Alltagserfahrung erwarten würden.

Wenn du weißt, wo ein Elektron sich befindet, kannst du *nicht* wissen, wie schnell es sich bewegt: Seine Geschwindigkeit wird unvorhersehbar. Darum war es für dich so schwer, das Elektron auf seiner Bahn um den Kern des Wasserstoffatoms zu orten. Immer wenn du es erspäht hattest, fing es an, sich unstet zu bewegen. Du konntest ihm nicht folgen, und so verschwand es aus deinem Blick.

Genauso kannst du, wenn du weißt, wie viel Energie ein Elektron hat, nicht wissen, wie lange es sie behalten wird.

Energie und Zeit, Position und Geschwindigkeit sind in den Feldern der Quantenwelt nicht voneinander unabhängig. In Teil sechs wirst du darüber mehr erfahren, aber da dein Mini-Ich die Quantenwelt zum ersten Mal bereist, kannst du diese Feststellung einstweilen als Warnung betrachten (oder auch als Hinweis, der dich neugierig machen soll). Dein Mini-Ich sollte das alles einfach zur Kenntnis nehmen, wie du es als kleines Kind getan hast, das die Welt entdeckte: ohne Vorurteil. Man kann nicht gleichzeitig Position und Geschwindigkeit kennen? Gut. Dann ist das eben so. Nach den Quantengesetzen sind unvorstellbare Sprünge und Tunnelungen möglich? Einverstanden! Erklärungen werden zu gegebener Zeit folgen, oder auch gar nicht.

Dennoch, auch für mich klingt die Rede vom Quantentunneleffekt nach ausgemachtem Unsinn, und ich habe gehört, dass Einstein nach einem Seminar über Quantenphysik zu seinen Studenten gesagt haben soll: «Wenn Sie mich verstanden haben, habe ich mich wohl nicht klar genug ausgedrückt.» Wenn es auch für dich nach Unsinn klingt, ist also alles in Ordnung. Die Natur nimmt nicht übel. Sie ist dafür da, von uns entdeckt zu werden – fertig.

Aber gibt es den Quantentunneleffekt denn wirklich?

Nun, einige Leute haben diese Theorie so ernst genommen, dass sie versucht haben, den Quantentunneleffekt praktisch verwendbar zu machen. Und erstaunlicherweise hatten sie Erfolg.

Vor ungefähr dreißig Jahren kamen der deutsche Physiker Gerd Binnig und sein Schweizer Kollege Heinrich Rohrer – beide arbeiteten in Zürich für IBM – zu der Überzeugung, sie könnten den Quantentunneleffekt dazu verwenden, jede Oberfläche in einem phänomenal kleinen Maßstab zu durchsuchen und darzustellen. Sie glaubten, dank des Quantentunneleffekts die Atome sehen zu können.

Wenn es nicht woanders besser unterkommt, verlässt ein Elektron sein Atom nicht. Und dieses Woanders muss ganz in der Nähe sein, weil das Elektron dort sonst nicht hingelangen kann – es sei denn, es macht von seiner Quantenfähigkeit Gebrauch, durch Hohlräume zu tunneln und über Hindernisse zu springen.

Binnig und Rohrer nun rasterten mit einer extrem dünnen und ultrascharfen, an einen Stromdetektor angeschlossenen Nadel die Oberfläche eines Materials, ohne sie zu berühren. Da der Abstand zwischen der Nadel und der Oberfläche zu groß war, um von einem Elektron überbrückt zu werden, hätten die beiden Physiker eigentlich nichts entdecken dürfen. Sie entdeckten aber elektrische Ströme, die Elektronensprüngen entsprachen.* Und je näher die Nadel einem Atom an der Oberfläche des Materials war, umso mehr Sprünge stellten sie fest, und umso stärker war der elektrische Strom. Binnig und Rohrer verzeichneten diese Ströme auf einem Diagramm und erhielten so ein 3-D-Bild des Materials auf atomarer Ebene mit außerordentlicher Detailgenauigkeit. Sie hatten ein sogenanntes *Rastertunnelmikroskop* konstruiert, mit dem Atome gesehen werden konnten. Seine Präzision ist bemerkenswert: zwischen 1 und 10 Prozent des Durchmessers eines Wasserstoffatoms. Mit anderen Worten: Hätten Wasserstoffatome Füße, so könnte man sie mit einem Rastertunnelmikroskop zählen – vielleicht sogar die Zehen.

Goldatome wie die, die du in deiner Küche gefunden hast, wurden auf diese Weise schon vor Jahrzehnten gerastert. Heute stellen Rastertunnelmikroskope dar, wie verschiedene Arten von Atomen in der uns umgebenden Materie und in modernsten künstlichen Materialien miteinander verknüpft sind. Ingenieure können mit einem solchen Mikroskop einzelne Atome verschieben. Der Quantentunneleffekt ist also real. Und er ist praktisch verwendbar.

Binnig und Rohrer wurden für die Entwicklung ihres Mikroskops 1986 mit dem Physik-Nobelpreis ausgezeichnet.**

* Du zweifelst an der Richtigkeit dieser Erklärung? Nun, virtuelle Photonen, die Lichtperlen, die die elektromagnetische Kraft übertragen, sind nicht elektrisch geladen, können also für den beobachteten Effekt nicht verantwortlich gewesen sein.

** Sie teilten sich den Preis mit Ernst Ruska, einem deutschen Physiker, der eine andere Art Mikroskop, das sogenannte Elektronenmikroskop, erfunden hatte. 1986 war ein Jahr für Vergrößerungstechnik.

Elektronen wie das, das du zu fangen versucht hast, bevölkern die äußeren Bereiche aller Atome des Universums. Wie sie aussehen, lässt sich mit den Begriffen des täglichen Lebens nicht genau sagen, zumal sie – du hast es erfahren – schwer zu fassen sind. Die Wissenschaftler haben aber gelernt, ihr seltsames Verhalten zu akzeptieren.

Soweit die heutige Naturwissenschaft weiß, bestehen Elektronen nicht aus kleineren Teilchen. Im Unterschied zu Atomen können sie nicht geteilt, gespalten oder aufgebrochen werden. Sie bilden nur das elektromagnetische Feld und sind ein Ausdruck desselben.

Weil sie nur sie selbst sind und eine der elementarsten Ausdrucksformen des elektromagnetischen Feldes, werden Elektronen als *Elementarteilchen* bezeichnet.

Dagegen sind die flüchtigen Lichtperlen, die zwischen dem Magneten und deinem Kühlschrank auftauchten, sogenannte *virtuelle* Teilchen, *Trägerteilchen.* Sie entstehen immer nur zu dem Zweck, die elektromagnetische Kraft zwischen elektrisch oder magnetisch geladenen Teilchen zu übertragen.

Atome sind aus kleineren Bausteinen (wie Elektronen und dem, was ihren Kern bildet) aufgebaut, können also keine Elementarteilchen sein, sondern bestehen aus vielen davon.

Elektronen haben es nicht nur mit virtuellen Photonen zu tun, durch die sie mit dem Rest der Welt interagieren, sondern sie spielen auch mit realen Photonen, mit dem wirklichen Licht, das deine Augen erfassen. Dieses Spiel von Materie und Licht lässt uns die Welt auf unsere Weise sehen.

Nach heutigem Verständnis sind auch reale Photonen, wie Elektronen, elementarer Ausdruck des elektromagnetischen Feldes, bestehen also aus nichts als aus sich selbst: Sie sind kleine Wellen in einem unsichtbaren Meer, Quantenwellen, die sich sowohl wie Wellen als auch wie Teilchen verhalten können.

Viele von ihnen überspülen jetzt dein Wasserstoffatom. Um dorthin zu gelangen, haben sie einen weiten Weg zurückgelegt. Ungefähr eine Million Jahre haben sie gebraucht, um sich von der Kernfusionszone im Innern der Sonne bis zu deren Oberfläche durchzukämpfen. Die haben sie vor etwa achteinhalb Minuten erreicht. Endlich frei, unbehindert von Materie durchs All zu rasen, haben sie die 150 Millionen Kilometer, die die chaotische Oberfläche unseres Sterns von unserem Planeten trennen, in Lichtgeschwindigkeit zurückgelegt. Vor weniger als einer Sekunde sind diese Photonen, die überall hätten landen können, auf die Erdatmosphäre gestoßen, durch die sie hindurchgestürmt sind – um schließlich was zu erreichen? Dein Küchenfenster! Dort angekommen, brauchten sie nur noch durch die Scheibe zu gehen und dein Wasserstoffatom zu überspülen.

Dein Mini-Ich beobachtet sie, wie sie durch die Küche rasen; es möchte sehen, wie sie dein Atom treffen. Sie aber fliegen einfach durch es hindurch und krachen gegen die Wand.

Bis auf eines, das verschwunden ist.

Weg!

Wo ist es hin?

Überrascht siehst du dich um, bis du erkennst, dass dein flüchtiges Wasserstoffelektron jetzt anders vibriert als zuvor. Betrachtet man es als Welle, die den Kern umschließt, liegen die Scheitelpunkte dieser Welle jetzt näher beieinander.

Wie ist das möglich?

Ganz einfach: Das Elektron ist erregt worden.

Dadurch, dass es das Photon verschluckt hat.

Du wirst dich erinnern, dass wir diesem seltsamen Phänomen schon in Teil zwei begegnet sind, als wir das erste kosmologische Prinzip überprüften.

Jetzt aber geschieht etwas noch Interessanteres: Nach kurzer Zeit spuckt das Elektron plötzlich eben jenes Photon, das verschwunden war, jenes Photon, das es verschluckt hatte, irgendwohin aus.

Nachdem du kurz darüber nachgedacht hast, kommst du zu dem einzig möglichen Schluss: dass Elektronen und Photonen, die bekanntesten Elementarteilchen des elektromagnetischen Feldes, miteinander interagieren können und das auch tun. Dass Elektronen und Photonen sich ineinander verwandeln können.

Bei weiterem Nachdenken geht dir auf, dass du das immer gewusst hast: Wird dir nicht warm, wenn du ein Sonnenbad nimmst? Erwärmt sich deine Haut nicht, wenn du im Winter die Nähe eines Kamins mit brennenden Holzscheiten suchst? Deine Haut besteht wie alle Materie in unserer Welt aus Atomen, in deren äußeren Lagen Elektronen sitzen. Wenn Sonnenlicht auf diese Atome trifft, fangen sie und ihre Elektronen sich einige Photonen, die daraufhin in erregte Elektronen verwandelt werden: in Elektronen, die schneller vibrieren und dadurch die Wärme erzeugen, die deinem Körper gefällt (oder auch nicht).

Das ist eine so unglaubliche Entdeckung, dass ich wiederhole: Materie und Licht können sich ineinander verwandeln und tun das auch.

Alles in unserer Welt ist ein Spiel von Materie und Licht.

Aber es ist mehr als das.

4
Die komplizierte Elektronenwelt

Auch wenn du in den beiden letzten Kapiteln nur die Interaktion zwischen einem Magneten und einem Kühlschrank beobachtet und einen Blick auf die Oberfläche eines Atoms geworfen hast: Du hast damit große Entdeckungen gemacht. Du hast das Geheimnis der «Fernwirkung» des Elektromagnetismus gelüftet und gesehen, wie Materie und Licht miteinander spielen. Natürlich ist dieses Spiel nur eine Facette unserer Welt, aber es ist ein Phänomen, das unsere bescheidenen menschlichen Sinne wahrnehmen können. Unser Körper wird ständig von Licht getroffen, das in unserem Fleisch, in unseren Augen und auf unseren Netzhäuten Elektronen erregt, die Materie erwärmt, aus der wir bestehen, und ihr Energie verleiht. Atome können das Licht, das ihre Elektronen verschluckt haben, aber auch wieder ausspucken und so dafür sorgen, dass wir, andere Lebewesen und unbelebte Dinge in Farben «leuchten»: in den Farben des Atoms – oder des Sets der Atome –, das sie verschluckt hatte. Diesem Vorgang verdanken unsere Augen, unsere Haut, unser Haar und unsere Kleidung, die Pflanzen und die Steine, aber auch weit entfernte Sterne im Weltall ihre Farbe. Wenn Lichtstrahlen auf eine Tomate treffen, wird das ganze sichtbare Licht absorbiert, um die Tomate zu erwärmen oder um in ihr gespeichert zu werden, mit Ausnahme der roten Strahlen, die für die Atome der Tomate unbrauchbar sind und daher wieder ausgespuckt werden, um weiterzureisen und unseren Augen zu sagen, dass wir eine wunderbare rote Tomate sehen. Ohne die Elektronen und Photonen würden wir weder eine Tomate noch einander sehen. Wir wüssten weder, woraus der Rest unseres Universums besteht, noch, dass es in seinen fernsten Bereichen denselben physikalischen Gesetzen gehorcht wie unmittelbar um uns herum. Noch staunenswerter ist, dass unser Körper mithilfe unserer Sinne all diese seltsamen Interaktionen in Empfindungen verwandelt, die von unserem Gehirn verarbeitet werden. Aufgrund dessen konnte die Menschheit die naturwissenschaftlichen Grundlagen dieser Interaktionen und die Existenz von Feldern aufdecken, die sich durch das gesamte Universum erstrecken. Ein Wunder!

Aber was hat es mit dem Atomkern auf sich: Besteht er ebenfalls aus Elektronen? Ist er ebenfalls Ausdruck des elektromagnetischen Feldes? Das muss er wohl irgendwie sein, denn soweit du weißt, ist das Wasserstoffatom, das du vor Augen hast, als Ganzes elektrisch neutral. Der Kern muss also ebenfalls eine Ladung haben, und zwar die, die der Ladung des ihn umkreisenden Elektrons entgegengesetzt ist, so dass die beiden Ladungen einander neutralisieren. Aber warum kannst du den Kern nicht sehen?

Als dein winziges Selbst das in deiner Küche schwebende Wasserstoffatom genauer betrachtet, fällt ihm plötzlich auf, dass dieser Wasserstoffgeselle angesichts seines spärlichen Inhalts nach verdammt viel luftleerem Raum aussieht, egal, woraus sein Kern bestehen mag. Dieses Phänomen – die Größe der Leere, die zwischen dem Kern und den Elektronen liegt – ist für alle bekannten Atome des Universums typisch.

Aber merkwürdig: Warum geht dann ein Magnet nicht einfach durch die Oberfläche eines Kühlschranks hindurch, indem die großen leeren Räume seiner Atome durch die großen leeren Räume der Atome der Metalltür hindurchwehen? Warum bleibt er stattdessen an der Tür haften? Sollten Atome, statt zusammenzustoßen, nicht wie zwei Wasserdampfwolken durcheinander hindurchgehen, ohne voneinander Notiz zu nehmen? Nein. Jedenfalls tun sie's nicht. Glücklicherweise, denn andernfalls gäbe es nichts Festes in der Welt. Und der Grund dafür, dass es feste Dinge gibt, sind die Elektronen, nicht die Kerne. Für die Erkenntnis, worin genau dieser Grund besteht, wird das Goldatom, das du isoliert hast, sich als nützlich erweisen.

Das Wasserstoffatom, das du bisher betrachtet hast, ist das

kleinste Atom, das es gibt. Ein Goldatom ist größer. Du springst zu deinem hin und siehst es dir an.

Als Erstes fällt dir auf, dass das Goldatom nicht nur *ein* wellenförmiges Elektron hat, das um den Kern herumflitzt, sondern neunundsiebzig, die dem einsamen wellenförmigen Elektron des Wasserstoffatoms übrigens vollkommen gleichen.

Als Zweites fällt dir auf, dass diese wellenförmigen Elektronen einander zwar gleichen, ihre Bereiche aber nicht miteinander teilen. Nie. Sie vermeiden es strikt, jemals zum selben Zeitpunkt am selben Ort zu sein. Warum? Weil die Natur es ihnen verbietet. Egal, zu welchem Atom sie gehören, ihre wellenförmigen Selbst überlappen sich nirgends. Das hat zur Folge, dass ihre Koexistenz in welchem Atom auch immer nur unter einer sehr strengen Bedingung möglich ist: Sie müssen sich in verschiedenen Lagen um den Kern herum anordnen, die man mit Zwiebelschalen vergleichen kann. In der ersten, innersten Lage haben nur zwei Elektronen Platz. In der zweiten können sich acht ansiedeln, in der dritten achtzehn, in der vierten zweiunddreißig und so weiter.

Diese Zahlen sind bei allen bekannten Atomen im Universum gleich. Was ein Atom von einem anderen unterscheidet, hängt mit der Anzahl der Elektronen zusammen, die es enthält, nicht mit deren Beschaffenheit, denn alle Elektronen sind ebenfalls gleich.

Wasserstoff, das kleinste Atom, hat ein Elektron, dessen Orbital in der ersten Elektronenschale liegt. Helium hat zwei Elektronen. Deren Orbitale machen die erste Schale voll. Neon, um ein beliebiges drittes Atom anzuführen, hat zehn Elektronen, mit denen seine ersten beiden Schalen gesättigt sind. Die chemischen und mechanischen Eigenschaften aller Atome hängen davon ab, wie voll deren äußerste Schale ist.

Wenn du zu einem Atom ein Elektron hinzufügen möchtest, kannst du es nicht einfach deponieren, wo du willst – schon gar nicht in einer gefüllten Schale. Das wäre kaum verständlich, wenn Elektronen punktförmige Teilchen wären. Zwar können sie sich unter besonderen Umständen in der Tat so – oder sagen wir: wie kleine Murmeln – verhalten (mehr darüber in Teil sechs), aber normalerweise geht das nicht, sondern sie müssen sich als Wellen verhalten. Und Wellen können ein Volumen leicht füllen. Darum ist in einer vollen Elektronenschale kein Platz für einen Neuankömmling. Möchte ein einsames oder zu einem anderen Atom gehörendes Elektron Teil eines bereits bestehenden Atoms werden, muss es sich entweder dort ansiedeln, wo Platz ist, das heißt weiter vom Kern entfernt als die «hauseigenen» Elektronen, oder es muss den Platz eines dieser Elektronen einnehmen, das heißt, es vor die Tür setzen. Elektronen haben einen Horror davor, dass ihr wellenförmiges Selbst überlappt werden könnte. In dieser Welt kämpft jeder gegen jeden.

Das Gesetz, das bestimmte Formen der Koexistenz von Elektronen verhindert, wird als *Pauli'sches Ausschlussprinzip* bezeichnet. Entdeckt wurde es 1925 von dem Schweizer Physiker Wolfgang Pauli,* der dafür 1945 den Physik-Nobelpreis erhielt.

Dieses Ausschlussprinzip ist der Grund, warum Magneten an Kühlschranktüren haften, statt durch sie hindurchzugehen, und warum du, was vielleicht wichtiger ist, nicht durch Wände gehen und durch den Fußboden fallen kannst. Es erklärt auch, warum du dieses Buch in Händen halten kannst: weil die Atome seines Einbands in ihren äußeren Schalen Elektronen haben, die sich strikt weigern, ihren Platz an die Elektronen in deinen Fingerspitzen abzutreten, und weil deine Elektronen auch nicht weichen.

Sie halten also Abstand. Und mit all deiner Kraft könntest du keines zwingen, sich anders zu verhalten. Elektronische Wellen über-

* Pauli war damals gerade von seiner Frau verlassen worden (wie sinnig insofern, dass sein Prinzip als «Ausschluss»-prinzip bezeichnet wird!). Die hatte sich ausgerechnet mit einem Chemiker liiert, was für Pauli als Physiker schwer zu schlucken war; er fing an, seinen Kummer in Alkohol zu ertränken. Doch fand er in den Abgründen der Depression ironischerweise den Grund dafür, dass wir auf der Oberfläche unseres Planeten leben können, statt dem Erdmittelpunkt entgegenzustürzen – ironischerweise, weil Pauli für sich selbst diesen Grund verloren zu haben schien.

lappen einander nicht. Nie. Versuche nicht, durch die Wand zu gehen, um mir (oder Pauli) das Gegenteil zu beweisen. Du würdest dir das Nasenbein brechen, bevor die Elektronen von deinem Vorhaben irgendetwas bemerkten.

Doch obwohl Elektronen auf ihre Privatsphäre Wert legen, haben sie nichts dagegen, gleichzeitig zu *mehreren* Atomen zu gehören. Darum sind sie, sehr zu unserem Glück, zum Bau der Materie geeignet, aus der wir bestehen. Darüber jetzt mehr.

Du warst kurz davor, in dein Goldatom einzutauchen, aber das muss warten, denn ein Sauerstoffatom kommt vorbei.

Du starrst es an.

Mit seinen acht Elektronen ist Sauerstoff zwar kleiner als Gold, aber immerhin größer als Wasserstoff.

Seine erste Schale ist voll, doch in seiner zweiten, äußeren Schale, die mit sechs Elektronen besetzt ist und acht enthalten könnte, ist noch Platz für zwei.

Die einsamen Elektronen von Wasserstoffatomen lassen sich solche Gelegenheiten nicht entgehen.

Und da zwei Wasserstoffatome in der Nähe sind, springt das erste einsame Wasserstoffelektron hinüber, als das Sauerstoffatom vorbeikommt, und nistet sich, um nie wieder allein zu sein, in der Sauerstofffamilie ein.

Kaum ist das geschehen, hopp, besetzt das zweite Wasserstoffelektron den letzten freien Platz.

Und da alle Elektronen im Universum absolut gleich sind, kann niemand sagen, wer zuerst da war und wer später kam. Die perfekte Assimilation!

Da die Kerne durch virtuelle Lichtperlen an ihre Elektronen gebunden sind, müssen sie ihnen folgen, und so haften die drei Atome nun aneinander. Zwei Wasserstoffatome und ein Sauerstoffatom sind gezwungen, miteinander auszukommen.

Für zusätzliche Elektronen ist jetzt aber kein Platz mehr. Die Konstruktion ist stabil.

Indem sie sich wie in diesem Fall ihre Elektronen teilen, können Atome Teile größerer Strukturen werden, die als *Moleküle* bezeichnet werden. Das Molekül, dessen Entstehung du gerade beobachtet hast, besteht aus zwei Wasserstoffatomen und einem Sauerstoffatom.

Aus zwei H und einem O.

H_2O.

H_2O ist Wasser: das kostbarste Molekül für Leben, wie wir es kennen.

Die größten Wassermengen werden natürlich nicht in deiner Küche gebildet, sondern im Weltall, in riesigen, in den Galaxien verstreuten Wolken aus Sternenstaub, die die Astronomen als *kosmische Nebel* bezeichnen.

In diesen kosmischen Nebeln vermischt sich der in explodierten Sternen geschmiedete Sauerstoff mit dem überall vorhandenen Wasserstoff.

Wenn Sterne sterben, senden sie ihre Keime hinaus und ebnen damit den Weg für die Bildung von Wasser- und anderen Molekülen.

Indem sie sich Elektronen teilen, können viele Atome auf vielfältige Weise Verbindungen eingehen und Ketten von verschieden großer Komplexität bilden. Die Natur hat auf diese Weise Moleküle gebildet, die verschiedene Eigenschaften haben und so klein sein können wie das Wassermolekül, das aus nur drei Atomen besteht, aber auch so groß und lang wie deine DNA, die mit ihren Milliarden Atomen alle Informationen enthält, die für die Bildung von jemandem wie dir erforderlich sind.

Um Licht in die Entstehung dieser Moleküle zu bringen, mit denen das Leben auf der Erde begann, und um das Geheimnis der Herkunft des Wassers zu lüften, das heute 70 Prozent der Oberfläche unseres Planeten bedeckt, sind in den letzten zehn Jahren zahlreiche Satelliten ins All geschossen worden. Stammt unser Wasser von Asteroiden oder Kometen, die unseren Planeten vor vier Milliarden Jahren getroffen haben? Und brachten diese Fels- oder Eisbrocken einige, gar alle molekularen Lebenskeime mit? Wir dürften die Antwort bald erfahren, da viele der Satelliten ihr Ziel erreicht oder fast erreicht haben.

Eines wissen wir bereits: Für die Bildung aller Moleküle, die für die Entstehung von Leben auf der Erde notwendig waren, genügten sechs Atome: Kohlenstoff, Wasserstoff, Stickstoff, Sauerstoff, Phosphor und Schwefel – CHNOPS, um das aus den sechs Elementsymbolen gebildete Akronym zu bemühen. Da dein ganzer Körper aus Molekülen besteht, die auf verschiedene Weise aus diesen Atomen zusammengesetzt sind, bist du also ein CHNOPS!

Beim Betrachten deines chnopsigen Körpers kommt dir eine andere Frage in den Sinn: Warum kannst du zwar nicht durch eine Wand, wohl aber (zum Glück) durch Luft hindurchgehen, wenn du doch genauso wie die Luft aus Atomen bestehst, die ihre Elektronen miteinander teilen?

Eine wichtige Frage!

Soweit wir wissen, ist Luft voller Atome, die so viele Elektronen aufweisen, wie man nur wünschen kann, und die dich daher nach dem Pauli'schen Ausschlussprinzip nicht hindurchlassen dürften.

Schon richtig. Es ist allerdings so, dass nicht alle Atome in der Luft ihre Elektronen miteinander teilen und dass sie deshalb nicht so fest miteinander verbunden sind wie deine Atome, die einen Festkörper bilden. Das ist die Erklärung für die CHNOPS-Durchlässigkeit der Luft. Statt zu verhindern, dass du dich überhaupt bewegst, müssen die Elektronen, die die Kerne der in der Luft befindlichen Atome umkreisen, ausweichen, wenn du kommst: weil deine Elektronen sich ihren Weg gewaltsam bahnen. Bei diesem Ausweichen stoßen sie aneinander und erzeugen Wind, worin übrigens der Unterschied zwischen einem Gas und einem Festkörper besteht.

In Flüssigkeiten sind benachbarte Atome etwas fester miteinander verbunden, aber nicht fest genug, um dich aufzuhalten, es sei denn, du stürzt dich zu schnell hinein, etwa durch einen Sprung von einer Klippe hinab ins eisengraue Meer. In Festkörpern weichen die Atome nicht aus, sofern man sie nicht mit aller Gewalt dazu zwingt – denk an eine Schere, die Papier schneidet.

Wenn es sein muss, kämpfen Elektronen um ihre Position. Sie können aber gezwungen werden, sie zu verlassen; der unbesetzte Platz wird dann vielleicht von einem anderen Elektron besetzt. Wenn ein Atom ein Elektron verloren hat (etwa weil es von einem energiereichen Sonnenlichtphoton getroffen wurde), neutralisieren sich die Ladungen des Kerns und des Elektrons oder der Elektronen nicht mehr. Die Wissenschaftler bezeichnen Atome, die mindestens ein Elektron verloren haben, als *Ionen*.* Ionen sehen sich nach etwas um, mit dem sie ein Molekül bilden können. Sie versuchen geradezu verzweifelt, Elektronen ausfindig zu machen. In der Terminologie der Physik sind sie leidenschaftlich *reaktionsfreudig*.

Umgekehrt können die Verbindungen, die die Elektronen in einem Molekül eingegangen sind, auch wieder aufgebrochen werden – ein Vorgang, bei dem Energie frei wird. Das ist der Zweck der Nahrungsaufnahme: Chemische Reaktionen in deinem Körper brechen die in der Nahrung enthaltenen Moleküle auf und setzen Energie frei, die dein Organismus dann auf die verschiedenste Weise verwendet, um dich am Leben zu erhalten.

Damit kommt unsere Erkundung der kleinen Welt des Elektrons zum Abschluss. Obwohl du nur Blicke auf die äußeren Bereiche dreier Atome geworfen hast, hast du gesehen, dass die moderne Naturwissenschaft so gut wie alle Erfahrungen erklären kann, die unser Körper täglich macht. Bevor ich zum immer noch geheimnisvollen Atomkern übergehe, möchte ich für dich zusammenfassen, was du in den letzten Kapiteln gelernt hast.

Die äußeren Bereiche aller Atome im Universum sind ver-

* Auch Atome, die mindestens ein Elektron *hinzugewonnen* haben, werden als Ionen bezeichnet. Ionen sind Atome, die nicht die natürliche Anzahl an Elektronen haben.

schmierte, wellenförmige, massereiche elektrische Ladungen, die als Elektronen bezeichnet werden. Diese Elementarteilchen des elektromagnetischen Feldes bestehen auf Diskretionsabstand. Das Pauli'sche Ausschlussprinzip verhindert, dass zwei Elektronen zum selben Zeitpunkt am selben Ort sind. Darum kannst du nicht mit dem Kopf durch die Wand, aber darum hält dich auch der Stuhl, auf dem du sitzt, oder das Bett, auf dem du liegst, obwohl ihre Atome, wie alle Atome des Universums, mehr Leere enthalten als sonst etwas. Leben wäre schwierig, wenn es anders wäre.

Das Pauli'sche Ausschlussprinzip erklärt auch die strukturellen und chemischen Unterschiede zwischen den Atomen: Da die Elektronen den Kern nicht alle gleich nah umkreisen können, besetzen sie verschiedene Lagen um ihn herum, die man mit Zwiebelschalen vergleichen kann, genauer, sie besetzen die in diesen Lagen vorhandenen Plätze. Atome sind daher umso größer, je mehr Elektronen sie enthalten.

Elektronen sind wohlgemerkt nicht die einzigen Teilchen, die dem Pauli'schen Ausschlussprinzip unterworfen sind. Andererseits gibt es auch Teilchen, die ihm *nicht* unterworfen sind. Licht zum Beispiel. Du kannst im kleinsten Volumen so viele Photonen anhäufen, wie du willst, sie werden nichts dagegen haben. Im Gegenteil, sie mögen es, und je ähnlicher zwei Photonen sind, umso mehr neigen sie dazu, einander wie Pinguine in der Kälte auf die Pelle zu rücken. Laser, hochkonzentrierte, hochenergetische Strahlen aus identischen Photonen, basieren auf dieser Neigung.

Falls du jetzt den Eindruck gewonnen hast, Elektronen und Licht seien die einzigen Teilchen, die in unserem Universum von Bedeutung sind: Das ist nicht der Fall. Du wirst demnächst erfahren, dass es in den Atomkernen noch andere gibt, die zählen. Abgesehen davon gibt es um uns herum aber auch Teilchen, die sich weder um den Wunsch der Elektronen nach Privatsphäre scheren noch um ihre Existenz überhaupt noch um irgendetwas anderes. Es handelt sich um Teilchen, die keine Bestandteile von Atomen sind. Einige davon sind so unnahbar, dass sie durch alles und jedes hindurchschießen, ohne groß Spuren zu hinterlassen. Diesen winzigen Teilchen muss das Universum ziemlich öde und leer erscheinen. Sogar die Erde. Sogar du. Du wirst ihnen früh genug begegnen.

Jetzt aber hättest du allen Grund, ein Fass aufzumachen! Mit dem, was du über Elektronen und Licht erfahren hast, weißt du, was vor einem halben Jahrhundert nur eine Handvoll Leute wussten, von denen die Mehrzahl helle Köpfe waren, die diese Dinge herausgefunden und dafür Nobelpreise erhalten hatten.

Dank dieser Leute kannst du so ziemlich alle Phänomene um dich herum erklären, von der Farbe einer Tomate über die Solidität einer Wand oder der Erdoberfläche bis zu der Tatsache, dass Magneten einem aus den Fingern springen, um sich an Kühlschranktüren zu heften.

Alle Erfahrungen, die du und ich und unsere Freundinnen und Freunde täglich machen, werden vom Spiel von Materie und Licht gesteuert, die sich ineinander verwandeln, und von Elektronen, die sich kategorisch weigern, ihr Stückchen Raumzeit mit einer Kopie ihrer selbst zu teilen.

Wenn du das nächste Mal jemanden umarmst, stell dir ruhig vor, dass virtuelle Lichtperlen entstehen und außer sich geraten, wenn ihr einander immer näher kommt, bis sich die Elektronen dem Pauli'schen Ausschlussprinzip unterwerfen und entscheiden, dass noch näher nicht möglich ist. Ich bin nicht sicher, ob du diese wundersame Tatsache bei einem ersten Date ansprechen solltest, überlasse die Entscheidung aber dir.

Bevor du deine Reise durch die uns bekannte Materie fortsetzt, habe ich eine weitere gute Nachricht für dich: Experimente in den beeindruckenden unterirdischen, an der französisch-schweizerischen Grenze gelegenen Laboratorien der Europäischen Organisation für Kernforschung (CERN) haben 2014 bestätigt, dass die Menschheit theoretisch alles Wissbare über die Materie, aus der wir bestehen, entdeckt hat.

Alles.

Das bedeutet nicht, dass nicht noch Geheimnisse zu lüften wären (du wirst vielen von ihnen in Teil sechs begegnen). Es bedeutet aber, dass wir seit 2014 ein Bild vom bekannten Inhalt unseres Universums haben, das mehr oder minder alles berücksichtigt, was sich mit moderner Technologie herausfinden lässt.

Die Atomkerne, die du jetzt untersuchen wirst, sind ein Teil dieses Bildes.

Und wenn du zu ahnen glaubst, dass du auch in dieser Welt wieder auf bizarre Phänomene stoßen wirst, dann liegst du damit absolut richtig.

5
Ein kurioses Gefängnis

Dein Kaffee wird kalt, und dein Arm – du hältst noch immer die Milch in der Hand – tut weh. Aber es ist dir egal.

Dein Mini-Ich hat soeben beschlossen, tiefer, bis zu seinem Kern, in eines der beiden Wasserstoffatome einzutauchen, die direkt vor deinen Augen das Wassermolekül gebildet haben. Viele flüchtige Lichtperlen (die virtuellen Photonen, die du zwischen deinem Magneten und dem Kühlschrank gesehen hast) erscheinen um dich herum und verschwinden wieder. Sie bestätigen, dass der Kern, dem du zustrebst, elektrisch geladen ist, und entziehen damit der Vorstellung, dass zwischen den Elektronen eines Atoms und seinem Kern schlechterdings *nichts* sei, den Boden.

Doch gemessen an der vermuteten Größe des Wasserstoffatoms musst du riesige Entfernungen zurücklegen, bevor du den Kern erreichst.

Sei's drum. Schließlich findest du ihn.

So wenig wie das Elektron, das ihn umkreist, scheint der Kern des Atoms eine fest umrissene Form zu haben, doch er hat ebenfalls eine Masse. Und er ist schwerer. Viel schwerer als das Elektron: 1836-mal so schwer. Er hat auch eine Ladung: jene, die der Ladung des Elektrons entgegengesetzt ist.

Sie wird als *Proton* bezeichnet.

Das Proton ist größer als das Elektron, aber gemessen an der Größe des ganzen Atoms (also dem von dem Elektron umspannten Volumen), ist es außerordentlich klein. Entdeckt hat es 1911 der in Neuseeland geborene britische Physiker Ernest Rutherford*, der drei Jahre zuvor für eine Arbeit über ein damals brandneues Phänomen namens Radioaktivität den Chemie-Nobelpreis erhalten hatte. Was Rutherford nicht wusste und auch nicht wissen konnte, ist, dass das Proton im Unterschied zum Elektron kein Elementarteilchen ist, sondern eine ganze Welt von Teilchen enthält.

Um nicht wieder das Unmögliche zu versuchen und also Zeit zu verlieren, schließt du die Augen und breitest die Arme aus, um nach Yogi-Art zu *fühlen*, was es mit der Innenwelt des Protons auf sich hat.

Augenblicklich überwältigt von einer Kraft, die so stark ist, dass alles andere, was du je auszuhalten hattest, kinderleicht zu ertragen war, machst du sofort wieder die Augen auf.

Elektromagnetismus kann ohne Weiteres stärker sein als du: Es gibt Magneten, die so fest aneinander haften, dass du sie niemals voneinander trennen könntest.

Auch die Schwerkraft kann stärker sein als du, sie ist es sogar: Du wirst niemals der Schwerkraft der Erde entspringen können.

Aber dies ist ein ganzes anderes Kraftniveau.

Du hast im Proton, einer scheinbar konturlosen, wolkigen Sphäre, zahllose virtuelle Teilchen erscheinen und wieder verschwinden sehen, die den elektromagnetischen Lichtperlen zwischen dem Magneten und dem Kühlschrank oder zwischen dem Elektron und dem Proton glichen. Es waren aber keine virtuellen Photonen, sondern es waren Träger einer neuen Kraft, die zusammen mit dem Quantenfeld, zu dem sie gehört, die Materie im Universum stabilisiert.

Ohne sie würde alles, was wir kennen, im Nu verschwinden. Alles. Auch dein Körper.

Die virtuellen Teilchen, die diese erstaunliche, die Materie zusammenhaltende Kraft haben, sind mehrere hundertmal so stark

* Rutherford, einer der bedeutendsten Experimentatoren aller Zeiten, hat auch entdeckt, dass Atome einen Kern haben.

wie die Photonen, die die elektromagnetische Kraft übertragen. Sie sind die Trägerteilchen für die sogenannten *starken Wechselwirkungen.*

Aber warum hast du nur die Trägerteilchen, nicht auch die Elementarteilchen dieses neuen Feldes gesehen? Wenn die virtuellen Photonen die Wechselwirkungen zwischen geladenen Teilchen ermöglichen, was steht dann hier in Wechselwirkung?

Kurzentschlossen springst du in das Proton hinein, schließt wieder deine Miniaugen, hebst deine Minihände und fühlst ... Spürst dem Zweck von Trägern einer so starken Kraft nach ... Da du von so viel Energie umgeben bist, musst du dich sehr konzentrieren, aber du schaffst es und wirst dafür belohnt. Du kannst drei konturlose, wellenförmige, kleine, aber schwere Dinge ausmachen, die die Wissenschaftler als *Quarks* bezeichnen. Ein Name, der merkwürdig klingt; aber gilt das nicht für alle Namen, bevor wir uns an sie gewöhnt haben?

Außer dir gerade hat niemand je ein Quark allein gesehen. Sie existieren auch nicht allein – die kleinen starken virtuellen Gesellen, die ständig um sie herum erscheinen und wieder verschwinden, lassen das nicht zu. Je weiter die Quarks voneinander entfernt sind, umso grimmiger werden die starken Trägerteilchen. Schließlich platzt ihnen der Kragen und sie führen sie wieder zusammen mit einer Kraft, die größer ist als jede andere, die uns in der Natur bekannt ist.

Für die drei Quarks, die in dem Proton leben, ist dieses Leben daher ziemlich eingeschränkt. Es ist ein Leben wie im Gefängnis.

Aber wer oder was sind ihre virtuellen Gefängniswärter, die starken Trägerteilchen? Photonen sind sie nicht, das steht fest. Sie sind nicht Teil des elektromagnetischen Feldes, sondern Ausdruck eines ganz anderen, nämlich des *Feldes der starken Wechselwirkung.*

Ihren Job, die Quarks miteinander zu verkleben, machen sie so gut, dass sie als *Gluonen** bezeichnet werden.

* Von engl. *to glue,* kleben. (Anm. d. Übers.)

Quarks und Gluonen.

Daraus bestehen alle Protonen unseres Universums.

Mit diesem kleinsten aller Gefängnisse, in dem dein Mini-Selbst zu Besuch ist, hat es eine merkwürdige Bewandtnis: Die meisten von uns sind definitiv der Meinung, für einen Menschen hinter Gittern sei Freiheit gleichbedeutend damit, Zelle und Wärter möglichst weit hinter sich zu lassen. Die in den Protonen festgehaltenen Quarks, schuldig oder nicht, sehen das ganz anders. Für sie liegt Freiheit in *kurzen* Entfernungen. Je näher sie einander sind, umso freier sind sie zu tun, was sie wollen. Die Freiheit der Quarks ist ein überaus seltsames Phänomen: Wenn sie einander näher kommen, eröffnet sich ihnen eine Welt von Möglichkeiten.

Für die Entdeckung dieser kuriosen Form von Freiheit wurden drei amerikanische Wissenschaftler – David Gross, Frank Wilczek und David Politzer – 2004 mit dem Physik-Nobelpreis ausgezeichnet. Das Phänomen, dem sie auf die Spur gekommen waren, ist wirklich schwer zu begreifen: so schwer, dass ich mich nach einer Begegnung mit David Gross und Frank Wilczek in Cambridge – Jahre bevor sie den Preis erhielten – fragte, ob ich sie bitten sollte, mir die Kosten für die Kopfschmerztabletten zu erstatten, die ich nach dem Versuch, ihre Arbeit zu verstehen, hatte schlucken müssen …

Quarks und Gluonen.

Elementare Quarks, die nur aus sich selbst bestehen. Und Gluonen.

Träger der stärksten uns bekannten Kraft, der *starken Kernkraft*, die die Quarks gefangen hält und nur frei sein lässt, wenn sie nahe beieinander bleiben, und die dadurch garantiert, dass die Materie, aus der wir bestehen, nicht auseinanderbricht.

Quarks und Gluonen.

Ja, merkwürdige Namen zur Bezeichnung der Essenz einer Wirklichkeit, die mit unserem täglichen Leben so wenig zu tun hat, dass sie bedeutungslos erscheinen kann. Doch macht die starke Kraft mit ihren Quarks und Gluonen ungefähr 99,97 Prozent der Masse aus, aus der unser Körper besteht. Verlöre ein 60 Kilogramm schwerer Mensch all seine Quarks und die sie verbindenden Gluonen, würde er augenblicklich so viel abnehmen, dass er nur noch 18 Gramm wöge. Und natürlich tot wäre.

Was die Menschheit über unsere Wirklichkeit und deren Bestandteile bisher herausgefunden hat, lässt sich daher ohne Eingehen auf die Quarks und die Gluonen nicht verstehen. Grund genug, meine ich, sich mit ihnen genauer zu befassen, zumal wir dank dieser Teilchen demnächst zu einem Zeitpunkt zurückreisen können, der nur rund eine Sekunde diesseits der Entstehung von Raum und Zeit liegt.

Das Feld, zu dem diese neuen Gesellen gehören, wird als starkes Interaktionsfeld oder einfach als starkes Feld bezeichnet. Es ist natürlich ein Quantenfeld, was bedeutet, dass das bizarre Quantenverhalten von Elektronen und Licht, das du kennengelernt hast – zum Beispiel das Verschwinden und Woanders-wieder-zum-Vorschein-kommen, das «Tunneln» –, zum größten Teil auch hier beobachtet werden kann. Wichtig ist, dass das starke Feld mit dem elektromagnetischen Feld nicht identisch ist, sich aber ebenso wie dieses durch das gesamte Universum erstreckt. Es ist ein zweites Meer, wenn du so willst, ein Meer, dessen Wassertropfen nicht Elektronen und Photonen, sondern Quarks und Gluonen sind. Nichts hindert Teilchen daran, zu beiden Feldern zu gehören: Als elektrisch geladene Teilchen gehören Quarks ebenso zum elektromagnetischen wie zum starken Interaktionsfeld. Sie können auch mit den Trägerteilchen *beider* Felder interagieren: mit Licht *und* mit Gluonen. Doch auf kurze Entfernungen sind Gluonen sehr viel stärker als Licht.

Was hat es auf sich mit diesem neuen Meer? Welches sind seine Elementarteilchen?

Das starke Feld hat deren sechs: sechs verschiedene Typen Quarks, die jederzeit und überall aus dem Feld hervorschießen können, wenn genügend Energie vorhanden ist. Doch finden sich in Atomkernen nur zwei dieser Typen: die sogenannten *Up-* und *Down-*Quarks. Jedes Proton im Universum enthält zwei Up-Quarks und ein Down-Quark, weshalb man sagen kann, dass Protonen mehr «Ups» als «Downs» haben – vielleicht die Erklärung dafür, dass sie in ihrem subatomaren Gefängnis so glücklich und zufrieden sind.

Die Protonen sind aber nicht die einzigen Quark-Gefängnisse, die es gibt, wie du jetzt in deinem Goldatom sehen wirst.

Da das Wasserstoffatom dich inzwischen langweilt, springt dein Mini-Ich zurück auf den Küchentisch, auf dem du deinen Schatz in Stücke gesägt hast.

Dein Goldatom ist noch da, und du tauchst hinein.

Sein Kern, tief verborgen unter den 79 Elektronen, die um ihn herumwirbeln, ist sehr viel größer als der des Wasserstoffatoms. Du stößt in ihm auf 79 Protonen, die die Ladung der 79 Elektronen neutralisieren. Du stößt aber auch auf andere konturlose Sphären, die diese Protonen umgeben (und voneinander trennen?). Es sind ungeladene Sphären: Du zählst 118.

Da sie elektrisch neutral sind, werden sie als *Neutronen* bezeichnet. Auch sie sind Quark-Gefängnisse. Aufgespürt hat sie der englische Physiker Sir James Chadwick, ein enger Mitarbeiter Rutherfords.* Er wurde für seine Entdeckung 1935 mit dem Physik-Nobelpreis geehrt.

In jedem Proton halten die Gluonen, wie erwähnt, zwei Up-Quarks und ein Down-Quark gefangen. Die Ups sind also in der Mehrheit. In den Neutronen ist es – ebenfalls mit dem Verhältnis von zwei zu eins – umgekehrt.

Wie aber bilden all diese Gefängnisse einen Atomkern? Warum lösen sie sich nicht voneinander oder stürzen ein? Schließlich sollten die Protonen, die ja alle positiv geladen sind, einander doch abstoßen.

Das tun sie aber nicht. Warum nicht? Weil das starke Feld und

* Chadwick arbeitete am Cavendish Laboratorium der University of Cambridge, das Rutherford leitete, und war dessen Stellvertreter.

seine Trägerteilchen sie daran hindern, wenn auch auf eine sehr merkwürdige Art. Auf eine ungeklärte Art.

Um herauszufinden, was damit gemeint ist, beschließt dein Mini-Ich verwegen, die schwer zu fassenden Gluonen, die die Quarks in einem Proton bewachen, genau zu beobachten. Da sind sie. Du kannst sie nicht sehen, aber du kannst sie nach Yogi-Art fühlen. Sie erscheinen und verschwinden wieder, um die Quarks daran zu hindern, eigene Wege zu gehen.

Plötzlich merkst du, dass etwas sehr Seltsames geschehen ist.

Irgendetwas ist verschwunden. Etwas ist dem Proton entsprungen. Aber was war es? Ein Gluon? Warum auch nicht? Sie sind Wärter, nicht Gefangene!

Nein, *ein* Gluon war es nicht.

Nicht eins allein.

Du schärfst deinen Yogi-Sinn, und siehe da, du hast die Lösung.

Gluonen verschwinden nie allein.

Sie müssen ein anderes Gluon, einen Freund oder eine Freundin, finden, um mit ihm oder ihr ein Paar zu bilden. Wenn sie sich mit dem oder der Richtigen paaren, werden sie zu etwas anderem …

Du siehst dich um, und da, zu deiner Linken, zwischen zwei Quarks, geschieht es wieder.

Ein Gluon schießt aus dem Feld im Hintergrund hervor, ein anderes Gluon, ein Freund oder eine Freundin, tut es ihm nach, dann klammern sie sich aneinander – und *pop!* Wie Licht sich in ein Elektron verwandeln kann, so verwandeln sich die beiden Gluonen in zwei Quarks! In ein Quark-Duo, das an die anderen Quarks aber nicht mehr durch Gluonen gebunden ist! Als solches sind sie frei, ihr Quark-Gefängnis zu verlassen!

Du siehst, wie sie von dieser Freiheit Gebrauch machen: Sie eilen direkt zu einem nahe gelegenen Quark-Gefängnis.

Sie sind nämlich Träger einer weiteren Kraft geworden: einer Kraft, die es nicht mit Quarks, sondern mit Quark-Gefängnissen zu tun hat. Sobald sie ihr Ziel, das Gefängnis, erreicht haben, verwandeln sie sich in Gluonen zurück und fangen an, die Quarks *in ihm* zu bewachen …

Dass Neutronen und Protonen in Atomkernen koexistieren können, ist solchen Verwandlungen zu verdanken. Indem sie von einem Gefängnis zum nächsten reisen, stellen zwei in Quarks verwandelte Gluonen sicher, dass Atomkerne stabil bleiben. Das Quark-Duo aus verwandelten Teilchen, das von Gefängnis zu Gefängnis reist, wird als *Meson* bezeichnet. Und die Kraft, die es überträgt – eine sehr starke Anziehungskraft –, ist die schon erwähnte *starke Kernkraft*.

Postuliert hatte die Existenz von Mesonen – lange bevor sie in Experimenten nachgewiesen wurde – der japanische Physiker Hideki Yukawa; er erhielt dafür 1949 den Physik-Nobelpreis.

Komischerweise ist die Suppe aus Quarks und Gluonen, die sich in allen Protonen und Neutronen findet, auch für die in einem der ersten Kapitel dieses Buches erwähnte fehlende Masse verantwortlich, die dafür sorgt, dass Sterne leuchten.* Warum?

Wie du inzwischen weißt, werden im Innern von Sternen kleine Atome miteinander verschmolzen – ein Vorgang, bei dem neue, größere entstehen. Verschmolzen werden, genauer, Neutronen und Protonen, die anschließend nicht mehr so viele virtuelle Gluonen zur Bewachung ihrer Quarks (oder Mesonen zur Bewachung ihrer Gefängnisse) benötigen wie zuvor. Es ist ein bisschen wie nach der Fusion zweier Firmen: Einige Beschäftigte werden nicht mehr gebraucht und daher gefeuert … Auch im Innern von Sternen werden die nicht mehr gebrauchten, überflüssigen Gluonen, Quarks und Mesonen gefeuert. Da sie Energie enthalten und da Energie Masse ist, verringert das die Masse des neuen, aus der Verschmelzung hervorgegangenen Kerns. Und darum sind alle durch Verschmelzung entstandenen Kerne weniger schwer, als es die verschmolzenen einzelnen Kerne zusammen waren. Anders jedoch als bei gefeuerten, entlassenen Arbeitskräften ist die «feh-

* Siehe Teil eins, Kapitel 3, Seite 29.

lende» Masse nach der Formel $E = mc^2$ in Energie umgewandelt worden, die die Sterne leuchten lässt.

Tief im Innern der Sterne wird Gravitationsenergie dazu verwendet, Atome miteinander zu verschmelzen – ein Vorgang, bei dem auch Masse in Licht, Wärme und viele andere Teilchen umgewandelt wird, die um uns herum sind, die unsere Augen aber nicht sehen können. Alles im Universum hängt mit allem zusammen, doch ist der größte Teil unserer Wirklichkeit unseren Sinnen verborgen.

6
Die letzte Kraft

Du hast bisher von der Existenz zweier Quantenfelder erfahren, von denen das eine für alle elektromagnetischen Wechselwirkungen verantwortlich ist und das andere die stärkste Kraft hervorbringt, die die Menschheit kennt, nämlich die zu Recht so genannte starke Wechselwirkung mit ihrer starken Kernkraft.

Diese Kräfte und ihre Felder sind konstruktiv. Auch wenn Magneten einander nicht nur anziehen, sondern auch abstoßen können – die elektromagnetische Kraft sorgt dafür, dass die Elektronen ihre Bahnen um die Atomkerne nicht verlassen. Dass sie weder auf die Kerne hinabstürzen noch sich von ihnen entfernen, liegt daran, dass virtuelle Lichtperlen sie daran hindern. Das elektromagnetische Feld verleiht den Atomen ihre elektronische Stabilität und eröffnet ihnen Möglichkeiten, ihre Ladungen miteinander zu teilen, das heißt Moleküle und damit die Materie aufzubauen, aus der wir bestehen.

Während die elektromagnetische Kraft auf die Elektronen wirkt, kümmert sich die starke Kernkraft um die Kerne: Sie erhält sie, indem sie dafür sorgt, dass Neutronen und Protonen, die die Kerne bilden, zusammenbleiben. Ohne sie würden die Kerne auseinanderbrechen und wir in einen Dunst aus Protonen und Neutronen zerfallen. Die Erde und alles andere würde dasselbe Schicksal ereilen.

Damit die starke Kernkraft ihren Job tun kann, hält die starke Wechselwirkung die Quarks in den Protonen und Neutronen gefangen, indem sie sie mithilfe von Gluonen, die aus dem Hintergrund hervorschießen, aneinanderbindet.

Du bist in diesen beiden Feldern unterwegs gewesen und hast gesehen, dass ihre interagierenden Teilchen und Trägerteilchen der

Welt ihre harte, wenn auch schwer fassbare taktile Festigkeit verleihen. Du hast Photonen und Elektronen miteinander spielen und sich ineinander verwandeln sehen. Du hast Gluonen und Quarks im Kern eines kostbaren Goldatoms vibrieren sehen und in dem eines gewöhnlichen Wasserstoffatoms, des kleinsten, scheinbar im Überfluss vorhandenen Bausteins der Materie im Universum, den die Sterne in ihrem Innern immer wieder mit seinesgleichen zu jener Substanz verschmelzen, aus der wir – du und ich – bestehen.

Ist Wasserstoff wirklich nur *scheinbar* im Überfluss vorhanden? Ja, früher oder später wird sein Bestand erschöpft sein, mit der Konsequenz, dass alle Sterne im Universum sterben werden …

Bei diesen Worten fällt dir unvermeidlich ein, was in 5 Milliarden Jahren mit unserer Sonne geschehen wird. Sogleich erlangst du deine normale Größe wieder und lässt dein Mini-Ich in einer Welt zurück, die für deine normalen Augen zu klein ist.

Dein Bild vom Universum hat sich gewaltig verändert, seit du faul am Strand deiner tropischen Insel gelegen und zu den Sternen aufgeblickt hast. Du weißt jetzt, dass nichts leer ist und dass alles mit allem in Wechselwirkung steht, bis hinein in die innersten Bereiche der Atome, die durch elektrische Kräfte entstanden sind, die durch für uns nicht eigens erfahrbare Wechselwirkungen entstanden sind und dank solcher Wechselwirkungen erhalten bleiben.

* * *

Der Himmel vor deinem Küchenfenster beginnt sich zu röten. Die Sonne geht irgendwo im Westen unter und illuminiert dabei die flache Wolkenbasis mit feurigen Farben.

Dein Arm tut weh, weil du die Milch so lange in der Hand gehalten hast, aber während du jetzt deinen (kalten) Milchkaffee schlürfst, gehst du gedankenverloren zum Fenster, schaust zum Himmel hinauf und verstehst plötzlich besser, was es heißt, zur Familie eines Sterns zu gehören.

Alle Sterne im Universum strahlen und überschütten dadurch ihre Umgebung mit Licht und Teilchen, unmittelbaren oder mittelbaren Nebenprodukten des Kernfusionskraftwerks in ihrem Herzen. Und während ihre Schwerkraft, die Krümmung, die sie in der Raumzeit hervorbringen, dafür sorgt, dass sich jedes in der Nähe befindliche oder vorüberfliegende Objekt auf sie zubewegt, wehen diese Winde aus Teilchen und Licht umgekehrt in Richtung All, in die Ferne, und strahlen dabei kleine Wellen unsichtbarer Hintergrundfelder ab, die sich überallhin erstrecken.

Das Universum gleicht wirklich einem unermesslichen Ozean, weshalb einige (sehr ernst zu nehmende) Raumfahrtingenieure sich vorstellen konnten, Raumschiffe mit riesigen Segeln zu konstruieren, die diese Solarwinde auffangen und als Antrieb für die Schiffe auf dem Weg in die äußeren Bereiche des Universums nutzen würden, für Schiffe mit kosmischen Seeleuten an Bord, die die Gefälle der Raumzeit entlanggleiten könnten, ohne Treibstoff zu benötigen …

Es ist Nacht geworden, und du hast dich nicht von der Stelle gerührt. Der Himmel ist jetzt wolkenlos. Du blickst zu den Sternen auf. Es sind allerdings nicht viele zu sehen, da sich die Lichtverschmutzung allzu stark bemerkbar macht. Aber du weißt jetzt, dass die Sterne, die du sonst sehen würdest, nicht dieselben wären wie die, die du von deiner tropischen Insel aus gesehen hast. Du fängst jetzt Photonen ein, die von Sternen eines anderen Teils der Milchstraße ausgesandt wurden. Aber auch sie sind Sterne, riesige kugelförmige Gebilde, deren Gravitationsenergie aus kleinen Atomen große macht, indem sie ihre Kerne miteinander verschmilzt.

Bemerkenswerterweise und im Widerspruch zu dem, was wir Menschen gewohnt sind, scheint jede Kraft im Weltall konstruktiv zu sein.

Scheint – denn ein bestimmtes Phänomen hast du noch nicht gesehen.

Damit du es siehst, bedarf es eines dritten Quantenfelds.

Eines dritten Meeres, das sich genauso wie die beiden anderen durch das gesamte Universum erstreckt und dessen elementare Trägerteilchen weder Photonen noch Gluonen noch Mesonen sind.

Dieses Quantenfeld kann als destruktives Feld betrachtet werden, als Feld, das zunichte macht, was die beiden anderen geschaffen haben. Es ist die letzte der vier Kräfte, die unser Universum beherrschen.

Diese letzte Kraft ist, wie die starke, die du gerade entdeckt hast, ebenfalls eine Kernkraft: Sie wirkt nur auf die Bestandteile von Atomkernen ein. Sie ist aber viel schwächer als die starke Kraft und wird daher als *schwache Kernkraft* bezeichnet, während das sich überallhin erstreckende Quantenfeld, das ihre Elementar- und ihre Trägerteilchen hervorbringt, das sogenannte *schwache nukleare Quantenfeld* ist. Charakteristisch für dieses Feld ist unter anderem, dass sich Atomkerne spontan spalten – ein Vorgang, der als *Radioaktivität* bekannt ist.

Bevor du Radioaktivität in Aktion erlebst, ist es vielleicht gut, wenn du dich daran erinnerst, dass diese Kraft viele ihrer Entdecker das Leben gekostet hat. Sie hatten hochradioaktive Materialien mit bloßen Händen bearbeitet, weil sie nicht wussten, dass tödliches unsichtbares Licht sie verstrahlte und ihre Körper zerrüttete ... Zu ihnen gehörte die bewundernswerte, in Polen geborene französische Wissenschaftlerin Marie Curie, die als einziger Mensch sowohl mit einem Physik-Nobelpreis ausgezeichnet wurde (1903, gemeinsam mit ihrem Ehemann Pierre und mit Henri Becquerel für die Entdeckung der Radioaktivität) als auch mit einem Nobelpreis für Chemie (1911, für die Entdeckung zweier neuer Atome: Radium und Polonium). Marie Curie hat vielleicht nicht gewusst, woran sie starb; du aber wirst sehen, was sie gesehen hätte, hätte sie über die Kenntnisse verfügt, die wir heute haben, und über die nützliche Fähigkeit, sich in eine Mini-Marie zu verwandeln.

Während du deinen kalten Kaffee in die Spüle gießt, schrumpfst du wieder zum Mini-Ich. Deine Miniaugen brauchen einen Moment, um sich an die Dunkelheit zu gewöhnen.

Du befindest dich wieder bei deinem Goldatom.

Es liegt direkt vor dir: ein Atom, das so fest und massiv ist, dass nur eine Energie, die größer war als die Schwerkraft eines Sterns, es schmieden konnte. Gold wird nicht im *Leben* eines Sterns geschmiedet, sondern im Augenblick seines explosiven Sterbens. Wenn unsere Sonne stirbt, wird sie ebenfalls Gold erschaffen, das vielleicht, wer weiß, eines Tages am Finger oder Fühler eines künftigen außerirdischen Lebewesens prangen wird.

In den Augen der Menschen ist Gold eines der wertvollsten Metalle. Dein Atom jedoch sieht, mit deinen Miniaugen betrachtet, gar nicht besonders wertvoll aus.

Warum ist Gold so begehrt?

Verändert es sich mit der Zeit? Fängt es vorüberfliegende Atome ein, um mit ihnen außergewöhnliche Moleküle zu bilden?

Du wartest einen Augenblick, um zu sehen, ob es so ist.

Aber Fehlanzeige.

Nichts geschieht.

Und das ist die Antwort.

Dass mit Gold nie etwas geschieht, ist einer der Gründe, warum es so wertvoll ist. Gold rostet nicht. Es oxidiert nicht (ein Material oxidiert, wenn sich Elektronen eines Sauerstoffatoms mit ihm verbinden). Es korrodiert nicht. Und wenn du einen schönen Klumpen davon hast, ist es das geschmeidigste Metall der Welt: Aus Gold kannst du längere und dünnere Drähte ziehen als aus jedem anderen Metall (ebenso dünne Platin- oder Silberdrähte etwa würden brechen). Du kannst deinem Klumpen aber so gut wie *jede* Form geben. Und egal, was du damit anstellst, Gold wird Elektrizität leiten, das heißt ein Elektron, das am einen Ende einer langen Kette von Goldatomen eingeführt wird, wird sich wellenförmig hindurchwinden und am anderen Ende wieder heraustreten.

All diese außergewöhnlichen Eigenschaften führen zu praktischen Anwendungen, die einem Hochzeitsring vielleicht nicht immer anzusehen, aber unschätzbar wertvoll sind.

Wenn man außerdem bedenkt, dass Gold selten und schwer abzubauen ist und dass es erst im Augenblick des Sterbens eines Sterns geschmiedet wird, dann versteht man, warum es teuer ist.

Aber belassen wir es dabei, denn mit deinem Atom geschieht wirklich gar nichts.

Um zu sehen, dass etwas geschieht, bräuchtest du ein anderes Atom, und witzigerweise kommt eines vorbei.

Es ist größer.

Soweit du sehen kannst, hat es 94 Elektronen, die um einen Kern aus 94 Protonen und 145 Neutronen herumwirbeln. Macht zusammen 239 Quark-Gefängnisse – 42 mehr, als Gold hat.

Dieses Atom ist eine Form des berüchtigten Elements *Plutonium*. Und weil es 239 Quark-Gefängnisse hat, wird es als Plutonium-239 bezeichnet. Es gibt andere Arten Plutonium, wie es auch andere Arten Gold gibt als die, die du in deiner Küche gefunden hast.* Sie können mehr oder weniger Neutronen in ihrem Kern haben, sie haben aber immer dieselbe Anzahl Protonen; sonst wären sie nicht Plutonium beziehungsweise Gold.

Während es nicht sonderlich interessant war, Gold zu beobachten, ahnst du, dass es im Kern von Plutonium-239 spontan zu einem merkwürdigen Phänomen kommen wird.

Ohne zu zögern, lässt du seine Elektronenschalen eine nach der anderen hinter dir. Du passierst riesige Leerräume voller virtueller Photonen. Und dann stößt du auf den Kern. Die 239 Quark-Gefängnisse, von der starken Kernkraft säuberlich angeordnet, liegen direkt vor dir. Aber dein Gefühl lässt dich ein Neutron ansteuern.

Du tauchst direkt hinein.

Zwei Down-Quarks und ein Up-Quark befinden sich darin, von den starken Gluonen fest zusammengehalten.

Doch als du dich gerade setzen willst, wird das eine Down-Quark von einem virtuellen Teilchen getroffen, das du noch nie gesehen hast: Es ist aus heiterem Himmel aufgetaucht, um dein Down-Quark in ein Up-Quark zu verwandeln. Dadurch ist das Neutron, zu dem das Down-Quark gehörte, zu einem Proton ge-

* Dasselbe gilt für Wasserstoff und alle anderen Atome.

worden, und ein Chaos ist entstanden. Der ganze Atomkern hat jetzt die Balance verloren. Die Folgen sind sofort zu sehen, und sie sind dramatisch.

Ein sechster Sinn rät dir, Deckung zu suchen, und überstürzt verlässt dein Mini-Ich den Kern und den Bereich der Elektronenschalen. Du siehst den Plutoniumkern sich spalten und immer weiter spalten in kleinere Kerne, die alle versuchen – manchmal vergeblich –, Elektronen mitzunehmen. In jedem Stadium dieses Vorgangs werden äußerst energiereiche Teilchen abgefeuert, darunter ein weiteres, das du noch nie gesehen hast. Dein Plutoniumatom zerfällt. Direkt vor deinen Augen. Und alle Produkte dieses Zerfalls schießen davon – ein Feuerwerk, das sich schließlich selbst verzehrt, es sei denn, viele andere Plutonium-239-Atome sind vorhanden. In deiner Küche ist das aber nicht der Fall. So beruhigt sich alles schnell wieder.

Du hast gerade die virtuellen Trägerteilchen der vierten bekannten Naturkraft, der schwachen Kernkraft, kennengelernt und ihre Fähigkeit, Quarks in andere Quarks zu verwandeln. Diese Trägerteilchen werden als *W-* und *Z-Bosonen* bezeichnet.

Und was du gesehen hast, war der radioaktive Zerfall eines Atoms in kleinere, stabilere Atome: die spontane Spaltung eines Atomkerns, das genaue Gegenteil der Verschmelzung eines Kerns mit anderen Kernen. Dieser Zerfall ist das Wesen von Radioaktivität, und verantwortlich dafür ist die schwache Kernkraft mit ihren W- und Z-Bosonen.

Wolfgang Pauli – derselbe Pauli, der das Ausschlussprinzip entdeckte – hat den atomaren Zerfall vor ungefähr hundert Jahren studiert. Er wusste, im Unterschied zu dir jetzt, nichts von Feldern, aber als er verglich, was er vor und nach einem radioaktiven Zerfall beobachtet hatte, erkannte er, dass Energie verloren gegangen war. Daher postulierte er die Existenz eines bis dahin unbekannten Teilchens, das für das Fortschaffen dieser Energie verantwortlich gemacht werden könne, eines Teilchens mit winziger Masse, aber ohne jede elektrische Ladung, eines Teilchens, das so schwer fassbar sei, dass es, einmal abgefeuert, fast ungehindert durch alle Materie, die wir kennen, hindurchschieße.

Wir wissen heute, dass es dieses Teilchen wirklich gibt. Du hast es gerade gesehen. Von den Teilchen, die beim radioaktiven Zerfall des Plutoniumatoms abgefeuert wurden, war es das, das du nie zuvor gesehen hattest. Es wird als *Neutrino* bezeichnet.

Der amerikanische Physiker Frederick Reines und seine Kollegen entdeckten es 1956 auf experimentellem Wege, und er selbst erhielt dafür 1995 den Chemie-Nobelpreis. Reines hat einmal gesagt, Neutrinos seien das kleinste Quantum Wirklichkeit, das je ein Mensch sich vorgestellt habe. Heute wissen wir, dass diese Neutrinos (es gibt viele verschiedene Typen) nur der schwachen Kernkraft und der Schwerkraft unterliegen. Auf die Kräfte des elektromagnetischen und des starken Feldes reagieren sie nicht.

Für sie sind Atome wirklich so, wir sie dir zunächst erschienen: leer.

Und das ist gut.

Warum?

Weil es fatal für uns wäre, würden Neutrinos mit Atomen interagieren – schließlich werden sie im Innern der Sonne im Überfluss produziert.

Im Überfluss?

Das kann man wohl sagen: Ungefähr 60 Milliarden Neutrinos schießen jede Sekunde durch jeden Quadratzentimeter deiner Haut.

Und nehmen dabei nicht einmal Notiz von dir. So ärgerlich es klingen mag, sie können keinen Unterschied erkennen zwischen dir und, sagen wir: nichts. Sie schießen durch dich hindurch. Und dann durch die Erde.* Und setzen ihre Reise Richtung All fort, als hätte es weder dich noch die Erde gegeben.

Wir haben gelernt, dass Radioaktivität gefährlich ist und dass man sich von radioaktiven Materialien wie Plutonium, Uran, Radium oder Polonium möglichst fernhalten sollte. Aber da die Neutrinos

* So jedenfalls am Tag. Nachts schießen sie *auch* durch dich hindurch, aber erst, nachdem sie die Erde passiert haben.

keinen Unterschied zwischen dir und nichts erkennen können, können sie nicht der Grund für die Gefahr sein, die von solchen Materialien ausgeht.

Der Grund dafür liegt in den anderen Teilchen, die während eines radioaktiven Zerfalls abgefeuert werden.

Wenn der Kern eines Atoms zerfällt, spaltet er sich. Dabei können Neutrinos, Quark-Gefängnisse, Elektronen und Licht abgestrahlt werden. Die letzten drei sind gefährlich.

Das größte dieser Zerfallsprodukte besteht aus vier miteinander verbundenen Quark-Gefängnissen: aus je zwei miteinander verklumpten Neutronen und Protonen. Es wird als *Alpha-Teilchen* bezeichnet und entspricht einem Heliumatom, das seine Elektronen verloren hat. Um zu einem Atom zu werden, muss dieser Kern daher irgendwo zwei Elektronen auftreiben, was ihm auf dreierlei Weise gelingen kann: Er kann sie in der Nähe befindlichen Atomen wegnehmen (rüde), er kann sie sich mit in der Nähe befindlichen Atomen teilen (altruistisch), und er kann sich umherirrender freier Elektronen annehmen (samariterhaft).

In der rüden Variante fängt das Atom, dem seine Elektronen geklaut wurden, selbst an, nach anderen Elektronen Ausschau zu halten. Wenn dann Lebewesen in der Nähe sind (wie wir, wie du in deiner Küche), kann es zu grausiger Chemie, zu sogenannten radioaktiven Verbrennungen kommen, weil Elektronen von Atomen auf der Haut gestohlen wurden. Das ist der Grund, warum Alpha-Teilchen gefährlich sind.

Der zweite Teilchentyp, der bei einem radioaktiven Zerfall abgefeuert werden kann, ist ein sehr energiereiches Elektron, das dann häufig andere, weit entfernte Elektronen verdrängt (was dieselben gefährlichen Folgen haben kann).

Der dritte Typ ist ein sehr energiereiches Photon, ein *Gammastrahl* – du bist diesem Typ auf deiner ersten Reise durch den Kosmos begegnet, und ich habe dich auf die unglaublich hohe, energiereiche Frequenz dieser Strahlen hingewiesen.

Ein Gammastrahl kann ein Atom allein dadurch, dass er es trifft, um eines seiner Elektronen bringen und das Atom so zu einem Ion machen, das eifrig nach Ersatz sucht und, wenn es auf unserer Haut fündig wird, ebenfalls eine Verbrennung verursacht.

Gammastrahlen können aber noch viel größeren Schaden anrichten.

Denn nichts verpflichtet sie dazu, an der Oberfläche unseres Körpers haltzumachen. Sie können auch tief in ihn eindringen und lokales Chaos verursachen, indem sie nicht nur Elektronen aus ihrem atomaren Zuhause vertreiben, sondern auch Moleküle, etwa DNA-Moleküle, im Innern unserer Zellen zerbrechen und dadurch die Instruktionen verändern, mit deren Hilfe unser Organismus alles hervorbringt, was unser Körper zum Leben braucht. Die Folge ist gewöhnlich Krebs und/oder genetische Mutation.

Kein Zweifel, all diese möglichen Folgen sind schrecklich. Es ist aber tröstlich zu wissen, dass der destruktive radioaktive Zerfall genauso wie das Wirken der Schwerkraft, des Elektromagnetismus und der starken Wechselwirkung ein natürlicher Vorgang ist, der sich ständig überall vollzieht, *sehr langsam* auch in deinem Körper. Nur wenn man einer hohen Strahlendosis ausgesetzt ist, sollte man sich Sorgen machen.

Ja, im Grunde sollte jeder dankbar sein, dass es Radioaktivität gibt. Gewiss, sie kann dich töten, aber ohne sie wärest du nicht einmal geboren. Tief unter dir zerfallen in unserem Planeten ständig zahllose Atome. Der Erdmantel *ist* radioaktiv, wenn auch nicht mehr so stark wie einst. Wenn in ihm Atome zerfallen, stoßen die abgestrahlten Teilchen mit ihren Nachbarn zusammen und erzeugen dadurch Hitze – Hitze, die dazu beiträgt, dass unser Planet warm bleibt. Ohne Radioaktivität gäbe er keine seismische oder vulkanische Aktivität. Die Erdoberfläche wäre schon vor Milliarden Jahren erkaltet, und Leben, wie wir es kennen, gäbe es wahrscheinlich nicht.

Radioaktivität zerbricht Atome. Radioaktivität tötet. Sie ist aber notwendig, um unseren Planeten aufzuheizen und ihm einen Teil der Energie zurückzugeben, die Sterne einst in seinen Atomen eingelagert haben.

Ein letzter kurzer Kommentar, bevor ich dich auf eine Reise zum Ursprung von Raum und Zeit schicke: Kernenergie, ob durch Spaltung oder durch Verschmelzung von Atomkernen freigesetzt, ist äußerst starke Energie, und die versucht die Menschheit – mehr oder weniger effizient – in Atomkraftwerken zu gewinnen. Wir können nur hoffen, dass die Technologien dafür eines Tages sauber und sicher sein werden, denn ihr Potential ist gewaltig.

Obwohl sie eine schlechte Presse hat und obwohl von ihr in der Vergangenheit auf unverantwortliche Weise Gebrauch gemacht wurde, sollten wir nie vergessen, dass wir ohne die Kraft der Atome nicht existieren würden. Ohne Radioaktivität gäbe es kein Leben auf der Erde.

Jedenfalls keines, wie wir es kennen.

Teil fünf

Zum Ursprung von Raum und Zeit

I

Nur Mut

Als ich mich für theoretische Physik (echte Hardcore-Physik, wie manche meinen) zu interessieren begann, war ich zweiundzwanzig. Ich hatte bereits mehrere Jahre Mathematik studiert und war sehr angetan von ihrer Schönheit. Schon vor 2500 Jahren, als niemand eine Vorstellung davon hatte, was es mit dem Kosmos auf sich hat, befand der griechische Philosoph Platon, Mathematik sei die Sprache, in der die Götter zu den Menschen sprechen.

Als die Universität Cambridge meine Bewerbung für das Studium der höheren Mathematik und theoretischen Physik annahm, dachte ich: Prima! Ab sofort kann ich gründlich über die Welt nachdenken!

Ich ahnte ja nicht, was mir alles begegnen würde, genauso wie du wahrscheinlich nicht ahnst, was dir in den folgenden Kapiteln widerfahren wird.

In dem Sommer vor meinem ersten Studienjahr in Cambridge las ich mehrere Lehrbücher und Werke großer Physiker aus alter und neuer Zeit, um ein klareres Gefühl dafür zu bekommen, was uns die Wissenschaft über unsere Welt sagen kann. Mein besonderes Interesse galt der Quantentheorie. Denn wie wir auf den vorangegangenen Seiten herausgefunden haben, liegt das Allerkleinste allem zugrunde, das uns ausmacht. In ihm finden wir die Bausteine von allem, was unser Universum beinhaltet. Um Einsteins allgemeine Relativitätstheorie überhaupt anwenden zu können, brauchen wir eine Vorstellung davon, was unser Universum im Kleinen enthält, sonst können uns ihre Gleichungen nicht sagen, wie unser Universum im Großen aussieht.

Viele Nobelpreise für Physik sind an Wissenschaftler verliehen worden, die uns Erkenntnisse über die Welt des Kleinen eröffnet haben.

Natürlich war ich sehr gespannt, auf welche Reise ich mich da begeben würde. Ich arbeitete mich in die Theorien der geistigen Wegbereiter ein und schrieb ihre Gedanken auf, um sicherzugehen, dass ich das alles richtig begriff:

Ich denke, man kann mit Sicherheit sagen, dass niemand die Quantenmechanik versteht.

Richard Feynman, Physik-Nobelpreisträger 1963

Raffiniert ist der Herrgott, aber boshaft ist er nicht.

Albert Einstein, Physik-Nobelpreisträger 1921

Keine Sprache, die von der Anschaulichkeit lebt, kann die Quantensprünge beschreiben.

Max Born, Physik-Nobelpreisträger 1954

Denn wenn man nicht zunächst über die Quantentheorie entsetzt ist, kann man sie doch unmöglich verstanden haben.

Niels Bohr, Physik-Nobelpreisträger 1922

Ich habe noch einmal darüber nachgedacht. Vielleicht ist Gott doch boshaft.

Albert Einstein

Diese Sätze aus den Mündern der Begründer der Disziplin hätten genügt, um den Glauben der überzeugtesten Studenten zu erschüttern. Doch zusammen mit zweihundert anderen jungen Männern und Frauen aus aller Welt hörte ich absolut verblüffende Vorlesungen und absolvierte den dritten Teil des Mathematik-Tripos, wie es in Cambridge heißt, angeblich die älteste Mathematikprüfung der Welt. Sie bestand hauptsächlich aus reiner Mathematik, und der Lernstoff war so enorm, dass wir kaum

Zeit hatten, uns über die Philosophie des Ganzen Gedanken zu machen.

Und dann kam der Sprung.

Neun Monate nach meiner Ankunft in Cambridge ermöglichte mir Professor Stephen Hawking, einer der brillantesten Physiker unserer Zeit, bei ihm als Doktorand zu arbeiten und mich mit schwarzen Löchern und den Ursprüngen unseres Universums zu beschäftigen. Ab jetzt sollte es zur Pflicht werden, über die Welt nachzudenken. Im darauffolgenden Sommer versuchte ich also, alles Mögliche herauszufinden. Worüber? Na, über alles. So erreichte ich ungefähr den Punkt, an dem du dich gerade in diesem Buch befindest. Mit Hawking als Lehrmeister sollte sich endlich alles zusammenfügen, ich würde noch viel tiefer in die Materie eintauchen. Und nun bist du an der Reihe, es mir nachzutun.

Was gilt es also noch zu entdecken?

Ich gebe dir einen Tipp:

1979 wurde ein wichtiger Nobelpreis an drei theoretische Physiker vergeben, nämlich an Sheldon Lee Glashow aus den USA, Abdus Salam aus Pakistan und Steven Weinberg aus den USA.

Über Jahre hatten Wissenschaftler sich mit den etwas abstrusen Aspekten der schwachen Kernkraft beschäftigt, die du eben in Aktion erlebt hast. Glashow, Salam und Weinberg aber endeckten etwas Unglaubliches: Elektromagnetismus und die schwache Kraft sind nur zwei Erscheinungsformen einer weiteren Kraft, die es schon sehr lange gibt. Denn mindestens zwei der unsichtbaren Quantenseen, die unsere Realität formen, waren in den Anfängen unseres Universums ein Ganzes, ein sogenanntes *elektroschwaches Feld*.

Das war schon für sich genommen ein außergewöhnlicher Durchbruch (daher der Nobelpreis), ebnete aber zudem den Weg für etwas noch Gewaltigeres, nämlich für die viel beschworene Aussicht, alle bekannten Kräfte der Natur in einer Kraft (und damit einer Theorie) zu bündeln.

Das Bemühen um eine solche Vereinheitlichung liegt allem zugrunde, was du bis zum Ende dieses Buches erleben wirst. Mit eben dieser Absicht im Hinterkopf reist du zu den Ursprüngen von Raum und Zeit, du begibst dich in ein schwarzes Loch und landest außerhalb unseres Universums.

Um dorthin zu gelangen, musst du dir jedoch erst überlegen, was übrig bleibt, wenn man sämtliche Dinge, die ein Ort enthält, von ihm entfernt.

2

Da ist nicht nichts

Du bist immer noch in deiner Küche.

Die Nacht ist schwarz und still.

Dir hat die Welt auch bisher gut gefallen, doch nun ist sie wie verwandelt durch das, was du auf deinen Reisen erfahren hast. Alles hat mehr Tiefe, es steckt voller Energie und Geheimnis.

Selbst deine bescheidene Küche.

Dich umschweben lauter Atome, die mit der Raumzeitkrümmung der Erde nach unten sinken.

Atome, die einmal den Kern von längst verglühten Sternen bildeten.

Atome in dir und um dich herum. Atome in radioaktivem Zerfall.

Unter deinen Füßen ist der Fußboden, dessen Elektronen sich weigern, deine passieren zu lassen und dir so das Stehen, Gehen und Laufen ermöglichen.

Die Erde, dein Planet, ein Klumpen Materie, entstanden aus den drei der Menschheit bekannten Quantenfeldern, zusammengehalten durch die Schwerkraft, die sogenannte vierte Kraft (die im Grunde keine Kraft ist), in der Raumzeit und durch die Raumzeit schwebend.

Das klingt alles so absurd, so rätselhaft, dass du beschließt, dir noch einen Kaffee zu machen und dich dann ins Wohnzimmer zurückzuziehen, auf dein bequemes, tröstliches altes Sofa.

Du versuchst, ein wenig Ordnung in den Gedankenwust zu bringen, der dir durch den Kopf schwirrt. Verbirgt sich irgendwo da draußen der Sinn des Lebens – noch hinter dem, was wir bereits erlebt haben? Ergibt das, was du bisher gelernt hast, überhaupt einen Sinn?

Bevor du nun zu noch entlegeneren Orten aufbrichst, muss ich dir noch etwas sagen: Der Versuch, die Rätsel der Welt zu lösen, ist ein nie endender Prozess. Die Naturwissenschaften haben nicht alle, aber doch viele Antworten. Es kommt darauf an, was du erwartest. Tatsächlich muss ich dich an dieser Stelle warnen: Am Ende liegen die Dinge nicht unbedingt klarer als am Anfang. Der US-amerikanische Physiker Edward Witten hat nicht umsonst gesagt, weit weg von unserem sicheren Zuhause sei das Universum eben nicht geschaffen, um es uns möglichst angenehm zu machen.*

Das sollte man vielleicht im Kopf behalten, wenn wir uns nun zu noch größeren Meeren aufmachen. Sie mag entmutigend wirken, doch eine solche Feststellung bietet uns auch die Freiheit, alles, was wir sehen und erleben, persönlich zu deuten. Das kann nur gut sein. Je mehr Sichtweisen es gibt, desto besser für die Menschheit und die Wissenschaft.

Bevor wir nun, wie ich am Ende des vorangegangenen Kapitels angedeutet habe, die Tore ins Unbekannte durchschreiten, sollten wir uns mit einer Vorstellung vertraut machen, die Wissenschaftler als *Vakuum* bezeichnen. Sie bildet die Grundlage dafür, wie Physiker unsere Quantenrealität verstehen, nämlich als ein geistiges Konstrukt, das uns unglaublich präzise Vorhersagen treffen lässt, die durch verschiedene Experimente immer wieder überprüft werden.

Stell dir einen Ort oder eine Landschaft irgendwo in unserem Universum vor und lasse dann alles weg, was dieser Ort beinhaltet. Wirklich alles.

Seltsamerweise ist das, was übrig bleibt, keine Leere.

Ergibt das Sinn? Wohl kaum. Aber die Natur schert sich nicht darum, was wir Menschen als sinnvoll erachten.

Und jetzt schließ bitte die Augen.

* Edward Witten gehört zu den Begründern der Stringtheorie, auf die wir am Ende des siebten Teils stoßen werden. Er ist der erste und einzige Physiker, dem die Field-Medaille verliehen wurde, eine Art Nobelpreis für Mathematiker.

Warum?

Weil manche Dinge es nicht dulden, beobachtet zu werden. Das Vakuum, auf das du nun bald treffen wirst, ist eines dieser Dinge.

Um dich richtig vorzubereiten, nimm dir eine Minute Zeit und denke noch einmal an den Flug von der traumhaften tropischen Insel zurück nach Hause.

Du wirst dich vielleicht erinnern, dass du kurz nach dem Start eingeschlafen bist. Wenn du ihn gefragt hättest, hätte dein seltsamer Sitznachbar Auskunft gegeben, dass du fast die gesamte Reisezeit geschnorchelt hast.

Was ist auf diesem Flug, in den acht Stunden, die du geschlafen hast, eigentlich geschehen? Welche Zeitzonen hast du durchquert? Welchen Weg nimmt ein Flugzeug über den Himmel, wenn niemand zuschaut?

Du weißt über deine Reise nur das, was du vor dem Einschlafen und nach dem Aufwachen erlebt hast. Du hast aus dem Fenster gesehen und beobachtet, wie dein Flugzeug von der Startbahn einer entlegenen Insel abhob, und dann hast du mitbekommen, wie es in deinem Heimatland wieder sicher landete. Dazwischen wurde kein Eindruck der Flugstrecke in deinem Gehirn gespeichert. Du weißt nicht, was passiert ist.

Und wenn dir nun jemand erzählte, dass dein Flugzeug eine ganz unerwartete Route geflogen sei? Etwa über den Jupiter? Oder durch die Erde hindurch, wie ein Neutrino? Oder dass es in die Vergangenheit und zurück in die Zukunft gereist sei? Das wirst du garantiert niemandem abnehmen.

Doch ob nun im Traum oder in der Wirklichkeit: Du hast eine solch abstruse Reise getan, nämlich im dritten Teil, als du 400 Jahre in die Zukunft gereist bist, innerhalb von acht Stunden deiner Zeit. Wir sollten uns die Sache also einmal genauer anschauen.

Für eine Zeitreise müsste dein Flugzeug außerordentlich schnell unterwegs gewesen sein. Es müsste mit annähernder Lichtgeschwindigkeit weit hinaus ins All geschossen sein, um dann zur Erde zurückzukehren, die währenddessen um nicht weniger als 400 Jahre gealtert wäre.

Im wirklichen Leben findest du sicher überzeugende Argumente gegen eine solche Reise, und auch gegen jede andere verrückte Route, die dein Flugzeug geflogen sein könnte. Was aber, wenn ich dir erzählte, dass dein Flugzeug, während du schliefst, nicht nur ins All und zurück geschossen sei, sondern auch alle anderen möglichen und unmöglichen Wege genommen habe, die zwischen Ort und Zeit deines Einschlafens und Ort und Zeit deines Aufwachens liegen? Durch die Erde hindurch, um den Jupiter herum und zurück. Alles auf einmal.

Du würdest mich nie wieder für voll nehmen, stimmt's?

Gut.

Dann bist du jetzt bereit für das Vakuum.

Dein Kaffee, dein Sofa, dein Zuhause – all das ist verschwunden.

Du bist zurück in einer Welt, die nur der Geist besuchen kann, und du bist nicht mehr als ein Schatten, durchsichtig, aber mit Umriss. Du hast keinen Einfluss auf deine Umgebung, deine Umgebung hat keinen Einfluss auf dich.

Doch das, was dich da umgibt, ist nicht so eindeutig zu benennen.

Soweit du es erkennen kannst, ist da … nichts.

Dunkelheit, die sich bis ins Unendliche erstreckt.

Da du inzwischen an drastische Szenenwechsel gewöhnt bist, durchstreifst du deine Umgebung. Sie sieht aus wie ein von allem entleertes Universum.

Anfangs beruhigt dich der Anblick irgendwie. Doch dann, gib es ruhig zu, langweilst du dich. Du hast nichts Besseres zu tun, als noch einmal darüber nachzudenken, was ich dir eben über das Einschlafen im Flugzeug erzählt habe.

Könnte ein Flugzeug, ein *echtes* Flugzeug, tatsächlich auf vollkommen unerwartete Weise unterwegs sein? Sicher, es kann verschiedene Umwege nehmen, aber könnte es wirklich mitten durch die Erde fliegen? Oder durch die Zeit reisen? Unsinn!

Ja, du hast ganz recht. Das ist die einzige natürliche Reaktion auf einen so albernen Gedanken.

Doch solltest du ihn nicht völlig abtun, denn was bei einem Flugzeug abstrus klingt, kann für ein Teilchen sehr wohl infrage kommen.

Denken wir also stattdessen an ein Teilchen. Ein Teilchen, das niemand beobachtet. Stell dir vor, es muss sich von einem Ort zu einem anderen bewegen, und nur du hast dieses Teilchen jeweils am Ausgangspunkt und am Zielpunkt bemerkt. Und jetzt dieselbe Frage: Welchen Weg nimmt das Teilchen, wenn du nicht zuschaust? Wie kommt es von A nach B?

Das hängt davon ab …

Nein, das tut es eben nicht. Bei einem Flugzeug ist die Vorstellung abstrakt, bei einem Teilchen aber ist sie sehr konkret. Ein Teilchen nimmt tatsächlich alle Wege, die man sich vorstellen kann, so widersinnig sie auch sein mögen. Man darf nur nicht zuschauen. Teilchen bewegen und benehmen sich vollkommen anders als alles, was du in deinem Alltag bisher erlebt oder gesehen hast. Davon hast du vielleicht eine Ahnung bekommen, als wir das Innenleben eines Atoms besichtigt haben, in dem Elektronen eben nicht nur kugelförmige Materieklumpen sind. Wir treffen hier auf ein grundlegendes Prinzip: Quantenfelder lassen Teilchen seltsam reagieren.

Teilchen, die zu einem Quantenfeld gehören, spalten sich ständig in alle möglichen Abbilder ihrer selbst auf. Und die Wege, die diese zahllosen Abbilder einschlagen, füllen jeden in Raum und Zeit vorhandenen Ort aus. Wenn du es darauf anlegst, ein Teilchen zu sehen, existiert nur die Chance (die Wahrscheinlichkeit), es zu einer bestimmten Zeit an einem bestimmten Ort anzutreffen.

Schlimmer noch: Bevor ein Teilchen aus Licht oder Materie entdeckt wird, können sich seine zahllosen Abbilder wiederum aufspalten und zu etwas anderem werden, bis sie sich wieder in das anfängliche Teilchen zurückverwandeln. So wie Licht zu einem Elektron werden kann und Elektronen sich in Licht verwandeln, können sich alle Teilchen unseres Universums in etwas anderes verwandeln, wenn wir nicht zuschauen. Quantenteilchen sind raffinierte kleine Biester. Was geschehen kann, das geschieht auch, sobald man der Natur ihren Lauf lässt. Du glaubst mir nicht? Dann sieh selbst.

* * *

Du schwebst also durch das endlose Dunkel des Alls, und plötzlich geschieht etwas: Ein weißer, würfelförmiger Raum ohne Tür materialisiert sich. Bald stehst du inmitten dieses Würfels, dessen Wände mit winzigen, makellos weißen Detektoren bedeckt sind. Es müssen Millionen sein.

Gleich vor dir verläuft senkrecht mitten im Zimmer ein metallener, handbreiter Pfosten.

Der einzige weitere Gegenstand im Raum ist eine gelbe Maschine, die in etwa so aussieht wie diese Tennisballwurfmaschinen. Der komische kleine Roboter scheint dich durch sein Wurfrohr zu beobachten.

Er ist offenbar auf Höflichkeit programmiert worden und begrüßt dich.

Er hat keinen Mund, keine Augen und auch keine Ohren oder dergleichen. Dennoch spricht er, mit etwas eingerosteter Stimme.

«Hallo», antwortest du für alle Fälle und willst ihn gleich etwas fragen.

Doch der Roboter unterbricht dich und erklärt, er sei mit schwirrenden Teilchen angefüllt, die er jetzt gleich eins nach dem anderen auf die andere Seite des Raums schleudern werde.

Falls du dich fragst, ob es sich dabei um Teilchen aus Licht oder aus Materie handelt: Beides ist möglich, denn bei dem, was sich gleich abspielt, verhalten sich Licht und Materie im Prinzip gleich.

Der Roboter kann es anscheinend nicht erwarten und beginnt zu zählen.

«Drei … zwei … eins …»

Das Rohr entlässt ein Teilchen und kurz darauf ertönt auf der anderen Seite des Raums ein Glöckchen. Du hast den Eindruck, dass der Roboter ziemlich zufrieden mit sich ist.

Du beugst dich ein Stückchen vor und siehst, dass einer der Detektoren an der Wand hinter der Stange schwarz geworden ist.

«Erste Frage: Welchen Weg hat das Teilchen genommen?», meldet sich der Roboter.

Du lässt dich von seinem nüchtern-professionellen Ton nicht beirren und näherst dich der Wurfmaschine. Eine direkte Linie verbindet den Punkt, an dem das Teilchen in den Raum geschossen wurde, mit dem schwarzen Detektor an der gegenüberliegenden Wand. Diese gerade Linie, ganz offenbar die Flugbahn, streift beinahe, aber nur beinahe, den Metallpfosten.

«Diesen Weg natürlich», verkündest du und zeigst mit dem Finger in die einzig mögliche Flugrichtung des Teilchens.

«Nicht korrekt», erwidert der Roboter schlicht.

«Wie bitte?», hakst du überrascht nach.

«Die Antwort ist nicht korrekt, ganz gleich, welche Richtung angezeigt wird», konstatiert der Roboter, und du überlegst dir das nochmal mit der einprogrammierten Höflichkeit.

«Aber es kann doch nur diese eine Flugbahn sein!»

«Wer sich auf seine Sinne und seine Intuition verlässt», fährt der Roboter unbeeindruckt fort, «wird weiter inkorrekte Antworten geben. So ging es bis jetzt jedem Menschen, der diesen Raum betreten hat. Die Regeln, denen Quantenteilchen folgen, sind nicht die Regeln, die in deinem Alltag gelten. Deine Sinne und deine Intuition sind zu nichts nutze, wenn es um Teilchen geht. Vergiss sie.» Auch wenn du seine Art ziemlich schroff findest: Der Roboter hat recht. Denn trotz seiner eher bescheidenen Erscheinung ist er der fortschrittlichste Computer der Welt. Und genau wie im echten Leben, wo Computer oft die besten Freunde eines Wissenschaftlers sind, da sie ihm helfen, Theorien anschaulich zu machen, wird sich auch unser kleiner Superroboter im Laufe dieses Buches immer wieder als hilfreich erweisen.

Alles, was den bekannten Naturgesetzen folgt, kann dieser Computer simulieren. Der weiße Raum, in dem du dich befindest, ist ebenfalls ein Werk des kleinen Roboters. Aber alles, was in dem Raum geschieht, gehorcht den Naturgesetzen.

Es scheint, als wäre das Teilchen, das unser Roboter ausgeworfen hat, eine gerade Linie geflogen – doch Teilchen gehören in die Welt des sehr Kleinen und liegen deshalb außerhalb des Geltungsbereichs unseres gesunden Menschenverstands. Der Computer hat dir gesagt, dass du falsch liegst, weil das, was eben passiert ist, nichts damit zu tun hat, wie gut du beobachten kannst oder wie klug du bist. Der Computer bezieht sich auf die Natur, und die Natur ist an diesem Punkt genauso unbeugsam wie eindeutig: Quantenteilchen verhalten sich nicht wie Tennisbälle, sondern wie Quantenteilchen. Um von einem Ort zu einem anderen Ort zu kommen, schlagen Sie *alle* Wege ein, die in Raum und Zeit möglich sind – solange diese Wege ihren Startpunkt mit dem Endpunkt verbinden. Das vom Roboter ausgestoßene Teilchen hat alle Richtungen genommen. Gleichzeitig. Links und rechts vom Pfosten, durch den Pfosten hindurch. Aus dem Raum hinaus. In die Zukunft und wieder zurück. Bis zu dem Moment, in dem es auf einen Detektor an der Wand getroffen ist.

Mach dir keine Sorgen, man muss das nicht unbedingt verstehen. Es spielt im Grunde keine Rolle, ob man es begreift oder nicht. So funktioniert nun einmal die Natur. Teilchen, die niemand beobachtet, nehmen alle möglichen Wege, die ihnen die Raumzeit bietet. Der Metallpfosten in der Mitte des Raums ändert daran gar nichts. Er dient nur als Orientierung. Auch ohne ihn würde das Teilchen rechts *und* links vorbeischießen.

Die Detektoren an der Wand aber haben etwas bewirkt: Das Teilchen hat einen von ihnen getroffen und sich dadurch an einer bestimmten Stelle gezeigt.

Der teilchenwerfende gelbe Roboter neben dir rattert und läuft heiß. Du fragst dich schon, ob er gleich den Geist aufgibt, aber er scheint deine Gedanken zu erahnen und spricht auf einmal wieder.

«Es ist alles in Ordnung. Ich verlangsame nur die Zeit, das benötigt viel Energie. Wenn du das nächste Mal blinzelst, werfe ich wieder ein Teilchen aus, und du wirst erleben, wie es aussähe, wenn man alle Wege beobachten könnte, die ein Teilchen nimmt, um vom Wurfrohr zur Wand zu gelangen.»

Und tatsächlich, du blinzelst und der Roboter beginnt wieder herunterzuzählen. Der Lauf der Zeit verlangsamt sich.

«Drei … zwei … eins …»

Das Teilchen verlässt den Roboter in extremer Zeitlupe. Zuerst sieht es aus wie eine flauschige Wolke. Du stellst dich direkt hinter das Wurfrohr und siehst, wie das Teilchen sich in scheinbar unzählige Abbilder seiner selbst auflöst, wie eine Welle, die sich durch das Hintergrundfeld kräuselt und in alle Richtungen in Raum und Zeit wandert – rechts und links vom Metallpfosten und durch ihn hindurch oder durch die Wände des Raums –, eine Welle, die sich in unfassbar viele Möglichkeiten aufspaltet, bevor sie sich dann an einem Punkt an der gegenüberliegenden Seite des Raumes wieder sammelt und einen weiteren Detektor auslöst. Ein Signal ertönt, der Detektor färbt sich schwarz und die Zeit fließt wieder im gewohnten Tempo.

Die Computersimulation, die du eben beobachten konntest, zeigt, wie sich Teilchen nach der Annahme der Wissenschaftler verhalten, wenn niemand sie beobachtet. Wenn Radare ein Flugzeug während seiner Reise verfolgen, kann dieses Flugzeug sich jeweils nur an dem Punkt befinden, an dem es geortet wird. Wenn man versucht, ein Teilchen zu orten, so wie es der Detektor an der Wand getan hat, ist das Teilchen nicht mehr überall, sondern an einem bestimmten Punkt. Im Gegensatz zu einem Flugzeug mit Menschen darin ist aber ein Teilchen, das niemand verfolgt, tatsächlich überall.

Oberflächlich betrachtet klingt das so, als wäre mitten im Wald ein Baum umgestürzt, und man fragte sich: Macht das überhaupt ein Geräusch, wenn niemand hinhört? Oder, weiter gesponnen: Ist der Baum wirklich umgefallen?

Wir haben es hier aber nicht mit Philosophie zu tun, sondern mit der Natur und damit, wie sich die Teilchen in uns und um uns verhalten.

Warum sollten sich Teilchen, warum sollte sich die Natur darum scheren, ob Menschen ihnen zuschauen oder nicht? Darüber haben sich schon viele Wissenschaftler den Kopf zerbrochen. Und manche sind auf wirklich verrückte Antworten gekommen, die wir uns im sechsten Teil dieses Buches anschauen werden. Für jetzt muss die Auskunft reichen, dass das soeben von dir Beobachtete durch zahllose Experimente nachgewiesen wurde. Teilchen sind überall, und dann auf einmal sind sie es nicht mehr: In der Simulation des Roboters zwangen die Detektoren die ausgeworfenen Teilchen, an einem Punkt an der Wand aufzutreffen.

«Du bist zu recht verwirrt», meint jetzt der Roboter. «Ich habe dir gezeigt, dass sich die Wirklichkeit bei näherem Hinsehen verändert.»

«Wie bitte?», fragst du stirnrunzelnd.

«Die Realität verändert sich unter unserem Blick», erklärt der Roboter unbeeindruckt. «Das ist natürlich verwirrend.»

Die Quantenwelt ist offenbar eine Ansammlung von Möglichkeiten.

Die Quantenfelder, zu denen alle Teilchen gehören, bilden die Summe dieser Möglichkeiten. Auf irgendeine Weise wird allein durchs Hinschauen *eine* von all diesen Möglichkeiten ausgewählt, wenn man ein Teilchen nachweisen möchte. Niemand weiß, warum und wie dies geschieht, doch das Ergebnis bleibt dasselbe. In der Interaktion mit der Quantenwelt wird aus Vielfältigkeit Eindeutigkeit. Als würden alle Gedanken, die du jemals zu einem bestimmten Thema gehabt hast, auf einen Satz reduziert, den du dann gegenüber jemand anderem aussprichst. Genau das haben die Detektoren an der Wand des weißen Würfels getan. Sie haben das vom Roboter abgefeuerte Teilchen gezwungen, irgendwo aufzutauchen anstatt weiter überall zu sein, und es damit seiner Allgegenwart beraubt.

Dir werden die möglichen Konsequenzen dieses Phänomens bewusst, und du bekommst sofort eine Gänsehaut, obwohl du doch immer noch ein Schatten bist. Bedeutet das etwa, dass du dir, ausgerüstet mit dem richtigen Detektor, eine eigene Welt schaffen könntest? Nur durch dein Hinschauen könntest du Teilchen, ja die

Materie an sich, in eine bestimmte Richtung lenken und das Universum nach deinem Willen formen? Vielleicht hatte Witten doch unrecht, als er meinte, das Universum sei nicht geschaffen, um es uns möglichst angenehm zu machen.

Bevor du nun große Pläne schmiedest, muss ich dir leider mitteilen, dass Witten die Wahrheit gesagt hat und deine Allmacht Einbildung ist. Du kannst das Universum nicht nach deinem Willen formen. Angesichts der unzähligen Möglichkeiten der Quantenwelt lässt sich überhaupt nicht vorhersagen, welche von ihnen durch unseren Blick real wird. Das macht gerade den Zauber der Quantenfelder aus, die unser Universum bilden. Die Quantenwelt verwandelt das, was wir für sichere Tatsachen hielten, in Möglichkeiten oder Wahrscheinlichkeiten, die wir mit Experimenten zu ergründen versuchen, deren Ausgang niemand mit absoluter Sicherheit vorhersagen kann. Als würde man eine Münze oder einen Würfel werfen. Man hat geglaubt, diese Unsicherheit sei eine Kenntnislücke der Wissenschaft, doch die 1964 veröffentliche Ungleichung des nordirischen Physiker John Stewart Bell bewies das Gegenteil. Durch die Bell'sche Ungleichung konnte der Physiker Alain Aspect experimentell zeigen, dass es im Allerkleinsten prinzipiell immer um Möglichkeiten statt um Sicherheiten geht. Und diese Eigenschaft haben wir zu akzeptieren.

Also gut.

Aber was hat das mit dem Vakuum zu tun, das du dir anschauen solltest? Das wirst du gleich herausfinden.

Der mit Detektoren gepflasterte weiße Raum verschwindet, samt Metallpfosten und kleinem gelben Roboter, der sich noch nicht einmal verabschiedet.

Du bist wieder umgeben von kosmischer Nacht, du bist allein, um dich herum ist das Nichts.

Du schrumpfst auf Minigröße und siehst, dass sich da etwas rührt im Nichts.

Als würde ein Teilchen (oder auch zwei Teilchen, du kannst es nicht genau sagen) direkt vor dir auftauchen und in einer Lichtwolke verschwinden.

Erst war nichts, dann war doch etwas, und jetzt ist nichts mehr.

Seltsam.

Jetzt geschieht es wieder. Und wieder. Und immer wieder, zahllose Male, überall.

Du bist offenbar Zeuge davon, wie sich Teilchen spontan aus dem Nichts bilden. Und bevor sie aus irgendeinem Grund wieder verschwinden, schlagen sie alle möglichen Wege ein, die ihnen die Quantenfreiheit bietet.

Das kannst du inzwischen akzeptieren, denn du hast in dem weißen Raum gesehen, wie sich unbeobachtete Quantenteilchen verhalten. Aber wie können sie einfach so aus dem Nichts auftauchen?

Weil sie eben nicht von einem Nichts umgeben sind, sondern von Quantenfeldern.

Für ihre Entstehung borgen sich die Teilchen Energie aus den umgebenden Quantenfeldern. Da diese Felder aber jeden Punkt in Ort und Zeit ausfüllen, können Teilchen überall und jederzeit auftauchen. Aus diesem Grund kann es im Universum keine wirkliche Leere geben.

Du blickst noch tiefer in die Dunkelheit, und mit einem Mal erkennst du die ganze Wahrheit, als wären dir Filter von den Augen genommen worden. Da sind überall Teilchen, die sich verbinden. Sie füllen alles aus, sie schießen durch einen brodelnden Hintergrund aus immer neuen Schleifen. Virtuelle Teilchen, die sich ständig bewegen, ständig miteinander reagieren, in einer Licht- oder Energiewolke auftauchen und verschwinden. Eine Art Feuerwerk, überall, das keinen Fleck frei lässt. Das genaue Gegenteil vom «Nichts», das du in der gewaltigen Leere des Weltalls annahmst.

Und genau das bezeichnen Wissenschaftler als *Vakuum*.

Ein Vakuum ist das, was übrig bleibt, wenn alles andere weggenommen wurde: Quantenfelder auf dem niedrigsten Energielevel, aus denen spontan virtuelle Teilchen springen, die sich in alle möglichen Richtungen bewegen, bevor sie wieder weggeschluckt werden.

Denn so etwas wie Leere gibt es in unserem Universum nicht.

An einem Ort, von dem scheinbar alles entfernt wurde, erwartet man berechtigterweise nichts. Aber so, wie man Raum und Zeit nicht von einem Ort wegnehmen kann, lässt sich auch das Vakuum der Quantenfelder nicht entfernen.

Wenn das Vakuum nicht wirklich leer ist – wenn das Vakuum eines Quantenfelds durch die Teilchen definiert ist, die ihm entspringen –, dann stellt sich doch die Frage: Ist ein Vakuum überall dasselbe, oder unterscheidet es sich von Ort zu Ort? Gibt es, um den korrekten Plural zu gebrauchen, verschiedene *Vakua*?

Im Jahre 1948 sagte der niederländische Physiker Hendrik Casimir voraus, dass es bei einem wie oben definierten Vakuum – wenn wir es denn mit einer wahren Tatsache über unser Universum und nicht mit einem theoretischen Hirngespinst zu tun haben – tatsächlich verschiedene Vakua geben muss, die zudem eine sehr konkrete Auswirkung auf unsere Welt haben. Eine Wirkung, die man messen kann.

Stell dir eine verschiebbare Mauer vor, die einen mit Luft gefüllten Raum von einem mit Wasser gefüllten Raum trennt. Man würde doch meinen, dass diese Mauer sich in die Richtung des luftgefüllten Raums verschiebt, da das Wasser sie wegdrückt. Stell dir nun zwei dünne Metallplatten vor, die sich parallel gegenüberstehen. Genau wie die Mauer, die den wassergefüllten Raum vom luftgefüllten Raum trennt, müssten sich auch die Platten bewegen. Sie sollten voneinander abgestoßen oder angezogen werden, denn es besteht ein Unterschied zwischen dem Vakuum, das sie begrenzen und dem Vakuum, das außerhalb der beiden liegt.

Warum?

Aus dem einfachen Grund, dass außerhalb der Platten mehr Platz ist als zwischen ihnen. So unterscheiden sich die virtuellen Teilchen, die zwischen den Platten aus dem Nichts auftauchen, von den Teilchen, die außerhalb von ihnen auftauchen, und wir haben es mit zwei verschiedenen Vakua zu tun.

Daraus folgt, dass sich die Platten bewegen müssten – was sie tatsächlich auch tun, wie der US-amerikanische Physiker Steve Lamoreaux und seine Kollegen 1997 mit einem Experiment bewiesen. Das Phänomen wird auch der *Casimir-Effekt* genannt.

Der Casimir-Effekt bestätigt, dass es so etwas wie Leere nicht gibt. Und er geht noch weiter, indem er zeigt, dass es verschiedene Arten von Vakua geben kann, die dann eine Kraft – die Vakuumenergie – entstehen lassen.*

Vielleicht fällt dir auf, dass du jetzt auch die Lösung zu einem viel tiefer liegenden Problem gefunden hast.

Wie du schon weißt, sind alle Teilchen unseres Universums nur Ausformungen von Quantenfeldern. Sie sind wie Wellen im Meer. Wie Bälle, die in die Luft geworfen werden. Sie sind sowohl Teilchen als auch Wellen, die aus dem zugehörigen Quantenfeld entstehen und sich in ihm verbreiten.

Erinnerst du dich, wie dir bei der Erforschung des sehr Kleinen aufgefallen ist, dass die Elementarteilchen immer dieselben sind? Dass jedes beliebige Elektronenpaar immer identisch ist?**

Wie kann das sein?

In unserem Alltag kommt eine solche Perfektion nicht vor. Was immer wir tun, was wir auch anschauen, erschaffen oder denken, nie gibt es zwei exakt identische Objekte. Weder Menschen (auch keine Zwillinge) noch Vögel, noch Gedanken. Niemals. Selbst wenn zwei Dinge genau gleich aussehen, sind sie dennoch nicht identisch. Wie kommt es dann, dass Elektronen und andere Elementarteilchen immer absolut identisch mit allen anderen Teilchen ihrer Art sind?

Das liegt daran, dass alle Elementarteilchen des Universums aus eben dem Hintergrund entstehen, der sie auch jederzeit wieder

* Angesichts immer kleiner werdender elektronischer Geräte werden Ingenieure diesen Effekt stärker berücksichtigen müssen.

** Dies gilt für Quarks und Gluonen und Photonen und alle anderen Elementarteilchen aller Quantenfelder.

verschlucken kann: dem Vakuum eines Quantenfelds. Diese Vakua sind die unsichtbaren Meere, die unser gesamtes Universum ausfüllen.

Alle Elektronen sind identische Erzeugnisse eines elektromagnetischen Felds, sie entspringen seinem Vakuum und breiten sich darin aus. Ebenso die Photonen.

Jedes Mal, wenn ein Elektron real wird, wird es durch einen Kick im Vakuum des elektromagnetischen Felds aus seiner gespenstischen Starre geweckt. Jedes Mal, wenn ein Gluon auftaucht, ist dieses durch Energie entstanden, die dem Vakuum des stark wechselwirkenden Felds entnommen oder gegeben wird. Jedes Mal, wenn es zu radioaktivem Zerfall kommt, ist das Vakuum des schwachen Felds beteiligt, indem es seine Elementarneutrinos abfeuert. Je mehr Energie ein Vakuum hat, desto mehr Elementarteilchen können ihm entspringen.

Wenn wir gerade dabei sind, machen wir gleich weiter: Es sieht so aus, als würden sich alle Felder gleich verhalten, als folgten sie denselben Regeln. Was bedeutet das für die Schwerkraft?

Überall, wo Schwerkraft wirkt, ist ein Gravitationsfeld beteiligt, doch dieses Feld wird wenigstens bislang als etwas anderes behandelt, da es als Quantenfeld nicht vorstellbar ist. Wie du später noch erfahren wirst, kann sich niemand vorstellen, wie Teilchen einem Gravitationsfeld entspringen sollten, ohne dass dies katastrophale Folgen hätte. Wenn es aber möglich wäre, dann würden zur Schwerkraft Teilchen gehören, die einem Gravitationsfeld entstammen und dessen Energie tragen. Diese hypothetischen Teilchen nennt man *Gravitonen*. Bisher sind sie nicht nachgewiesen worden und die Raumzeitkrümmung bleibt der beste Weg, das Wirken der Schwerkraft zu erklären.

Aber auch ohne Gravitonen und ohne Quanteneigenschaften ist die Gravitation doch ein Feld. Damit steigt die Zahl der Felder, die wir zur Beschreibung des uns Bekannten verwenden, auf vier.

Warum gerade vier?

Warum sollte es vier Elementarfelder geben?

Warum beschreibt man die Natur nicht mit fünf oder zehn oder zweiundvierzig oder 17 092 008 Feldern?

Und was ist mit den dazugehörigen Vakua? Existieren diese einfach nebeneinander, ohne voneinander beeinflusst zu werden? Klingt seltsam, oder? Wäre es nicht einfacher, wenn es nur ein Feld gäbe?

Ja, sicher.

Um Einfachheit sind Physiker stets bemüht, dieses Anliegen beflügelt sogar ihre Phantasie. Daher haben sie versucht, die vier bekannten Felder in nur einem zu vereinen.

Ein Feld für alle, sozusagen.

Aber das ist leichter gesagt als getan.

Denn schon die Elementarteilchen *eines* Felds sind nicht dieselben, und die Teilchen des Gravitationsfeldes sind noch nicht einmal nachgewiesen.

Wenn ein Feld angeregt wird, hat das Auswirkungen darauf, wie ein anderes angeregt wird. Außerdem sind verschiedene Ladungen beteiligt. Die Felder zeigen ganz andere Eigenschaften: Elektromagnetismus ist langwellig und wirkt entweder anziehend oder abstoßend, die Schwerkraft wirkt nur anziehend, die starke Wechselwirkung ist extrem kurzwellig und so weiter …

Und doch …

Um eine Legierung aus zwei verschiedenen Materialien zu bekommen, muss man sie erhitzen. Bei ausreichend hoher Temperatur verschmelzen sie zu etwas ganz Neuem, zu einem neuen Material, das beide Ausgangsstoffe vereint.

Um Felder zu vereinen, könnte man nun dasselbe Prinzip anwenden. Doch dazu bräuchte man eine unvorstellbar große Energiemenge. Etwa tausend Billionen (eine Billiarde) Grad wären nötig, um das elektromagnetische Feld mit der schwachen Wechselwirkung zu verschmelzen.

Das liegt definitiv außerhalb unserer Vorstellungswelt.

Doch waren solche enormen Energiemengen tatsächlich einmal vorhanden – vor langer Zeit, als das Universum jünger und kleiner war. Indem sie sich auf dem Papier überlegten, wie sich die Natur vor Urzeiten verhielt, gelang es Salam, Glashow und Weinberg, das elektromagnetische Feld mit der schwachen Wechselwirkung zu vereinen. So entdeckten sie das elektroschwache Feld. Unter extremen Bedingungen, so fanden die drei Wissenschaftler heraus, umfasste einst ein einziges Feld die beiden Felder, die heute jeweils Magnetismus und Radioaktivität steuern.

Im nächsten Schritt müsste nun dieses neue Feld mit dem dritten bekannten Quantenfeld, der starken Wechselwirkung, zusammengebracht werden. (Letztere entscheidet darüber, wie sich Quarks und Gluonen im Atomkern verhalten.) Damit würden wir die «große vereinheitlichte Theorie» schaffen, wie es etwas großspurig heißt. Falls es sie gibt, ist aber eine noch größere Energiemenge erforderlich.

Wie groß?

Schwindelerregend groß. So groß, dass eine oder zwei Milliarden Grad zusätzlich kaum etwas ausmachen.

Woher wollen wir wissen, ob all das real ist?

Woher wollen wir wissen, dass Salam, Glashow und Weinberg richtig lagen? Abgesehen davon, dass ein Feld einfach mehr Sinn ergibt als drei oder vier – woher wollen wir wissen, dass es tatsächlich eine große vereinheitlichte Theorie gibt, die es zu entdecken gilt?

Wenn wir die Felder miteinander vereinen, um ein einziges neues zu schaffen, dann hat dieses neue Feld nach Voraussage der Physiker seine eigenen Elementarteilchen und Austauschteilchen. Um dies zu testen, wurden Teilchenbeschleuniger gebaut, in denen bereits existierende Teilchen gegeneinander geschleudert werden. In diesen Teilchenbeschleunigern werden die Teilchen nicht nur zerlegt (und offenbaren uns damit ihre Bauweise), die unglaubliche Energie im Umkreis der Kollision ruft auch ein Feld hervor, das in der Geschichte unseres Universums verborgen liegt.

Die maximale Energie, die bisher bei einem solchen Teilchenzusammenprall erreicht wurde, lag bis 2015 bei zehntausend Milliarden Grad Celsius. Das klingt nach unvorstellbar viel, aber wir müssen bedenken, dass wir es mit einem *Teilchen*beschleuniger zu tun haben. Hier werden keine Kühe oder Planeten beschleunigt, sondern allerkleinste Teilchen. Mit der Energie, die bei diesen Minikollisionen frei wird, brächte man gerade einmal eine Mücke zum Fliegen. Lokal gesehen aber handelt es sich um eine enorme Energiemenge. Und genau wie Salam, Glashow und Weinberg vorhergesagt haben, sind ganz neue Teilchen (insbesondere W- und Z-Bosonen) entstanden – Teilchen, die nur sinnvoll erscheinen, wenn sie aus elektroschwacher Perspektive betrachtet werden.

Ich weiß nicht, wie es dir geht, aber Entdeckungen wie diese erstaunen mich immer wieder.

Welche Rolle hat nun die Schwerkraft in dem Ganzen? Um die vier Felder in eines zu verwandeln, muss auch die Schwerkraft ins Spiel gebracht werden. Warum wird sie also ausgelassen? Mit der Antwort auf diese komplizierte Frage beschäftigt sich der gesamte siebte Teil dieses Buches.

Das ist aber kein Grund, ungeduldig zu werden, denn du hast schon beinahe alles erfahren, was du über den Stoff wissen kannst, aus dem du gemacht bist. Nur einen Aspekt haben wir bisher ausgeblendet: deine Masse.

Du wunderst dich wahrscheinlich, warum du davon nicht früher gehört hast. Die Frage nach der Masse ist schließlich nicht unerheblich, oder?

Woher stammt also Masse?

Im Innern von Sternen verschmelzen mehrere kleine Atomkerne zu einem großen, so viel wissen wir inzwischen.

Bilden also Sterne Masse?

Nein. Sie tun genau das Gegenteil.

Weil sie die Gluonen ausstoßen, die durch die Fusion überflüssig geworden sind, verlieren Neutronen und Protonen einen Teil ihrer Energie und damit ihrer Masse. So gibt es Einsteins $E = mc^2$ vor*,

* Je mehr Protonen und Neutronen ein Atomkern enthält, desto weniger verbindende Gluonen sind notwendig, damit die Quarks festgehalten werden.

und so entsteht ja auch die Energie, durch die Sterne leuchten. Doch noch etwas lässt sich daraus ableiten: Wenn Atomkerne an Masse verlieren, wenn sie ihre Gluonen abstoßen, dann bilden diese Gluonen ihre Masse. Ein Teil der Masse von Atomen stammt also vom virtuellen Gluonenplasma, durch das Quarks zusammengehalten werden. Bei näherer Betrachtung fanden Wissenschaftler heraus, dass eben diese Gluonenplasmaenergie, die in allen Neutronen und Protonen unseres Universums enthalten ist, einen Großteil der Masse der uns bekannten Materie bildet. Einen großen Teil, aber nicht die gesamte Masse.

Daher wissen wir immer noch nicht, warum Quarks und Elektronen Masse haben. Beziehungsweise *wie* sie diese Masse erworben haben, denn es ist wohl so, dass sie einst masselos waren.

Salam, Glashow und Weinberg haben gezeigt, dass sich – vor langer Zeit, als unser junges Universum sich ausweitete und abkühlte – das elektroschwache Feld in das elektromagnetische Feld und das schwache Feld aufspaltete. Doch damit dies geschehen konnte, musste noch ein Feld in Erscheinung treten.

Ein zusätzliches Quantenfeld mit eigenen Austauschteilchen und allem, was dazugehört.

Diese Austauschteilchen können nicht Träger einer uns bekannten Energie sein, und auch eine andere Energie lässt sich nicht heranziehen … doch wie wirken sie dann?

Sie haben manchen Teilchen Masse verliehen und andere masselos bleiben lassen. Photonen und Gluonen beispielsweise haben das neu gedachte Feld nicht bemerkt und bemerken es bis heute nicht. Sie können sich frei darin bewegen, ohne von ihm beeinflusst zu werden. Daher blieben sie masselos und können noch heute mit Lichtgeschwindigkeit unterwegs sein.

Aber bei Quarks, Elektronen und Neutrinos hat sich das Feld sehr wohl bemerkbar gemacht, sie haben Masse bekommen und können sich nicht mit Lichtgeschwindigkeit bewegen.

Und wieder: Woher wollen wir das wissen? Woher wollen wir

wissen, dass ein rätselhaftes Feld für die Masse dieser Teilchen verantwortlich ist?

Wie alle anderen Felder müsste auch dieses Feld eigene Elementarteilchen haben.

Und wie erwartet sind diese nicht leicht zu entdecken.

Den Berechnungen nach müsste eine enorme Energiemenge aufgebracht werden, um ein solches Feld hervorzurufen und seine Elementarteilchen zum Leben zu erwecken – mehr Energie noch als für das elektroschwache Feld. Doch so phantastisch es auch klingen mag, im Jahre 2012 gelang Wissenschaftlern genau dies, und zwar im LHC, dem stärksten Teilchenbeschleuniger der Europäischen Organisation für Kernforschung (CERN) bei Genf.* Sie konnten ein Elementarteilchen nachweisen, das zu besagtem Feld gehört, und sie fanden das fehlende Puzzleteil: Der Ursprung aller bekannten Masse unseres Universums (ob nun durch Gluonen bedingt oder nicht) war nun bekannt.

Die Physiker waren also auf der richtigen Spur gewesen.

In den Medien sprach man vom neu entdeckten *Higgs-Teilchen* (obgleich es viele verschiedene Higgs-Teilchen geben kann), und das Feld, dem es entstammt, heißt das *Higgs-Feld* oder *Higgs-Englert-Brout-Feld*. Der britische Physiker Peter Higgs und der belgische Physiker François Englert erhielten 2013 gemeinsam den Nobelpreis für diese Entdeckung (die sie mehr als vierzig Jahre zuvor mit ihrem 2011 verstorbenen Kollegen Brout** vorhergesagt hatten). Die drei haben vereinfacht gesagt entdeckt, wie vor 13,8 Milliarden Jahren, als unser Universum sich abkühlte, ein Teil der Masse entstanden ist. Eine beeindruckende Leistung, mit der Forschung und Menschheit einen bedeutenden Schritt gemacht haben.

* LHC steht für Large Hadron Collider. Alle Teilchen, die von der starken Wechselwirkung zusammengehalten werden, nennt man *Hadronen*. Protonen sind Hadronen, und das LHC lässt also im Grunde Protonen mit hoher Geschwindigkeit aufeinandertreffen.

** Der Nobelpreis wird nur an lebende Wissenschaftler verliehen.

Da die Entdeckung es in die Schlagzeilen schaffte, soll hier nochmals betont werden, dass das Higgs-Feld nicht für sämtliche Masse verantwortlich ist, aus der wir bestehen, sondern nur für einen Teil. Der Hauptteil der Masse von Neutronen und Protonen entstammt wie oben erwähnt der Energie, die für den Zusammenhalt der Quarks sorgt, also dem Quark-Gluon-Plasma. Wenn man das Higgs-Feld abschaltete, würden die Quarks masselos und wir würden sterben. Die Masse von Protonen und Neutronen aber würde sich kaum verändern.

Jetzt, da wir die Rolle des starken Felds für unsere Masse herausgestellt haben und wissen, woher die Masse der uns bekannten Materie stammt: Rufe dir noch einmal den Anfang dieses Kapitels in Erinnerung, als du beobachtest hast, wie unzählige Partikel dem Vakuum entsprungen sind. Du hättest diese Teilchen eigentlich nicht sehen dürfen. Die Natur lässt Teilchen nicht einfach so auftauchen, nicht ohne Gegenleistung.

Gleich wirst du erfahren, dass diese Gegenleistung das Vorhandensein einer neuen Art von Materie ist: der *Antimaterie*.

3
Antimaterie

Fast die gesamte Erdgeschichte über war die Oberfläche unseres Planeten den Menschen unbekannt. Heute kommen wir sehr leicht an Satellitenaufnahmen unseres gesamten Planeten, doch noch vor ein paar hundert Jahren, als nur wenige Flecken Land in Europa, Amerika und Asien von den dort lebenden Menschen kartographiert worden waren, gab es kein umfassendes Bild der Welt. Irgendwann dann brachen unerschrockene Entdecker aus verschiedenen Zivilisationen auf, sie verließen ihr sicheres Zuhause und durchsegelten stürmische Meere, um herauszufinden, was sich wohl jenseits ihrer Heimat befinden mochte. Und einer nach dem anderen stieß auf weit entlegene Landmassen, die noch kein Mensch betreten hatte. Man traf auf fremde Zivilisationen. Von Wasser umgebene Felsstücke nannte man fortan Inseln, große Landmassen Kontinente. Jede dieser Entdeckungen vergrößerte den Horizont der Menschheit und ließ unsere Vorfahren gleichzeitig erkennen, dass wir die Oberfläche einer unglaublich vielfältigen, aber doch recht kleinen Kugel bewohnen, die durch ein unvorstellbar großes All schwebt.

Jahrzehnte vergingen.

Angetrieben durch eine Mischung aus Gewalt, Habgier und Neugierde wurde die Erde immer weiter erforscht, und das Unbekannte lag irgendwann nicht mehr irgendwo hinterm Horizont, sondern über uns. Der Weltraum war das neue Rätsel, über das jeder nachsinnen konnte, der in den Himmel blickte. Doch die Entfernungen da draußen sind unvorstellbar. Derzeit werden menschengemachte Satelliten mehrere hundert Millionen Kilometer ins All geschickt, um den Ursprung des Wassers oder gar die Bausteine des Lebens auf unserem Planeten zu erforschen.

Entdeckertum hat inzwischen nicht mehr so viel damit zu tun, Menschen auf gefährliche Abenteuer zu schicken. Das erledigen nun Roboter. Dennoch gewinnt das interplanetare Reisen wieder an Attraktivität. Ist es Anfang des 21. Jahrhunderts überhaupt noch möglich, auf der Erde zu bleiben und ein Entdecker zu sein?

Natürlich ist es das.

Man könnte sich den Meeresgrund zum Ziel nehmen, eine für unsere Technologie (und unsere Körper!) ungemein feindselige Umgebung, die weniger oft besucht wurde als die Oberfläche des Mondes.

Oder aber man geht noch anders an die Sache heran und verschreibt sich der Wissenschaft.

Das hat vielleicht nicht denselben Glamourfaktor wie das Steuern einer Karavelle oder eines Raumschiffs, aber nur so gelangt man wirklich überallhin. Vom Grund des Meeres bis zum Rand des sichtbaren Universums. Und noch weiter. Wie du bei der Lektüre dieses Buches bemerkt hast, kann dein Verstand dich zu Orten bringen, die deinem Körper verschlossen sind. Zu Orten, an denen noch niemand war. Wir sind in Raum und Zeit abgetaucht und haben das Quantenverhalten von Teilchen und Licht erforscht. Dennoch werden keine zwei Leser jemals exakt dieselbe Reise unternommen haben. Niemand wird sich genau dasselbe vorgestellt haben wie ein anderer. Indem du im Geiste Galaxien und virtuelle Lichtpartikel entstehen lässt, betrittst du die Welt der theoretischen Forschung, eine Welt ohne Grenzen.

Niemand weiß jemals im Voraus, in welcher Richtung eine unentdeckte Insel oder ein neuer Kontinent liegen mag. Und es mussten schon viele Abenteurer scheitern, um den Weg für eine große Entdeckung zu ebnen. Es gibt glückliche Zufälle, aber darauf kann man sich nicht verlassen. Wohl aber auf bereits gemachte Entdeckungen. Dasselbe gilt für die Wissenschaft, wo die Erforschung der Antimaterie diesen altbewährten Pfaden folgt. Hier hat ein genialer Kopf die Augen aller für eine absolut erstaunliche Tatsache geöffnet: Die Materie, aus der wir bestehen, die Materie der

Planeten, Sterne und Galaxien, ist nur *die Hälfte der vorhandenen Materie*. Und darauf ist er nicht etwa durch Zufall gekommen, sondern er hat sich an das bereits Erreichte gehalten. Genauer gesagt an Einsteins Überlegungen dazu, wie Dinge sich bewegen, wenn sie sich sehr schnell bewegen, und an das seltsame Verhalten von Quantenteilchen. Der geniale Mensch war der britische Physiker Paul Dirac. Er schuf die Vorstellung des Quantenfelds und entdeckte daraufhin die Antimaterie. Dirac hatte von 1932 bis 1969 den Lucasischen Lehrstuhl für Mathematik an der Universität Cambridge inne – einen der angesehensten Lehrstühle der Welt, den Isaac Newton von 1669 bis 1702 und Stephen Hawking von 1979 bis 2009 bekleideten.

Was ist nun Antimaterie?

Du weißt ja bereits, was $E = mc^2$ bedeutet: Masse kann in Energie und Energie in Masse umgewandelt werden. Der Wechselkurs ist jedoch recht hoch. Und wie du im vorangegangenen Kapitel gesehen hast, kann die Energie zur Teilchenbildung aus dem Vakuum, also aus dem umgebenden Feld entliehen werden.

Und jetzt zurück zu deinem Mini-Ich.

* * *

Du bist immer noch in einem leergeräumten Universum, umgeben von einem Vakuum – genauer gesagt dem Vakuum eines elektromagnetischen Felds.

Gleich vor dir taucht ein Elektron auf.

Warum? Weil es kann. Einfach so.

Kurz zuvor war da nur ein Vakuum, jetzt ist da ein Elektron. Ein Elektron mit Masse. Sein Auftauchen kann nur bedeuten, dass eine schlummernde Energie in eben diese Masse verwandelt worden ist. Hier wurde die Formel $E = mc^2$ in die Tat umgesetzt.

Aber das Elektron hat auch eine Ladung. Woher, fragt man sich, kommt diese elektrische Ladung?

Masse entsteht aus Energie, Masse und Energie sind äquivalent, und so ist die Entstehung von Masse aus geliehener Energie ein Ausgleichsprozess. Die Energie wird ganz einfach von einer Form in die andere umgewandelt. Die Sache mit der Ladung ist ein ganz anderes Problem. Nachdem das Elektron aufgetaucht ist, entsteht eine negative elektrische Ladung, die vorher nicht da war. Einfach so. Und das ist nicht hinzunehmen. Wie ich am Ende des vorherigen Kapitels festgestellt habe, ist es nicht möglich, aus Nichts etwas zu machen. Nicht ohne Gegenleistung. Das geht im echten Leben nicht (ich höre dich fast seufzen), und an dieser Stelle ist es ausnahmsweise in der Quantenwelt genauso.

Was machen wir jetzt mit dieser Ladung? Sollen wir sie einfach ignorieren?

Das können wir nicht, dafür ist sie zu zahlreich vorhanden. Sämtliche Elektronen des Universums sind geladen, ebenso viele andere Elementarteilchen.

Woher kommt diese Ladung?

Die einfachste Antwort ist oft die richtige, und so ist es auch hier: Ein Elektron tritt nie allein auf. Es muss zusammen mit einem Teilchen auftreten, das bis auf seine Ladung mit ihm identisch ist. Dieses Teilchen trägt die gegenteilige Ladung und heißt *Antielektron.*

Es wurde eingeführt, damit die Ladung aller je entstandenen Elektron-Antielektron-Paare Null ergibt. Dafür benötigt man kein $E = mc^2$ oder irgendeine andere Gleichung. Ein solches Phänomen bricht kein Gesetz: Die Ladung war gleich null, bevor das Elektron samt Antielektron erschien, und sie ist auch danach gleich null.

Damit sind wir bei dem, was Paul Dirac auf so geniale Weise herausgefunden hat.

Und, was ist so toll daran?, darfst du ruhig fragen.

Das Erstaunliche daran ist, dass damals niemand die Existenz eines Teilchens ahnte, das einem Elektron ähnelt, aber dessen entgegengesetzte Ladung besitzt. Ein Antielektron hatte noch niemand gesehen.

Heute können wir es überall nachweisen.

Der Prozess, durch den ein Elektron und sein Gegenstück aus dem Nichts entstehen, heißt *Teilchen-Antiteilchen-Paarbildung.* Und auch den umgekehrten Prozess gibt es: Wenn ein Elektron auf ein Antielektron trifft, *annihilieren* sie sich, sie verschwinden ganz einfach! Mit einem Mal wird ihre Masse wieder in Energie, in Licht zurückverwandelt.

Elektronen und ihre Gegenstücke werden aus dem elektromagnetischen Feld geschaffen und verschmelzen wieder mit ihm, wenn sie zerstört werden.

Da Elektronen für sich existieren können, sie aber durch Elektron-Antielektron-Paarbildung aus dem elektromagnetischen Feld entstanden sind, folgt daraus, dass auch Antielektronen alleine existieren müssen. Das tun sie auch. Aber man kann sie nicht überall finden.

1928 nannte Dirac das Antielektron ein «Loch in einem See» (wobei der See das ist, was wir heute das elektromagnetische Quantenfeld nennen), da es mit einer fehlenden Ladung korrespondierte.

Diracs «Loch», das Antielektron, wurde fünf Jahre später experimentell nachgewiesen und Dirac erhielt 1933 den Physik-Nobelpreis für seine erstaunliche Einsicht. Seine Feldtheorie umfasst alle Felder, die du auf einmal überall siehst, seit du die Welt des sehr Kleinen erforschst.

Es war der US-amerikanische Physiker Carl D. Anderson, der Diracs Antielektronen zum ersten Mal nachwies. Er nannte sie jedoch nicht Antielektronen, sondern *Positronen*. Dieser Begriff wird auch heute verwendet. Anderson wurde dann drei Jahre später, also 1936, der Nobelpreis für seine Detektivarbeit verliehen.

Und damit war die Antimaterie erschaffen.

Weiter oben habe ich gesagt, die Hälfte *aller* Materie sei Antimaterie. Wenn es aber nur um Antielektronen geht, kann nicht die Hälfte von *allem* gemeint sein. Was ist mit Antiquarks und Antilicht und Antigluonen?

Was für Elektronen zutrifft, trifft für alle Teilchen zu.

Alle haben ihr Gegenstück.

Es gibt Antiquarks, Antineutrinos und Antiphotonen. Manche Teilchen jedoch – Teilchen, die keine Ladung tragen – können beide Seiten verkörpern und sind ihre eigenen Antiteilchen. Licht ist hierfür ein gutes Beispiel: Da Photonen und Antiphotonen keine Ladung haben, sind sie identisch.

Warum können wir die vielen Antiteilchen um uns herum nicht sehen?

Sie sind zwar da, sie umgeben uns und dich, aber nicht in großer Zahl. Denn immer, wenn ein Antiteilchen auftaucht, ist seine Existenz von nur kurzer Dauer. Jedes Antiteilchen, das auf sein Gegenstück trifft, annihiliert sich mit ihm, es verschwindet mit einem Aufblitzen von Energie und Licht und befolgt damit die Formel $E = mc^2$.

Doch irgendwo im Universum könnte es eine ganze Welt aus Antimaterie geben. Eine Antiwelt sozusagen. Niemand weiß, ob solche Gegenwelten existieren, doch wenn sie es tun und wenn du irgendwann im Weltraum auf dein Gegenstück triffst, dann gib ihm lieber nicht die Hand. Du und dein Anti-Du, ihr würdet im selben Moment explodieren wie eine gewaltige Bombe.*

Und doch gibt es in unserem Umfeld Antimaterie. Sogar jetzt, in dir.

Jedes Mal, wenn es zu radioaktivem Zerfall kommt, wird Antimaterie geschaffen, die sich dann sofort mit ihrem Gegenstück annihiliert und zu einem starken Lichtstrahl wird, der durch deinen Körper schießt, ohne dass du oder irgendjemand es bemerkt.

Deine Augen können diese Strahlen nicht sehen, denn sie mussten ja nie die Fähigkeit entwickeln, sie zu erkennen. Was deine Augen nicht sehen, kann aber neueste Technologie sehen – und blitzgescheite Ingenieure haben diese Entdeckung in medizinische Apparaturen zur Diagnose und Forschung verwandelt, die in Krankenhäusern zum Einsatz kommen: Zum Beispiel die Positronen-Emissions-Tomographie. Hierzu injizieren die Ärzte flüs-

* Wie gewaltig? Laut $E = mc^2$ benötigt man, um etwa dreimal mehr Energie frei werden zu lassen als bei der Atombombe von Hiroshima, nur ein Gramm Antimaterie. Wenn 70 Kilogramm Du auf ihr Gegenstück treffen, hat dieses Zusammentreffen die Gewalt von 210 000 Atombomben.

sige radioaktive «Tracer» in den Körper des Patienten, die bei ihrem Zerfall ein Positron abgeben. Die Positronen annihilieren mit den auf sie treffenden Elektronen und verwandeln sich in starke Gammastrahlen, die außerhalb des Körpers vom PET-Gerät aufgefangen werden, das daraufhin ein 3-D-Bild der Körperfunktionen ausgibt. Genial.

Also gut.

Du kennst nun Felder und deren Vakua.

Du weißt von ihrer möglichen Vereinigung.

Du kennst Masse, Ladung und Antimaterie.

Damit bist du bereit, dich über das bisher Erfahrene hinauszubegeben. Jetzt geht es zum Urknall und weiter, zum Ursprung von Raum und Zeit.

Wenn ich du wäre, würde ich also noch mal tief Luft holen, bevor ich die Seite umblättere.

4
Die Mauer hinter der Mauer

Lange Zeit hast du, ohne darüber nachdenken, es einfach als Tatsache betrachtet, dass unser Universum zum größten Teil Leere ist, eine ganz und gar unbewegte und stille Leere. Anders als deine Vorfahren hast du vom Urknall gehört, doch hast du dich noch nie wirklich gefragt, was dieser Begriff eigentlich bedeutet.

Tatsächlich sind wir den Fischen im Meer nicht unähnlich. Aber wie du inzwischen weißt, schwimmen wir nicht in einem Meer aus Wasser, sondern in den vielen Meeren, die Dirac benannt hat. Meere, die Felder heißen und das gesamte Universum ausfüllen. Felder, deren komplexer Ausdruck wir sind.

Wenn du jetzt darüber nachdenkst, wird dir klar, dass es so auch am meisten Sinn ergibt, dass auf diese Weise alles viel leichter verständlich wird: Zeit, Masse, Geschwindigkeit und Entfernung sind innerhalb dieser Felder miteinander verzahnt.

Das Universum ist riesig. Zwischen zwei Gestirnen, zwei Galaxien oder Galaxienhaufen erstrecken sich unvorstellbar große Räume. Doch gibt es da keine Leere. Nur Felder, die voneinander entfernten Objekten ermöglichen, in Interaktion zu treten, indem sie Teilchen austauschen, ohne sich jemals zu berühren.

Felder verbinden alles mit allem.

Diese Vorstellung wirkt doch beinahe beruhigend.

Wenn wir nun gleich die gesamte Geschichte unseres Universums bis zur Entstehung von Raum und Zeit zurückspulen, wirst du dich vielleicht fragen: Haben all die Schamanen, Gurus und Eso-Freaks recht gehabt, die seit Ewigkeiten rufen, singen, schreiben, malen und tanzen, dass alles im Grunde eins ist?

Ja, das haben sie irgendwie.

Aber sie wissen nicht, warum.

Unser kleiner Supercomputer weiß es, und hier taucht er wieder auf.

Da steht er wieder vor dir, der knallgelbe Wurfautomat. Er hat immer noch kein Gesicht und glotzt dich ziemlich ausdruckslos mit seinem Wurfrohr an, aber du weißt inzwischen, dass mehr als Mechanik in ihm steckt.

Du fühlst dich stark, dein angesammeltes Wissen gibt dir Selbstvertrauen. Du nutzt deine Vorstellungskraft, um dir die Geschichte unseres Universums auszumalen.

Aus dem Off ertönt eine metallische Stimme:

«Bist du bereit?», fragt der Roboter.

Du weißt, dass er dich zum Ursprung von Raum und Zeit bringen will, aber er lässt dir nicht einmal Zeit zu antworten. Kurz darauf seid ihr beide schon in der Luft. Über einem Haus. Deinem Haus.

Wo immer du zuvor auch gewesen sein magst, der Computer hat dich in deine Heimatstadt zurückgebracht.

Und jetzt geht es steil nach oben.

Du durchquerst die verschiedenen Schichten der Erdatmosphäre und bist bald wieder im All, über deiner heimischen Welt, den Blick in die Ferne gerichtet.

«Ich werde dich durch die beste je entwickelte Simulation schicken», verkündet der Roboter. «Wenn man wie ich auf die Befolgung der Naturgesetze programmiert ist, muss sich selbst der beste Supercomputer ordentlich anstrengen, um das zu erreichen, was du gleich zu sehen bekommst.»

«Dann mal los!», rufst du, deine Abenteuerlust ist geweckt. Du kannst es kaum abwarten, die Grenze des Sichtbaren zu überqueren und die vielen verwobenen Vergangenheitsschichten zu durchstoßen.

Wenn du einen Stern auf gewöhnliche Weise erreichen wolltest, also mit deinem Körper statt mit deinem Geist, müsstest du natürlich eine ganze Weile unterwegs sein, und der Stern wäre nicht mehr derselbe, wenn du endlich bei ihm angelangt wärst. Er hätte sich weiterentwickelt. Wenn du jetzt in diesem Moment nach New York fliegen würdest, würde ja auch das ein paar Stunden dauern. Das New York, das du dann erreichtest, wäre ein anderes New York als das zum Zeitpunkt deiner Abreise. Die Menschen, die Autos, die Regentropfen – alle Dinge hätten bis dahin ihren Standort verändert.

Bei der Reise zu einem weit entlegenen Stern in einer weit entlegenen Galaxie ist der Unterschied noch viel größer. Wenn du am Ziel wärst, hätte sich das Universum inzwischen weiter vergrößert. Die kosmische Hintergrundstrahlung, also die gleichförmige Temperatur des Universums, wäre gesunken. Die Fläche der letzten Streuung, die Grenze des beobachtbaren Universums, wäre noch weiter entfernt. Wäre man «normal» unterwegs, ganz gleich in welcher Geschwindigkeit, würde man die Vergangenheit niemals erreichen.

Wie kann die Computersimulation dich dann in die Vergangenheit katapultieren – und auch noch in die extrem ferne Vergangenheit?

Ganz einfach: Um die Kindheit des Universums mitzuerleben, um wirklich dabei zu sein, darfst du dich nicht bewegen. Du musst nur die Zeit rückwärts laufen lassen. Und genau das wird gleich passieren.

Ohne dich zu bewegen, beginnst du eine Reise, die dich rückwärts durch die Geschichte unseres Universums führt, zurück zum Urknall und noch darüber hinaus. Dabei wechselst du deinen Standpunkt nicht.

Mit einem Feingefühl, das du bei ihm nicht vermutet hättest, blendet sich der Roboteravatar des Supercomputers sogar aus, um dir nicht die Sicht zu versperren.

Auf einen Schlag bist du sieben Millionen Jahre in die Vergangenheit gereist.

Die Fläche der letzten Streuung, die Grenze des von der Erde aus sichtbaren Universums, ist etwas näher gerückt, die kosmische Hintergrundstrahlung ist ein wenig heißer geworden. Aber sieben

Millionen Jahre ist ziemlich wenig verglichen mit der 13,8 Milliarden Jahre alten Geschichte unseres Universums, und nichts da draußen unterscheidet sich besonders von dem, was vorhin war. Die Erde unter dir aber ist anders. Es sind keine Städte, keine Straßen, keine blinkenden Lichter zu sehen. Die ersten Menschen beginnen gerade einmal, sich von den Affen zu unterscheiden. Deine entfernten Vorfahren sind behaart, und sie jagen wilde Tiere. So betrachtet hat die Menschheit es wirklich weit gebracht.

Noch einen Augenblick später bist du 65 Millionen Jahre in die Vergangenheit gesprungen.

Soeben sind die Dinosaurier ausgerottet worden, durch den Zusammenfall von gewaltigen Vulkanausbrüchen und der katastrophalen Kollision mit einem zehn Kilometer breiten Asteroiden. Nur kleine Säugetiere haben überlebt, und aus ein paar von ihnen werden sich im Laufe einer langen Evolution deine haarigen Ahnen von vorhin entwickeln – und später wir.

Ein Zwinkern, und schon bist du mehr als vier Milliarden Jahre in die Vergangenheit gereist.

Die Erde ist von einem marsgroßen Planeten gerammt worden. Aus dem dabei abgeschlagenen Stück wird sich der Mond formen. Die Hintergrundstrahlung ist spürbar gestiegen und die Fläche der letzten Streuung deutlich in die Nähe gerückt. Das sichtbare Universum, so wie du es von deinem Standpunkt überschaust, macht nur siebzig Prozent des sichtbaren Universums von 2015 aus.

Du spulst noch ein paar Milliarden Jahre zurück.

Das sichtbare Universum ist nur noch halb so groß wie zu Beginn deiner Zeitreise. Die Erde gibt es nicht. Stattdessen siehst du sterbende Sterne, die ihre Materie durch sagenhafte Explosionen im Weltall verteilen. In ein paar hundert Millionen Jahren werden sich Brocken und Staub in großen Wolken sammeln, und die Schwerkraft wird dafür sorgen, dass sich mindestens ein neuer Stern, nämlich die Sonne bildet, plus ihre Planeten.

Noch ein Fingerschnipp und du stehst fünf Milliarden Jahre vor der Geburt der Erde oder 9,5 Milliarden Jahre vor deiner eigenen Geburt. Das sichtbare Universum hat weniger als ein Viertel der Größe, die es 2015 einnehmen wird. Die Fläche der letzten Streuung ist nicht weit entfernt. Zwischen dir und dieser Wand bilden sich Galaxien rund um gigantische schwarze Löcher, ab und zu kollidieren sie mit unfassbarer Gewalt.

Und schwupp bist du 13,7 Milliarden Jahre zurück.

Du bist immer noch an dem Ort, an dem die Erde einst sein wird, doch das sichtbare Universum, das dich umgebende Universum, hat nur noch 0,5 Prozent seiner ursprünglichen Größe. Du befindest dich im finsteren Mittelalter unseres Universums.

Das Mittelalter, das du im ersten Teil dieses Buches bereist hast, war kalt, weil du es damals aus der Perspektive der Erde im Jahr 2015 betrachtet hast, nach über 13,7 Milliarden Jahren, in denen sich das All immer weiter ausgebreitet hat.

Doch vor 13,7 Milliarden Jahren war es weder kalt noch dunkel. Genau wie jetzt.

Die ersten Sterne sind noch nicht aufgeflammt, die Materie vor deinen Augen hat keine Kernfusion im Innern der Sterne durchlaufen. Du bist deshalb von den kleinsten existierenden Atomen umgeben: hauptsächlich Wasserstoff, aber auch Helium. Die kosmische Hintergrundstrahlung ist nicht mehr kurzwellig. Denn du kannst sie sehen. Sie ist das Licht, das unser Universum ursprünglich ausfüllte – ein Licht, das alles hell erleuchtet und erst viel später, nach mehreren Milliarden Jahren der kosmischen Expansion, zur kurzwelligen Hintergrundstrahlung werden wird.

Mit noch einem Zwinkern geht es 100 Millionen Jahre weiter, also 13,8 Milliarden Jahre in die Vergangenheit. Die Fläche der letzten Streuung an der Grenze des sichtbaren Universums ist jetzt eine Lichtminute entfernt, sodass dein sichtbares Universum eine Tiefe von nur einer Lichtminute hat, das ist weniger als ein Achtel der Entfernung zwischen Erde und Sonne.

Seit sechzig Sekunden erst ist das Universum durchsichtig.

Es ist heiß, 3000 °C heiß, überall.

Du bist immer noch im finsteren Mittelalter, aber um dich herum ist es so hell, dass du dich fragst, ob diese Beschreibung überhaupt passt.

Du hältst an.

Gleich wird der Computer die Zeit noch weiter zurückdrehen, wenn auch langsamer, und du wirst einen seltsamen, buchstäblich unsichtbaren Ort betreten. Noch eine Minute weiter zurück in die Vergangenheit und du beginnst, was wie die letzte Reise klingt …

Die Fläche der letzten Streuung ist jetzt direkt vor dir.

Du atmest tief durch und machst dich bereit, diese Wand zu durchbrechen, um das Unsichtbare zu erreichen.

Die Zeit spult zurück.

Du bist durch.

Du hast einen Teil des Universums erreicht, der niemals bei Licht angeschaut werden kann.

Und du siehst tatsächlich nichts mehr.

Licht dringt nicht bis hierher vor, dazu gibt es einfach zu viel Energie.

Aber du weißt ja, was zu tun ist.

Du wechselst in den Yogi-Modus und stellst überrascht fest, dass das Universum jenseits der Fläche der letzten Streuung groß ist, enorm groß.

Und alt.

Mindestens 380 000 Jahre alt.

Deine Reise ist längst nicht beendet.

Du konzentrierst dich auf das, was dich umgibt. Auf das, was hier und jetzt hinter der Grenze des sichtbaren Universums geschieht.

Die Umgebungstemperatur beträgt 5000 °C. Sämtliche Elektronen, die sich eines Tages mit losen Atomkernen verbinden werden, um Wasserstoff und Helium zu bilden, sind hier allein unterwegs. Photonen stoßen mit ihnen zusammen, regen sie an und werden wieder abgegeben, um gleich wieder mit einem anderen Elektron zusammenzuprallen. Das elektromagnetische Feld steckt so voller

Energie, dass sich seine Elementarteilchen in Nullkommanichts ineinander umwandeln.

Noch ein Fingerschnipp und du bist Zehntausende Jahre weiter zurückgewandert, ab dem Punkt, da das Universum durchsichtig wurde.

Du bist umgeben von einer dichten Teilchenbrühe, einer Mischung aus allen Anregungen der Quantenfelder, ihren Elementarteilchen und Austauschteilchen. Sie stoßen ständig aneinander, keines kann sich lange unabhängig bewegen. Da ist zu viel Energie. Sie tauchen auf, kollidieren, verschwinden. Und je weiter die Zeit zurückgedreht wird, je enger das Universum zusammenschrumpft, je größer die Energiedichte wird, desto gewaltiger werden die Reaktionen.

Aber du lässt dich nicht beirren und setzt deine Reise in die Vergangenheit fort. Du bist reiner Geist, du bist im Yogi-Modus und du reist durch eine wahnsinnig realistische Simulation. Das Universum wird immer kleiner, und der Stoff, aus dem es gemacht ist – die Raumzeit – ist gefährlich gekrümmt. Du kannst dir nichts vorstellen, was solche Druck- und Scherkräfte aushalten könnte.

Eine kleine Sekunde überlegst du, warum du an dieser Stelle nichts von der Schwerkraft gehört hast, aber dann hast du auch schon keine Zeit mehr, darüber nachzudenken. Du bist erneut Zehntausende Jahre rückwärts durch die Zeit gereist und bist nun umgeben von einem unglaublichen Inferno. Dein virtuelles Herz pocht immer heftiger, während Temperatur, Druck und die Auswirkungen der Schwerkraft ins Unermessliche steigen.

Du befindest dich nun 380 000 Jahre vor dem Zeitpunkt, an dem das Universum durchsichtig wurde. Von einem Teleskop auf der Erde aus gesehen, 13,8 Milliarden Jahre zurückgeschaut, bist du 380 000 Lichtjahre hinter der Mauer, welche die Grenze des sichtbaren Universums markiert.

Oder, andersherum betrachtet, trennen dich nur drei Minuten von dem, was man die Geburt von Raum und Zeit nennen könnte.

Während die Zeit weiter rückwärts läuft, brechen sogar die Atomkerne auf und verlassen die Neutronen- und Protonen-Quark-

Gefängnisse, um sich frei zu bewegen. Selbst die starke Wechselwirkung wird von der Umgebungsenergie überwältigt. Protonen und Neutronen, eigentlich doch so stabile Konstruktionen, beginnen einen wilden Tanz, bei dem sich die Protonen, von quarkseigenen Austauschteilchen angestoßen, in Neutronen verwandeln und aus dem Universum verschwinden.

Die Temperatur liegt bei 100 Milliarden Grad.

Überall.

Aber es geht noch weiter.

Du reist weiter. Mit jeder zurückgespulten Sekunde verwandeln sich die dich umgebenden Lichtpartikel in Paare aus Materie und Antimaterie. Überall. Und von dem einem scheint es genauso viele zu geben wie von dem anderen. Wie kommt es dann, dass eines die Oberhand gewonnen hat?, fragst du dich halb in Trance. Es muss etwas Außergewöhnliches geschehen sein, irgendwie wurde das Gleichgewicht zerstört. Das Geheimnis kann vielleicht schon in diesem oder im nächsten Jahr gelüftet werden, wenn der modernisierte und verstärkte Teilchenbeschleuniger LHC, der im Juni 2015 im CERN wieder in Betrieb genommen wurde, neue Entdeckungen liefert.

Du würdest gerne noch bleiben, um es selbst herauszufinden und dem CERN zuvorkommen, aber du führst hier nicht Regie. Du wirst durch ein Universum gelenkt, das mit einer Suppe aus solch unfassbarer Energie angefüllt ist, dass alles in maximale Schwingung gerät. Die Schwerkraft biegt und krümmt sich, alle Felder sind irrsinnig angeregt.

Es ist nicht etwa das Gewicht eines Sterns, das die Schwerkraft hier durch die Krümmung von Raum und Zeit auf die umgebenden Felder drückt – nein, die Energie des gesamten Universums wird in eine Kugel mit einem Durchmesser von 100 Lichtjahren gepresst.*

* Wenn du dich jetzt fragst, warum das Universum 100 Lichtjahre statt ein paar Lichtminuten groß ist: Die Antwort darauf findet sich im fünften Teil dieses Buches.

Eine solche Sphäre mit der heutigen Erde als Mittelpunkt enthält vielleicht 5000 Sterne. Damals aber enthielt sie die Energie, um Hunderte Milliarden Galaxien mit jeweils Hunderten Milliarden Sternen entstehen zu lassen. Vom Staub ganz zu schweigen.

So sehr du dir auch wünschst, hier zuschauen zu können, du fliegst weiter gegen den Fluss der Zeit.

Du bist jetzt eine millionstel Sekunde von deinem endgültigen Ziel entfernt.

Die Temperatur ist auf eine Billiarde Grad gestiegen.

Bei so viel Energie könne selbst die Quarks-Gefängniswärter, die Gluonen, ihre Häftlinge nicht mehr halten. Die Neutronen brechen auseinander, die befreiten Quarks reagieren mit ihren Gegenstücken und verwandeln sich in reine Energie.

Du schaust dich um und merkst, dass der Unterschied zwischen Materie, Licht und Energie komplett überflüssig geworden ist.

Felder, die den ganzen Weg von der Erdzeit bis hierher eigenständige Einheiten waren, die alles auf Erden Vorstellbare durch verschiedene Kräfte erklärt haben, verschmelzen nun miteinander. Das elektroschwache Feld ist aktiv. Die altbekannten Teilchen, die du schon gewöhnt bist, verschwinden, dafür tauchen überall neue auf, die zum elektroschwachen Feld gehören. Das Higgs-Feld verschwindet. Und mit ihm die großmassigen Higgs-Teilchen, die sich der menschlichen Kenntnis so lange entzogen haben.

Jetzt bekommst du die W- und Z-Bosonen zu sehen, denen wir schon früher begegnet sind. Sie sind die Austauschteilchen des elektroschwachen Felds.

Die Teilchen umgibt derart viel (auf der Erde niemals herstellbare) Energie, dass sie sich gleichsam überall befinden.

Das Universum ist jetzt 100 Trillionen Grad heiß, und die Naturgesetze weichen deutlich von dem ab, was du gelernt hast.

Quarks und Antiquarks verschwinden.

Gluonen werden im Hintergrundfeld verschluckt.

Eine tausendstel billionstel billiardstel Sekunde nach dem angenommenen Ursprung von Raum und Zeit – ein Ereignis, das man den *Anfang* nennen könnte – ist das, was eines Tages unser gesamtes sichtbares Universum sein wird, eine Kugel von zehn Metern Durchmesser, die sich noch weiter zusammenzieht.

Ihr Inneres hat sich auf unglaubliche Billionen Billiarden Grad aufgeheizt. Und die Temperatur steigt weiter. Die Felder, die sämtliche Materie ausmachen, aus der wir geschaffen sind, vereinen sich zu einem großen vereinten Feld.

Nur die Schwerkraft liegt außerhalb dieser Vereinigung der Kräfte.

Du bist dem Anfang so nahe, dass du annimmst, es könne nun nicht mehr viel geschehen.

Tatsächlich hast du den Zeitpunkt des Urknalls erreicht: Den Moment, in dem die Energie des großen vereinten Felds sich in Teilchen verwandelt.

Obgleich die experimentelle Physik diesen Punkt nie erreicht hat, will der Computer hier offenbar nicht haltmachen – vielleicht, um dir zu zeigen, dass die Geschichte des Universums an noch anderer Stelle beginnt. Die Zeit spult weiter zurück und zu deiner Verwunderung verschwindet auf einmal sämtliche Energie und Materie des Universums. Entgegen deiner Erwartung kühlt sich alles drastisch ab, und alle verfügbare Energie verwandelt sich in ein anderes Feld, ein dir noch unbekanntes Feld, das mit eigenen Teilchen angefüllt ist.

Dieses Feld heißt das *Inflationsfeld*.

Man nimmt an, dass es für die Expansion unseres Universums verantwortlich ist.

So verrückt es klingen mag, aber auf einmal beschleunigen sich die Dinge wieder, das gesamte Universum kollabiert in einem wahnsinnigen Tempo, du wirst einfach mitgerissen.

In weniger Zeit als Licht benötigt, um einen Atomkern in deiner Küche zu durchqueren, schrumpft das Universum von einem Zehn-Meter-Durchmesser auf eine Größe zusammen, die Milliarden Mal kleiner ist als ein Proton.

Wissenschaftler bezeichnen diese Phase als *kosmologische Infla-*

*tion.** Du hast sie eben durchreist – rückwärts. Hinter ihr ist keine Materie mehr, nichts mehr.

Alle bekannten Felder sind verschwunden.

Die Naturgesetze haben keine Ähnlichkeit mehr mit dem, was du in deinem bisherigen Leben oder bis zum jetzigen Zeitpunkt deiner Reise erfahren hast.

Irgendwo hier sollen die drei Kräfte oder Felder, die später alle bekannte Materie und Antimaterie des Universums beherrschen werden (auch den Stoff, aus dem du selbst gemacht bist), mit der Schwerkraft in Verbindung getreten sein.

Du würdest gerne weiterreisen, in die Zeit vor dem Urknall, und die Geburt unseres Universums zurückspulen. Aber irgendetwas stimmt nicht.

Dein bis hierher verwendeter Begriff von Raum und Zeit ist nicht mehr anwendbar.

Die Raumzeitkrümmung ist zu stark. Die Quanteneffekte sind zu stark.

Ohne Zeit, ohne Raum, ohne Raumzeit kannst du nicht mehr unterwegs sein. Das Reisen ergibt unter diesen Umständen keinen Sinn.

Du hast den Anfang nicht erreicht und du kannst dir nicht einmal vorstellen, wie man je dorthin gelangen könnte.

Wie deprimierend.

Jetzt wünschst du dir, du könntest all das von außen betrachten, denn bisher hast du dich ja immer innerhalb des Universums bewegt. Aber selbst das Konzept «drinnen – draußen» erscheint nicht länger sinnvoll.

Du hast eine weitere Grenze erreicht, eine Oberfläche ganz anderer Art als die Fläche der letzten Streuung, die das von der Erde aus Sichtbare begrenzt. Diese Grenze kann kein Licht und keine moderne Wissenschaft durchbrechen.

* Mehr zur Inflation erfährst du im siebten Teil.

Hinter ihr liegt der Bereich der *Quantengravitation,* in der alle bekannten Felder der Natur zu einem verbunden sein könnten.

An dieser Stelle wird das Universum zu einem Rätsel, an dem sich Wissenschaft, Glaube und Philosophie des 21. Jahrhunderts mischen. Hier endet unser Wissen und die rein theoretische Wissenschaft beginnt. Hinter die Fläche der letzten Streuung gelangt man nicht mit Spiegelteleskopen. Doch Physiker haben Teilchenbeschleuniger konstruiert, mit denen sie die Temperaturen und Druckverhältnisse herstellen können, die ihrer Annahme nach hinter der Fläche der letzten Streuung herrschen. Und es hat funktioniert. Wissenschaftler haben neue Gesetze entwickelt und es ist ihnen gelungen, sich entgegen dem Strom der Zeit zurückzubewegen, wenn auch auf indirekte Weise. Während du diese Zeilen liest, arbeiten Forscher an Teleskopen, die nicht auf Licht, sondern auf Gravitationswellen reagieren – Kräuselungen im Stoff der Raumzeit. Solche Teleskope könnten dann Signale aus der fernen Vergangenheit hinter der Fläche der letzten Streuung erhalten. Doch hinter die Mauer zur Quantengravidität, hinter die Planck-Ära zu reisen, das ist eine ganz andere Herausforderung. Niemand weiß, wie man überhaupt denken soll, was dahinter liegt. Unser sichtbares Universum war an diesem Punkt so klein, dass man sich im Geiste eine Theorie des sehr Großen in Miniformat zurechtlegen muss. Eine Theorie, bei der die Quantengesetze – samt Quantensprüngen und allem, was dazugehört – auf das Universum angewandt werden. Dazu benötigt man Schwerkraft *und* Quanteneffekte. Man braucht die Quantengravitation. Die haben wir aber nicht. Wir verfügen über keinen Bezugsrahmen, also geht die Reise nicht weiter. Es lässt sich nicht einmal schlussfolgern, was hinter der Planck-Mauer liegt, weder in Raum noch Zeit, denn beide Konzepte sind dort sinnlos. Wenn Wissenschaftler sagen, unser Universum sei 13,8 Milliarden Jahre alt, dann meinen sie damit, dass 13,8 Milliarden Jahre vergangen sind, seit der Raum und die Zeit, die wir kennen, sinnvoll zu denken sind, seit also die *Raumzeit* Sinn ergibt. Dieser Moment trat etwa 380 000 Jahre hinter der Fläche der letzten Streuung ein,

380 000 Jahre bevor die kosmische Hintergrundstrahlung den Weltraum ausfüllte. Der Moment trat eine Millionstel Billionstel Billiardstel Sekunde vor dem Urknall ein. Es lässt sich richtigerweise sagen, dass ein bestimmter Zeitraum seit der Entstehung von Raum und Zeit vergangen ist. Aber das heißt nicht, dass auch unser Universum an diesem Punkt begonnen hat. Oder dass es das einzige existierende Universum ist. Oder das einzige, das je existiert haben wird.

* * *

Du bist wieder in deinem Wohnzimmer, auf deinem durchgesessenen alten Sofa. Dich überfällt eine so tiefgründige Einsicht, dass du dich an den Armlehnen festkrallen musst.

Du bist durch Raum und Zeit gereist. Du hast Galaxien gesehen. Und Sterne und Felder. Du hast gesehen, wie die Schwerkraft arbeitet, wie ihre Wirkung auf die Gestalt und das Schicksal der Raumzeit davon abhängt, was das Universum enthält.

All das hast du getan.

Und jetzt geschieht etwas ganz Außergewöhnliches mit dir, es kommt dir vor, als stündest du kurz vor einer bahnbrechenden Entdeckung …

Die Gedanken schießen dir nur so durch den Kopf. Du kommst dir vor wie ein Kind. Ein Kind, das auf einmal entdeckt, dass die Welt begriffen werden kann, ja dass die Welt bis zu einem gewissen Punkt schon verstanden ist, so wie der Computer es dir gezeigt hat …

Du hast von Einsteins allgemeiner Relativitätstheorie gelernt, dass du die Geschichte des gesamten Universums beschreiben könntest, wenn du nur wüsstest, was es enthält.

Du weißt jetzt, dass das Universum aus Quantenfeldern besteht, die sich bewegen, die sich wandeln und gegenseitig beeinflussen. Die drei heute bekannten Felder waren einmal eins – vor langer, langer Zeit.

Diese Felder sind die Erzeuger aller Partikel und Antipartikel unseres Universums, sie sind der Grund, warum alle Elementarteilchen dieselben sind – ob nun hier, in deinem Körper oder in einer anderen Galaxie, ob in der Gegenwart oder in der Vergangenheit.

All das kann nur eins bedeuten.

Es kann nur bedeuten, dass du ein Gott geworden bist.

Ja, ein Gott.

Du kennst die Schwerkraft.

Du weißt, was das Universum enthält.

Wenn du beides zusammentust, weißt du alles.

Du kennst die Geschichte des Universums.

Seine Vergangenheit.

Seine Gegenwart.

Seine Zukunft.

Du musst ein Gott sein, geradezu per Definition.

Dein Gesicht hellt sich auf, du schnappst dir dein Telefon und rufst die einzige Person an, die dir jetzt in den Sinn kommt.

«Wer ist da?»

Die Stimme am anderen Ende klingt misstrauisch. Es ist deine Großtante.

«Ich bin's!»

«Oh! Hallo, mein Kleiner. Und, geht es dir besser?»

«Besser? Hervorragend!», rufst du.

«Schön zu hören. Ist etwas passiert?»

«Ich bin herumgereist und habe viel über das Universum gelernt, und dann … es hört sich vielleicht verrückt an, aber ich kann ein Weltall wie das unsere erschaffen, allein durch meine Vorstellungskraft. So muss es sich anfühlen, wenn man Gott ist.»

Deine Großtante stutzt.

«Aha», sagt sie.

«Was sagst du dazu?», fragst du und wunderst dich, warum sie deine Begeisterung nicht teilt.

«Na ja. Ich habe so etwas schon mal gehört.»

«Hast du?»

«Die Menschen spielen gerne Gott, oder? Übrigens, erinnerst du dich an meine Freundinnen Kati und Gabi?»

«Keine Ahnung, aber hör mal, ich wollte …»

«Lass mich zu Ende erzählen. Also, Kati und Gabi und ich waren letztes Wochenende beim Bogenschießen. Die beiden sind richtig begeistert von ihrem neuen Hobby. Und dann haben sie mir etwas beigebracht: Wenn man ungefähr weiß, wie unsere Welt funktioniert, und wenn man weiß, wie und wo ein Pfeil abgeschossen wird, ist es offenbar möglich, vorherzusagen, wo er landet. Faszinierend, oder?»

«Na klar, das ist Ballistik. Man muss nur die Newton'schen Gesetze anwenden.»

«Ach ja? Gut zu wissen. Und kann man die auf das gesamte Universum anwenden?»

«Wie bitte?»

«Hast du so etwas wie eine Basis? Etwas, von dem du starten kannst? Gibt es etwas, auf das du deine Ballistik oder diese von dir entdeckten Naturgesetze anwenden kannst?»

«Ich … du meinst so etwas wie eine Ausgangsbedingung?»

«Ich weiß nicht. Soll ich Kati und Gabi bitten, dass sie dich anrufen? Dann kannst du noch einmal mit ihnen darüber reden. Die können so etwas wirklich gut erklären.»

«Nein, nein! Nicht nötig …»

«Na schön. Meldest du dich, wenn du deine Ausgangsbedingung gefunden hast?»

«Ja. Mach ich.»

«Danke für deinen Anruf. Du bist ein Schatz. Bis dann.»

Und damit legt sie auf.

Du starrst verdutzt ins Telefon, aber eins muss ich dir sagen (falls du nicht schon selbst daraufgekommen bist): Sie hat recht. Wenn man etwas über das Universum erfahren möchte, benötigt man dazu zwei Angaben. Zum einen ein Gesetz oder eine ganze Reihe von Gesetzen. Und zum anderen eine Ausgangsbedingung.

Um deine bisher gewonnenen Ideen auf das gesamte Universum anzuwenden, um das Werden des Alls ab dem Punkt null zu verfolgen, reichen alle Gesetze der Welt nicht aus.

Du bräuchtest eine stabile Ausgangsbedingung, einen Zustand, auf den du die Gesetze der Evolution anwenden kannst. Und den hast du nicht. Außerdem, wie kannst du sicher sein, dass die dir bekannten Gesetze der Schwerkraft und der Quantenfelder bei der Entstehung des Universums überhaupt greifen?

Du lehnst dich mit einem tiefen Seufzer zurück, du umfasst deinen Kaffeebecher, und in dir macht sich die Ahnung breit, dass da irgendwo noch eine entscheidende Information fehlt.

5
Überall fehlt etwas

Raum.

Zeit.

Raumzeit.

Was gibt es noch über sie herauszufinden? Was hast du bisher nicht gesehen?

Teilchen. Austauschteilchen.

Felder.

Schwerkraft.

Hast du nicht alles, was man wissen muss, im Geiste durchlaufen?

Warum bist du so durcheinander?

Du öffnest die Augen.

Und wunderst dich, dass du nicht mehr bei dir zuhause sitzt, sondern in einem dir seltsam bekannt vorkommenden Flugzeug.

Auf Sitz 13 A, um genau zu sein.

Die anderen Passagiere stellen sich im Gang auf und machen sich zum Aussteigen bereit.

Du schaust verdutzt aus dem kleinen Fenster, aber es gibt keinen Zweifel: Du sitzt wieder in deinem Zeitreisenflugzeug. Es ist eben gelandet, im Jahr 2415. Du kannst kaum einen klaren Gedanken fassen, stehst auf und folgst den anderen Passagieren nach draußen. Kurz darauf durchwanderst du lange, scheinbar endlose Glaskorridore mit Blick aufs Meer.

Warum bist du wieder hier?

Gerade eben warst du doch noch zuhause. Du hast nach einer aufregenden Reise durch das bekannte Universum mit deiner Großtante telefoniert.

Du erinnerst dich: Die Erde umgibt eine Sphäre mit einem Radius von 13,8 Milliarden Lichtjahren, die alle Vergangenheiten enthält, welche die Menschheit jemals mithilfe von Licht ansammeln wird. Dahinter existierte über 380 000 Jahre eine andere Realität. Und noch dahinter? Das weiß niemand.

Du läufst durch noch mehr Gänge, und eine helle 2415er Sonne schickt ihre 8,3 Minuten alten Strahlen auf die zukünftige Erde. Dich erfasst auf einmal eine große Einsamkeit.

Was soll das alles?

Wie kann unser Universum so groß sein, und wir mitten drin so klein? Sind wir verdammt, auf immer in Raum und Zeit verloren zu sein, und müssen wir uns dessen auch noch qualvoll bewusst werden? Oder stehen wir Menschen am Beginn eines technologischen Fortschritts, der uns ferne Welten näher bringen wird? Siehst du hier eine der vielen möglichen Zukunftswelten, die unser Planet erreichen könnte? Eine Welt, in der Vergangenheit und Zukunft nur verschiedene Reiseziele sind, zwischen denen sich unsere Nachfahren entscheiden können?

Das Zeitreisen beschäftigt die Phantasie der Menschen schon lange, aber soweit du weißt hat bisher niemand den Sprung geschafft.

Stephen Hawking hat einmal eine Party für Zeitreisende ausgerichtet und zum 28. Juni 2009 punkt Mittag eingeladen. Um sicherzugehen, dass sich wirklich nur Zeitreisende einfinden würden, verschickte er die Einladung erst im Nachhinein. Es ist niemand gekommen.

Was soll diese erneute Reise dir also sagen? Dir, einem unbedeutendem Organismus mitten in den unendlichen Weiten von Raum und Zeit?

Der verglaste Gang, den du jetzt endlich hinter dir gelassen hast, führt in die Eingangshalle eines riesigen Flughafens – oder ist Zeithafen der korrektere Ausdruck? Hunderte Reisende stehen Schlange, um durch eine Art Zoll zu kommen. In der Halle ist es sehr hell. Das Licht strömt durch gigantische Fensterscheiben, die den Blick auf die Wolkenkratzer über dem Meer freigeben. Du stellst dich in eine der Reihen, mischst dich unter die Passagiere.

Und plötzlich befürchtest du, dass das, was du hier erlebst, kein Traum, sondern die Realität ist. Und geträumt hast du, was zuhause geschah. Eine beängstigende Vorstellung.

Wenn das hier real ist, was ist dann mit deiner Vergangenheit?

Wenn du seit dem Abheben des Flugzeugs wirklich 400 Jahre gereist bist, ist dann die Vergangenheit, die du zurückgelassen hast, noch irgendwo da draußen? Könntest du, wenn du wolltest, in das alte Leben zurückkehren und es fortführen, oder ist es für immer vorbei? Sind deine guten Freunde, die dich von der Insel nach Hause geschickt haben, alle lange tot? Dir wird klar, dass es so sein muss, dass du an ihrer Zeit vorbei ins Jetzt gerauscht bist.

Das Zusammenspiel von Raum und Zeit ist schwer zu begreifen, doch du kannst dir nicht vorstellen, dass dieselbe Person mehrere Leben gleichzeitig leben könnte, im selben Universum, und dass diese Parallelwelten der Person auch noch bewusst wären. Und doch erlauben Felder genau das – bei Teilchen, die niemand beobachtet.

Was für einzelne Teilchen zutrifft, scheint für Ansammlungen von Abermilliarden Teilchen wie den menschlichen Körper nicht möglich zu sein. Du wirst dir dessen mit einer gewissen Enttäuschung bewusst, und dir wird beinahe körperlich deutlich, welch unüberwindbarer Graben dich nun von deinen Lieben trennt. Dich überfällt Traurigkeit.

Doch liegt ein kleiner Trost in dem, was du bisher gesehen hast. Die Leben deiner Lieben sind eine Bilderfolge, die sich durch Raum und Zeit bewegt. Alle Lichtpartikel und anderen masselosen Teilchen, die von ihren Körpern abgesprungen sind oder auf irgendeine Weise mit ihnen in Wechselwirkung standen, bilden nun die Erinnerung an ihr Dasein. Wie ein Abbild oder eine Hülle, die mit Lichtgeschwindigkeit von der Erde in die unbekannte Ferne wandert. Wie leichte Wellen, ein Kräuseln auf unsichtbaren und doch allgegenwärtigen Feldern. Und da du 400 Jahre in die Zukunft gereist bist, umspült die sichtbare Erinnerung an ihr Leben in diesem Moment Planeten und Sterne, die 400 Lichtjahre von der Erde entfernt sind. Und ihr Abbild wird sich weiter wegbewegen, solange unser Universum existiert. Es wird streuen, und vielleicht fällt es dabei ab und zu in eine von Außerirdischen ersonnene lichtsammelnde Apparatur.

Und was ist mit der Materie, aus der sie bestanden haben? Was ist mit den Atomen, die vor Milliarden Jahren im Innern von längst verschwundenen Sternen entstanden sind und sich dann zusammengefunden haben, um die Körper deiner Freunde und deiner Familie zu bilden? All die Aberbillionen Teilchen sind nun in der Welt verstreut. Vielleicht ist sogar eines in deiner Nähe. Ohnehin sind alle Teilchen eins.

Vielleicht sind wir im Grunde doch nicht so klein, denkst du jetzt. Unser Abbild wird bleiben, und es liegt doch ein Trost darin, dass die Erinnerung an unser Leben zwischen Sternen wandelnd fortdauert.

Du streckst die Arme aus und spürst die Felder, aus denen du geschaffen bist, du hebst die Hände und siehst, wie sie den unsichtbaren Bogen umschreiben, den die Erde in der Raumzeit hervorruft. Du begreifst langsam, wie stark alle Vergangenheiten, Gegenwarten und Zukünfte verbunden sind.

«Alles in Ordnung bei Ihnen?», fragt plötzlich eine uniformierte Frau.

Du trittst aus deinem Tagtraum und es ist dir etwas unangenehm, dass du die Dame nicht bemerkt hast. Du bringst mit Mühe ein «Ja, alles gut» heraus. Manches ändert sich eben nie. Selbst im Jahr 2415 fühlt man sich gleich irgendwie ertappt, wenn eine strenge Zollbeamtin vor einem steht.

«Von wann kommen Sie?», erkundigt sie sich jetzt.

«Frühes einundzwanzigstes Jahrhundert», antwortest du und versuchst so zu tun, als wäre diese Form des Reisens ganz alltäglich.

«Folgen Sie mir bitte.» Ihr Ton macht jedoch deutlich, dass es sich nicht um eine Bitte handelt.

Die umstehenden Reisenden werfen dir vorwurfsvolle Blicke zu, weil du offenbar für Ärger sorgst. Du trittst aus der Reihe und folgst der Beamtin durch die Halle.

«Stimmt etwas nicht?», möchtest du wissen, als sich vor deiner Begleiterin eine Schiebetür öffnet.

«Dort hinein», lautet die Antwort.

Drinnen sitzt ein (ziemlich feindselig wirkender) Beamter an einem großen Schreibtisch. Hinter ihm, über seinem Kopf, ist auf einem Schild zu lesen: «Behandlung von Zeitreisen-Depressionen. Jede Beleidigung des Personals zieht eine sofortige Strafverfolgung nach sich.»

Ganz offenbar macht es hier niemandem Freude, sich noch einem lästigen Patienten widmen zu müssen, und der Beamte wedelt unwirsch mit der Hand, zum Zeichen, dass du dich hinsetzen sollst.

Du schaust dich verzweifelt um und brichst in Schweiß aus. Der Raum ist leer. Bis auf den Schreibtisch, den unfreundlichen Mann und dieses Schild ... aber da taucht neben dem Schreibtisch ein gelbes Rohr auf, das dir gut bekannt ist. Alle Ängste sind wie weggeblasen. Du hast deinen Teilchenwerfer wieder.

Ist das hier wieder eine Simulation?, fragst du dich. Wenn ja, dann hat sie dich mit deinem Platz im Universum versöhnt und dich gründlich über das Leben und den Tod nachdenken lassen.

Der Versuch, die Realität zu verstehen, ist letzten Endes immer ein persönliches Bemühen, und weder unser Supercomputer noch ich sollten dir irgendwelche Ansichten überstülpen. Es ist dein gutes Recht, dir eigene Gedanken zu machen. Und doch muss ich dich an dieser Stelle warnen, denn du hast soeben zwei Theorien gestreift, mit denen Wissenschaftler unser Universum beschreiben: die Quantenfeldtheorie und Einsteins Theorie der Schwerkraft.* Beide erscheinen konsequent und logisch, aber du solltest wissen, dass viele der an ihnen beteiligten Konzepte problematisch sind.

Um ganz ehrlich zu sein: Noch hat niemand das Universum wirklich begriffen.

* Die spezielle Relativitätstheorie, Einsteins Theorie zur Bewegung von Körpern, ist in beiden enthalten.

Selbst die aktuelle Realität um dich herum, dein Dasein auf dem Sofa oder am tropischen Strand, bleibt rätselumwoben. Eines aber ist sicher: Alle wichtigen Geheimnisse – ob nun um dich herum oder in dir oder noch hinter dem Urknall – führen irgendwann zur Vereinigung der Quantenfelder in einer Quantentheorie der Schwerkraft.

Und selbst wenn es stimmt, dass es eine solche Theorie von Allem, die Weltformel, nicht bekannt ist, so ist doch zumindest eine Eigenschaft der Quantengravitation entdeckt worden. Sie ist so etwas wie eine Spur. Ein spannender Hinweis, der uns erahnen lässt, was hinter der Planck-Mauer liegen könnte.

Das ist die gute Nachricht.

Die schlechte Nachricht ist, dass es nur ein bekanntes Fenster gibt, das uns auf diese Spur führt. Dieses Fenster deutet an, dass es eines Tages möglich sein könnte, zumindest mit unserem Verstand noch hinter den Ursprung von Raum und Zeit zu reisen. Deshalb hat dich der Roboter am Zeithafen abgeholt. Das Zimmer, in dem du dich befindest, verschwindet und gibt erneut den Blick auf die dunklen Weiten des Alls frei. Du willst fragen, wohin es dieses Mal geht, wirst aber mitten im Satz unterbrochen:

«Ich bringe dich zu einem schwarzen Loch», verkündet die Maschine.

Da du schon zu Beginn deiner Weltraumabenteuer zu einem solchen schwarzen Loch gereist bist, fragst du dich, was du bei deinem ersten Besuch dort wohl verpasst hast.

Die Antwort ist zur Abwechslung ganz einfach:

Du warst nicht nah genug dran.

Teil sechs

Rätsel tun sich auf

I

Das Universum

Denkt man darüber nach, so hat das Universum, zu dem wir gehören, etwas Seltsames. Der Name *Universum,* der von lat. *unus:* einer, ein Einziger, und *versus:* gewendet abstammt, bedeutet also «in eins gekehrt» und beleuchtet damit gleich zu Beginn ein eigentümliches Problem.

Ein *innerhalb* unseres Universums ausgeführtes Experiment lässt sich viele Male wiederholen. Newtons Gravitationsgesetz ist auf der Erde leicht zu überprüfen. Dazu muss man nur einen Pfeil abschießen. Und wenn man mit dem Ergebnis nicht zufrieden ist, dann schießt man eben noch einen. Und noch einen. Mit ein wenig Geduld stellt sich heraus, dass sich anhand von Ausgangsposition, Winkel und Geschwindigkeit voraussagen lässt, wo der Pfeil landet. Um nichts anderes geht es ja in der Ballistik. Und es funktioniert. Ansonsten hätte man Pfeil und Bogen schon vor langer Zeit weggeworfen und England wäre französisch.

Man kann also anhand einer Regel und einer bestimmten Ausgangsbedingung vorhersagen, wo ein Pfeil landet. Und letztendlich ein ganzes Land verteidigen.

In Bezug auf das gesamte Universum ist die Sache komplizierter.

Selbst wenn man ein Gesetz hätte, eine Regel, die immer zutrifft – wie wäre diese anzuwenden? Wie soll man mit ihrer Hilfe herausfinden, wie das Universum, in dem wir heute leben, zu dem geworden ist, was es ist? Dazu bräuchte man eine Ausgangsbedingung. Und die haben wir nicht.

Man könnte versuchen, die Natur zu überlisten. Wenn man in der Zeit zurückgeht, gelangt man vielleicht irgendwann zu einem weit zurückliegenden ursprünglichen Ereignis. Genau das haben

Wissenschaftler versucht. Du selbst hast im vorangegangenen Kapitel die Reise in die Vergangenheit unternommen. Und alle sind an der Planck-Mauer stehen geblieben. Sie könnte als guter Ausgangspunkt dienen, da sie auch dem Zeitpunkt entspricht, da Raum und Zeit zu dem wurden, was sie heute sind.

Es bleibt aber trotzdem dabei, dass uns, im Gegensatz zu dem Experiment mit den Pfeilen, nur *ein* Universum als Versuchsobjekt dienen kann. Wir können kein zweites mit anderen Ausgangsbedingungen erschaffen und schauen, was dann passiert. Jedenfalls nicht im Labor.

Was aber, wenn unser Universum nicht das einzige wäre? Was, wenn wir Teil eines «Multiversums» wären – einer Weltenvielfalt, die noch anders ist als das, was du am Ende von Teil zwei kennengelernt hast? Könnte unsere Realität nur eine von unzähligen möglichen Realitäten sein, die jeweils verschiedene Anfänge und vielleicht auch andere Gesetze haben, und damit auch unterschiedliche Gegenwarten?

Die Idee, dass es ein solches Multiversum gibt, muss man zumindest in Betracht ziehen, denn sie gehört zu der Antwort, welche die moderne theoretische Physik auf die Rätsel unserer Welt gibt.

Was jetzt folgt, wird anders sein als das Vorangegangene. In Teil eins und Teil zwei bist du durch das sehr Große gereist. Du hast die Schwerkraft kennengelernt. In Teil drei hast du erlebt, wie unsere Realität aussieht, wenn man sich sehr schnell fortbewegt, und in Teil vier dann bist du in den Bereich des Allerkleinsten vorgestoßen. So hast du die Relativität von Raum und Zeit und die Quantenphysik erforscht. Doch an keinem Punkt hast du Schwerkraft und Quantentheorie zusammengebracht. Genau das wirst du jetzt versuchen.

Damit es dir gelingt, musst du deinen Verstand trainieren, so wie du die Muskeln deines Körpers durch Dehnübungen lockerst.

Schwerkraft und Quantenphysik zusammenbringen, das bedeutet, das sehr Große und das sehr Kleine zu verbinden. Dazu muss dein Verstand lernen, vom sehr Kleinen zum sehr Großen zu springen und umgekehrt.

Auf diese Weise wirst du erkennen, an welcher Stelle die bisher vorgestellten Theorien scheitern.

Anschließend unternimmst du zusammen mit deinem Roboter eine Reise zu einem Ort, an dem Schwerkraft und Quanteneffekte gleichzeitig wirken.

Als Erstes aber werden wir beide die Rätsel der modernen Wissenschaft näher in Augenschein nehmen.

Man könnte sagen, dass wir es in der Physik mit drei Arten von Rätseln zu tun haben.

Die ersten wohnen den Theorien selbst inne, sie sind theoretischer Art. Die zweiten haben mit dem Beobachten und Experimentieren zu tun: Es sind die Rätsel, die die Forschung vorantreiben (meistens jedenfalls). Die dritte Art von Rätseln aber tritt auf, wenn alles durcheinandergerät und niemand mehr etwas versteht. Schwarze Löcher und die Physik der Vor-Raumzeit gehören zu allen drei Arten von Rätseln. Sie sind zugleich Brücken und Hindernisse zwischen uns und dem Heiligen Gral der modernen Wissenschaft, nämlich einer Theorie, welche die Quantenwelt mit den von Einstein entdeckten dynamischen Aspekten der Raumzeit verbindet. Das macht die Sache so spannend.

Und das ist auch der Grund, warum dich der Roboter unbedingt in die Nähe eines schwarzen Lochs bringen will.

Warum zu einem schwarzen Loch? Warum führt er dich nicht gleich zu den Ursprüngen des Universums?

Bei einem schwarzen Loch und bei der Entstehung des Universums ist eine große Menge Energie in einem sehr kleinen Rauminhalt eingeschlossen. In beiden Fällen schrumpft das sehr Große zum sehr Kleinen zusammen, und in beiden Fällen sind sowohl Schwerkraft als auch Quanteneffekte beteiligt.

Daher sind schwarze Löcher und der Ursprung unseres Universums einander sehr ähnlich.

Das Universum lässt sich jedoch nicht von außen betrachten, wie auch. Selbst wenn wir ein Gesetz hätten, das dem Verhalten alles Sichtbaren und Unsichtbaren zugrunde läge, ließe sich nicht überprüfen, ob andere Ausgangskonstellationen zu anderen Evolutionsmodellen unseres Universums führen würden. Den Urknall können wir nicht im Labor nachstellen, und es tauchen nicht auf einmal neue Universen am Nachthimmel auf, die wir analysieren könnten.

Daher sind schwarze Löcher sehr nützlich.

Zum einen gibt es sehr viele von ihnen. Man nehme eine beliebige Galaxie des Universums und wird in seiner Mitte mit großer Sicherheit ein supermassives schwarzes Loch entdecken. Es können auch viele kleine sein, die überall verteilt sind und deren Masse die unseres Planeten mehrfach übertrifft. Das größte jemals (bis 2015) entdeckte schwarze Loch hat eine 23 Milliarden Mal größere Masse als die Sonne. Es liegt etwa 12 Milliarden Lichtjahre entfernt in einer Galaxie, die noch sehr jung war, als sie das Licht ausstrahlte, das wir heute einfangen. Am anderen Ende der Skala können die kleinsten schwarzen Löcher theoretisch alle Größenordnungen bis zur Grenze der Planck-Skala einnehmen – was einer Umgebung entspricht, in der die Wirkung der Schwerkraft und Quanteneffekte gleichermaßen berücksichtigt werden müssten. Die Planck-Länge beträgt ein hundertstel billiardstel trilliardstel (10^{-35}) Meter. Das ist so winzig, dass man für schwarze Löcher praktisch jede beliebige Größe annimmt.

Schwarze Löcher und das ganz junge Universum haben wichtige gemeinsame Eigenschaften. Beiden wohnt eine Grenze inne, hinter der die Schwerkraft nicht gedacht werden kann, ohne Quanteneffekte einzubeziehen. Diese Grenze ist die Planck-Mauer, der du begegnet bist, als du dich am Ende des vorangegangenen Teils in der Zeit zurückbewegt hast, bis zu einem Punkt noch vor dem Urknall. Bei der Entstehung des Universums war diese Mauer überall. Bei schwarzen Löchern aber ist sie normalerweise nicht sichtbar, sondern versteckt sich hinter einem Tor, das sich nur in eine Richtung öffnet: einem *Horizont*. Einen solchen Horizont wirst du am Ende dieses Teils überschreiten.

Dies führt dich dann zu Teil sieben, dem ultimativen Abenteuer, nämlich einer Reise durch das Universum, wie es die bekanntesten modernen Theorien sehen. Du bekommst einen Eindruck von der Weltformel, der Theorie von Allem, die Raum, Zeit und Quantenfelder zu vereinen sucht. Doch diese *Stringtheorien* sind dermaßen verrückt – sie unterstellen mehrfache, parallele Universen und zusätzliche Dimensionen –, dass man glauben könnte, die beteiligten Wissenschaftler wären komplett durchgeknallt.

Wenn sie nicht so viele Rätsel lösen würden.

Nach allem, was du bis zum Erreichen dieser Seite erlebt hast, findest du es vielleicht amüsant, dass die Physik des 20. Jahrhunderts weit davon entfernt ist, alles entdeckt zu haben. Vielmehr liefert sie uns ein Bild des Universums, das viele Unbekannte enthält. Es bleiben viele dunkle Stellen und Unsicherheiten. Das sollte uns aber nicht entmutigen, denn die Unbekannten sind die Fenster zur Forschung der Zukunft. Wir beide wissen ja, wie sich das Weltwissen der Menschen in weniger als einem Jahrhundert entwickelt hat, und angesichts der verblüffenden Ideen, die in den Köpfen von Physikern heranreifen, kann es keinen Zweifel daran geben, dass es zu weiteren gedanklichen Revolutionen kommen wird. Manche Ideen stehen kurz vor der Blüte, es fehlt nur noch das passende Experiment. Sie sind im Begriff, unsere Wahrnehmung neu zu formen, mit dem Versprechen einer fremden und magischen neuen Realität.

Folgendes wird also gleich mit dir geschehen:

Zuerst wirst du dir nochmals die Quantenfelder ansehen, die unser Universum ausfüllen, und du wirst merken, dass sie, ganz entgegen den bisherigen Behauptungen, keinerlei Sinn ergeben. Anschließend wirst du einen zweiten Blick auf die Teilchen werfen, die diese Felder im Kontext der Quantengravitation hervorbringen, und auch hier wirst du erkennen, dass sie keinen Sinn ergeben. Dann wirst du einer Katze begegnen, die zugleich tot und lebendig ist, und wenn du alles genau mitverfolgt hast, wirst du an dieser Stelle rein gar nichts mehr verstehen.

Derart befreit wirst du von Paralleluniversen erfahren, die sich von unserem Universum abspalten wie Äste von einem Baum.

Mit der Einsicht, dass die Quantenwelt weit entfernt ist von dem, was uns der gesunde Menschenverstand über unsere Realität lehrt, wirst du dich ab da in bekanntere Gefilde begeben. Du versuchst, die Lücke zwischen dem sehr Großen und dem sehr Kleinen zu schließen, und widmest dich daher wieder größeren Zusammenhängen. Dazu wirfst du einen frischen Blick auf Einsteins Relativitätstheorie und auf die Galaxien unseres expandierenden Universums – in der Hoffnung, alles wohlgeordnet und genau analysiert vorzufinden. Aber nein. Stattdessen wirst du erfahren, dass der Großteil unseres Universums nicht nur unsichtbar, sondern uns auch gänzlich unbekannt ist. Das Universum im Großen steckt voller Rätsel, wohin man auch schaut, und im Kleinen ist es genau dasselbe.

Du wirst daher wohl oder übel mit der Tatsache zurechtkommen müssen, dass Einsteins Theorie der Raum-Zeit-Krümmung unvollständig ist – so großartig sie auch ist und immer sein wird. Denn sie sagt ja sogar ihren eigenen Zusammenbruch voraus und kann daher nicht als Weltformel dienen. Es gibt in unserem Universum Orte, auf die sie nicht anwendbar ist. Also muss eine umfassendere Theorie gefunden werden, wenn man wirklich einmal alles erklären möchte.

Wo aber scheitert nun Einsteins Theorie?

Du hast es wahrscheinlich schon erraten: In schwarzen Löchern und vor dem Urknall, irgendwo auf dem Weg zur Planck-Mauer.

Du hast nun die besten Theorien bereist, die wir Menschen je aufgestellt haben, um die uns umgebende Welt zu beschreiben. Damit weißt du im Grunde genauso viel über unser Universum wie ein Absolvent einer der großen Universitäten. Natürlich nicht auf technischer Ebene, aber auf der Ebene der Ideen. Dein Wissen sollte jedenfalls ausreichen, um damit auf einer Party zu brillieren.

Jetzt aber ist es an der Zeit, noch weiter zu gehen und sich anzuschauen, wo es hakt und schwierig wird. Dann wirst du nicht nur brillieren, sondern dafür sorgen, dass sich alle verwirrt am Kopf kratzen.

2
Quantenunendlichkeit

Erinnerst du dich, wie das Weltraumvakuum «wirklich» aussah? Was erst wie eine große Leere wirkte, erwies sich als ein Gewusel fluktuierender Felder. Aus Fluktuationen wurden Teilchen, die überall dem Vakuum entspringen.

Was in der Quantenwelt möglich ist, das geschieht auch. Vergiss also einfach deine normale Alltagsgröße, vergiss die Schwerkraft und stelle dir dein Mini-Ich inmitten von Quantenfeldern vor. Du bist in der Welt des sehr Kleinen und sitzt auf einem Ministuhl. Du bist eine Art Schiedsrichter und schaust zu, wie zwei Elektronen miteinander agieren. Wie bei einem Tennismatch, bei dem die Elektronen die Spieler und die Bälle die virtuellen Photonen sind, die zwischen ihnen hin- und herspringen.

Rechts von dir ist ein Elektron, links von dir auch. Da sie exakt identisch sind, haben sie dieselbe Ladung. Sie müssten sich eigentlich abstoßen wie Magnete, das ist sicher lustig anzuschauen. Doch noch sind die beiden weit voneinander entfernt, sie breiten sich innerhalb des elektromagnetischen Felds aus, in dem sie entstanden sind. Sie bewegen sich aufeinander zu, sie sind kurz davor zusammenzustoßen – aber sie tun es nicht. Sie interagieren. Sie spielen miteinander. Virtuelle Photonen treten aus dem elektromagnetischen Feld, sie lenken die Elektronen ab und streuen sie. So schnell wie es begonnen hat, so schnell ist das Spiel auch schon wieder vorüber. Die Elektronen und die virtuellen Photonen sind verschwunden.

Du wartest das nächste Spiel ab.

Ein zweites Elektronpaar ist auf dem Weg.

Dieses Mal, so beschließt du, willst du dich auf die virtuellen

Photonen statt auf die Elektronen konzentrieren. Du stellst deine Miniaugen scharf.

Die Elektronen bewegen sich. Sie kommen näher und näher und – *plopp!* – die virtuellen Photonen sind wieder da. Um nur ja nichts zu verpassen, verlangsamst du den Fluss der Zeit.

Die Elektronen werden gleich abgelenkt, die virtuellen Photonen stehen schon bereit.

Doch dann geschieht etwas.

Eines der virtuellen Photonen, die zwischen den beiden Elektron-Tennisspielern aufgetaucht sind, hat spontan eine seltsame Verwandlung durchgemacht.

Es ist zu einem Teilchen-Antiteilchen-Paar geworden: einem Elektron und einem Positron.

Du wirfst schnell einen Blick auf die Elektronen, weil du neugierig bist, ob sie darauf reagieren, dass sie ihre virtuelle Lichtperle verloren haben. Aber es macht ihnen offenbar gar nichts aus, also konzentrierst du dich wieder auf das eben entstandene Paar ... das jetzt nicht mehr ein Paar ist, sondern zweieinhalb!

Du reibst dir deine Mini-Augen.

Was wird hier gespielt?

Du schaust wieder hin.

Auf einmal sind da Tausende Paare aus Teilchen und Antiteilchen zwischen den beiden Elektronen.

Du blinzelst.

Es sind Hunderte Millionen.

Tausende Milliarden.

Du blinzelst noch mal, und dann ... sind sie alle verschwunden.

Du schaust nach den Elektronen.

Sie haben gestreut. So wie die Spieler davor. Beeindruckend.

Was du eben beobachtet hast, ist eine Konsequenz aus den Quantenregeln für das sehr Kleine: Was möglich ist, das passiert auch. Und es ist sehr gut möglich, dass virtuelle Photonen, die mit der Bewegungsenergie von Elektronen in Kontakt kommen, zu virtuellen Teilchen-Antiteilchen-Paaren werden – die dann wiederum zu

Paaren aus Teilchen und Antiteilchen werden, welche dann auch zu Paaren werden oder sich annihilieren und wieder zu Licht werden, das dann wiederum …

Du verstehst, was ich meine.

Selbst wenn nur zwei winzige Elektronen in Wechselwirkung stehen, gibt es für die dabei entstehenden virtuellen Paare unendlich viele Möglichkeiten. Damit ist eine unendliche Zahl virtueller Paare im Spiel.

Du denkst über all das nach, während du immer noch guter Laune auf deinem Schiedsrichterstuhl sitzt. Du wartest auf das nächste Spiel und rechnest mit einem neuerlichen Feuerwerk. Aber da sind gar keine Spieler mehr. Es nähert sich kein Elektron. Aber du weißt ja inzwischen, wonach du schauen musst, und siehst, wie trotzdem virtuelle Teilchen-Antiteilchen-Paare auftauchen, wenn auch langsamer. Wie Tennisbälle und deren Antibälle hüpfen sie aus dem Nichts, auch ohne Spieler.

Diese Paarbildungen sind die *Quantenfluktuationen* des Vakuums.

Sie sind ständig vorhanden, doch wenn Energie verfügbar ist, die sie anzapfen können – wie die Bewegungsenergie sich nähernder Elektronen –, geraten sie in Aufregung.

Da taucht spontan ein Elektron-Positron-Paar vor dir auf, es annihiliert sich zu einem Photon, das spontan zu einem Quark-Antiquark-Paar wird, und jetzt gibt eines der Antiquarks ein Gluon ab, das spontan …

Selbst im Vakuum, in dem scheinbar nichts ist, müssen doch, wenn man ein korrektes Bild unserer Welt erschaffen möchte, die unendlichen Möglichkeiten der Paarbildung in Betracht gezogen werden, und zwar immer und überall.

Was für ein Durcheinander.

Ein Durcheinander mit ziemlich katastrophalen Folgen: Die Möglichkeiten sind so enorm und (tatsächlich unendlich) zahlreich, dass es an jedem Punkt unseres Universums eine unendliche Menge an Energie geben müsste. Selbst dort, wo sonst nichts ist, im Vakuum. Dies ist offensichtlich nicht der Fall, denn sonst würde unser Universum wegen der extremen Gravitationswirkung auf die Raumzeit sofort und überall kollabieren. Das Konzept hakt also.

Um das sehr hinderliche Problem zu beseitigen, wenden Quantenfeldtheoretiker einen ziemlich gewieften Trick an. Sie haben ganz einfach beschlossen, die Schwerkraft zu vergessen, sie komplett aus dem Spiel zu lassen. Und der unendlichen Größen haben sie sich gleich auch noch entledigt. Sie haben sie gestrichen, mit dem Rest gerechnet, und – *Hokuspokus!* – es hat funktioniert.

Der Niederländer Gerardus 't Hooft, um nur einen der genialen Physiker zu nennen, die diese mathematische Operation vorbereiteten, erhielt hierfür 1999 zusammen mit seinem Doktorvater Martinus Veltmann den Nobelpreis für Physik. Ihnen (und einigen anderen) ist zu verdanken, dass die Quantenfeldtheorie, trotz des mathematischen Zaubertricks gegen die Unendlichkeit, allein durch ihre große Vorhersagekraft zur erfolgreichsten Theorie aller Zeiten wurde. Die Befreiung von der Unendlichkeit führte zu Vorhersagen zu Teilchen, die man bisher nicht einmal gesehen hatte – und diese Vorhersagen waren in Bezug auf Masse und Ladung sehr genau, bis auf eine Hunderstel Millarde genau. Wären wir Menschen zu solcher Genauigkeit fähig, dann könnten wir feststellen, ob in einem von einer Million Bieren, die in einer Kneipe ausgeschenkt werden, ein Tropfen fehlt. Nur gut, dass wir uns deswegen nicht ständig in die Haare bekommen müssen.

Mit Quantenfeldtheorien lassen sich also erstaunlich präzise Vorhersagen treffen, und dennoch sorgt der Mathetrick für eine tiefe Frustration, die sich auch mit Bier nicht wegspülen lässt.

Warum kommt es eigentlich zu den unendlichen Werten?

Vielleicht nur, weil wir nicht wissen, was in Regionen unseres Universums geschieht, die noch kleiner sind als jene, die diese Theorien erforschen?

Mag sein.

Jedenfalls war dies der Gedanke, den ein außergewöhnlicher amerikanischer Physiker namens Kenneth Geddes Wilson hatte. Anstatt unendlich kleine Bereiche zu untersuchen, um Erkenntnisse über Teilchen zu gewinnen, war er der Ansicht, dass eben diese unvorstellbaren Größenordnungen das eigentliche Problem sein könnten. Man müsse nicht unbedingt in immer kleineren Maßstäben denken, um über Teilchen reden zu können. Schließlich müsse man nichts von Atomen wissen, um die auf einem Markt angebotenen Äpfel zu vergleichen, befand Wilson – und bewies, dass das Unbekannte geschätzt, kodifiziert und vergessen werden konnte.

Es funktionierte, und für seine Erkenntnis bekam Wilson 1982 ebenfalls den Nobelpreis.

So aber war die Frage, was im unendlich Kleinen geschieht, nicht beantwortet, sondern nur beiseitegeschoben. Dadurch, dass man einfach einen Schnitt machte und einen ungefähren Wert für das Unbekannte festlegte, tauchte die störende Unendlichkeit nicht mehr auf.

Das Ausklammern der Unendlichkeit hat einen Namen: Man spricht von *Renormierung*. Wie oben dargestellt, ist sie zum Rechnen unabdingbar und eine brillante Idee. Wenn man aber die Hoffnung hegt, dass man irgendwann alles versteht, kann man das Unendliche nicht einfach überschlagen. Man muss sich darauf einlassen. Vor allem, weil die Renormierung bei der Schwerkraft nicht funktioniert.

Quantenfeldtheorien beziehen sich auf den Inhalt unseres Universums. Sie sind sehr genau, erstaunlich genau sogar, aber nur wenn sie die zugrunde liegende Raumzeit links liegen lassen und außerdem so tun, als habe die Schwerkraft keinerlei Auswirkungen. Das ergibt kein besonders reales Abbild unserer Welt.

Wir müssen einen Weg finden, die Schwerkraft wieder einzubeziehen.

Wir müssen die Schwerkraft in ein Quantenfeld verwandeln.

Wie könnte das funktionieren?

Die Quantenfeldtheorien besagen: Sobald Felder vorhanden sind, erzeugen diese kleine Energie- oder Materieportionen, die man

*Quanten** nennt. Die Elementarquanten eines elektromagnetischen Felds sind der niedrigste Energiezustand seiner Elementarteilchen, der Photonen und Elektronen. Die Elementarquanten der starken Wechselwirkung sind Quarks und Gluonen, und die Elementarquanten des Gravitationsfelds, das als hypothetisches Quantenfeld betrachtet wird, sind das, was wir weiter oben als Gravitonen bezeichnet haben.

Du hast schon in Teil fünf von diesen Gravitonen gehört, doch haben wir sie dort nicht weiter analysiert. Warum tauchen sie nun wieder auf? Weil wir untersuchen möchten, was mit ihnen nicht stimmen könnte.

Stellen wir uns die Schwerkraft also als das Erzeugnis eines Quantenfelds vor, das genauso beschaffen ist wie die anderen Felder, die wir bereits kennen. Die Gravitonen sind dann seine Austauschteilchen. Wenn Wissenschaftler nun auf dem Papier berechnen, wie diese Gravitonen ihre Umgebung beeinflussen, verhalten sie sich ganz so wie Krümmungen der Raumzeit.

Auf dem Papier sind sie Schwerkraft.

Ein vielversprechender Anfang.

Wenn sie aber weiterdenken, stellen die Wissenschaftler fest, dass die Quanten des Gravitationsfelds, eben diese Gravitonen, dafür sorgen, dass die sehr einleuchtende Idee der Schwerkraft ausgehebelt wird.

Das in nun weniger gut.

Wie kommt es dazu?

Zuerst einmal besteht kein Grund, warum Gravitonen nicht aufeinander einwirken sollten. Wenn es sie gibt, dann müssten sie genauso der Schwerkraft, also sich selbst, unterworfen sein wie alles andere.

Und zudem müssten sie, als Elementarteilchen eines Quantenfelds, überall aus dem Vakuum ihres Felds entspringen können,

* Plural von «Quant», von lat. *quantum:* wie groß, wie viel.

was wiederum zu unendlichen Werten führt, wie sie 't Hooft und Veltman beseitigt haben. Die Unendlichkeit in der Quantengravitation lässt sich jedoch nicht durch Renormierung beseitigen. Der von 't Hooft und Veltman ersonnene Trick scheitert, und Wilsons Ansatz kann nicht verwendet werden, denn er ignoriert die Entfernungen, über die Gravitonen wirken.

Insgesamt bedeutet dies, dass problematische Unendlichkeiten aufkommen, wenn man versucht, Schwerkraft auf herkömmliche Weise in ein Quantenfeld zu verwandeln – und natürlich kann man die Schwerkraft hier nicht ausklammern, um die nicht endlichen Werte loszuwerden, denn Gravitonen *sind* Schwerkraft.

Wäre die Schwerkraft wie eben erwähnt ein Quantenfeld und würden Gravitonen korrekt beschreiben, wie Schwerkraft in der Natur funktioniert, dann müsste die Raumzeit auf diese Unendlichkeiten reagieren und überall kollabieren. Das tut sie aber nicht. Sonst würden wir über all das nicht nachdenken, weil es uns gar nicht gäbe.

Trotz allem und obgleich man sie für verrückt halten könnte, glauben viele Wissenschaftler (auch ich, wie ich im siebten Teil darlegen werde), dass es Gravitonen gibt – zumindest als Teil einer umfassenderen Theorie, nach der alle suchen.

Wenn wir schon dabei sind, können wir uns noch weitere Gründe anschauen, warum Einsteins allgemeine Relativitätstheorie und die Quantenfeldtheorie nicht zusammenpassen.

Schwerkraft hat mit Raumzeit zu tun. Mit Raum und mit Zeit und mit ihrem Zusammenwirken.

In der Quantenfeldtheorie sind die Elementarteilchen, die aus dem Vakuum treten, aus dem Feld selbst entstanden. Im Fall der Quantenfeldtheorie der *Schwerkraft* müssten die Elementarteilchen also ebenfalls aus ihrem Feld entstanden sein. Das Feld aber ist die Raumzeit, somit müssten die Teilchen aus Raum und Zeit bestehen.

Das bedeutet, dass überall Raumzeit-Portionen umherschwirren müssten und weder Raum noch Zeit ein Kontinuum wären.

Zudem müssten sich diese Quanten wie Wellen und Teilchen zugleich verhalten. Und Quantentunneln und Quantensprüngen ausgesetzt sein …

Versuch dir das mal vorzustellen, viel Glück dabei.

Wenn du ein normales menschliches Wesen bist, wird allein bei dem Versuch, so etwas zu denken, dein Gehirn durchbrennen.

Doch was die Natur angeht, sollte es eigentlich kein Problem sein.

Ein Problem bleibt dennoch, selbst wenn wir die störenden Unendlichkeiten beiseitelassen: Alle anderen Quantenfeldtheorien, die so treffend die Teilchen beschreiben, aus denen wir bestehen, funktionieren nur, wenn es keine solchen Raumzeit-Portionen gibt. Mit anderen Worten, die allgemeine Relativitätstheorie und die Quantenfeldtheorie verwenden verschiedene Begriffe von Raumzeit.

Das ist ein echtes Problem, für das es keine naheliegende Lösung gibt.

Und so packt einen das seltsame Gefühl, auf halbem Weg stecken geblieben zu sein. Die Menschheit hat zwei extrem wirkungsvolle Theorien entdeckt: Eine beschreibt die Struktur unseres Universums (Einsteins Schwerkraft: die allgemeine Relativitätstheorie), die andere beschreibt, was unser Universum enthält (die Quantenfeldtheorie). Doch die beiden Theorien kommunizieren nicht. Lange Zeit haben sich auch die Physiker, die sich mit dem einen oder dem anderen Bereich beschäftigten, nicht viel zu sagen gehabt. Der US-amerikanische Physiker Richard Feynman jedenfalls, einer der genialsten Wissenschaftler aller Zeiten, der für seine Arbeit an der Quantenfeldtheorie den Nobelpreis bekam, erklärte seiner Frau in einem viel zitierten Brief aus dem Jahre 1962 nach dem Besuch einer Konferenz über Gravitation: «Von der Tagung habe ich nicht das Geringste. Ich lerne nichts. Da keine Experimente stattfinden, ist das Forschungsfeld praktisch tot, deshalb arbeiten da nur wenig wirklich gute Leute. Aus diesem Grund gibt es hier einen Haufen Idioten (126), und das ist ganz schlecht für meinen Blutdruck … Erinnere mich daran, dass ich keine Gravitationskonferenzen mehr besuche!»

Doch dank neuer Technologien und der Arbeit von Physikern wie Stephen Hawking wurde allen schnell klar, dass sie nicht einfach ignorieren konnten, was sie nicht kannten. Endlich schwappten die Ideen vom einen Bereich in den anderen über und es entstanden so verrückte Konzepte, wie du sie im siebten Teil dieses Buches kennenlernen wirst. Im Folgenden gebe ich dir schon einmal einen kleinen Vorgeschmack.

3
Sein und nicht sein

Erinnerst du dich an die Quantenteilchen, mit denen der Roboter in dem weißen Raum mit dem Metallpfosten gespielt hat? In der Welt des sehr Kleinen schlagen Teilchen tatsächlich alle möglichen und unmöglichen Wege ein, um von einem Ort zum anderen und von einer Zeit in die andere zu gelangen. Man darf nur nicht hinschauen.

Warum ist es dann nicht so, dass die Quantenaspekte deiner Körperteilchen dir ein Quanten-Ich verleihen?

Wäre doch cool, oder?

Alle Lebenswege, die du dir nur vorstellen kannst, würden gleichzeitig ablaufen. Du wärst reich und arm und verheiratet und Single und glücklich und traurig, du wärst Nobelpreisträger und Dumpfbacke, du wärst hier und dort und lebtest jetzt und dann … Du würdest all die Leben führen, die du dir erträumst und all die, vor denen du dich fürchtest.

Aber all das geschieht nicht.

Du bestehst aus Quantenteilchen, oder? Also müsste es doch eigentlich so sein.

Ist es aber nicht.

Warum?

So erstaunlich es auch klingt: Das weiß niemand. Die Frage gehört zum größten Rätsel der Quantenwelt: Warum kommt es rings um uns nicht zu Quanteneffekten?

Wie alles andere bestehen auch wir aus Quantenteilchen, dem angeregten Zustand von Quantenfeldern, doch warum nehmen wir die Welt dann so wahr wie wir es tun, und nicht etwa wie Teilchen auf der kleinsten subatomaren Ebene?

Man könnte argumentieren, dass die Welt nun einmal so ist, wie sie ist, und dass es in der Physik nicht darum gehen kann, die Regeln unserer Welt infrage zu stellen, sondern sie zu erklären.

Diese Ansicht hat aber etwas Problematisches. Die Gesetze der Quantenwelt unterscheiden sich so extrem von der Realität, die wir tagtäglich wahrnehmen, dass es eine Art Übergang zwischen der Quantenwelt und der uns gewohnten *klassischen* Welt geben muss. Würden sich die Teilchen, die unsere Körper bilden, oder die Teilchen, die sich in der Luft oder im All befinden, wie normale Tennisbälle verhalten, dann wäre alles schön einfach. Wir würden alles durchschauen und begreifen, vom Kleinsten bis zum Größten.

Sie verhalten sich aber ganz anders.

Das hast du bei deinen Reisen in die Welt des Allerkleinsten schon mehrmals erlebt. Als du beispielsweise das um ein Wasserstoffatom schwirrende Elektron einfangen wolltest, war es unheimlich schwierig, erst einmal zu erkennen, wo es sich befindet und wie schnell es sich bewegt. Schauen wir uns das noch einmal an.

Versetze dich noch einmal in dein Mini-Ich. Du bist kleiner als ein Atom. Ein Teilchen ist auf dem Weg zu dir. Du weißt nichts über dieses Teilchen, du weißt nicht, wie groß es ist, wo es ist oder wie schnell es sich bewegt. Du weißt nur, dass es den Regeln der Quantenwelt gehorcht.

Du nimmst deine mitgebrachte Minitaschenlampe und willst sie anschalten. Du denkst, wenn der Lichtstrahl von dem Teilchen zurückgeworfen wird, erfährst du seine Position.

Du kannst aber nicht irgendein Licht verwenden, du brauchst das passende.

Erinnerst du dich, dass Licht als eine Welle gedacht werden kann? Mit dem «passenden» Licht ist hier eines gemeint, dessen Wellenlänge (der Abstand zwischen zwei aufeinanderfolgenden Wellenbergen) ungefähr die Größe deines Zielobjekts haben sollte. Ist die Wellenlänge zu groß, wird das dazugehörige Licht das Teilchen gar nicht erst bemerken. Es würde einfach hindurchgehen, so wie Radiowellen durch die Mauern deines Zuhauses wandern, ohne sie überhaupt zu bemerken. Mit der passenden Wellenlänge aber bekommt man eine Reflexion und kann die Position des Teilchens mit der Genauigkeit der verwendeten Wellenlänge vorhersagen. Gleichzeitig lässt sich die Geschwindigkeit des Teilchens bestimmen – und schon weiß man alles, was man wissen wollte.

Ganz einfach.

Du stellst also an deiner Supertech-Minilampe einen besonders energetischen Impuls ein. Du konzentrierst dich, du schießt und … *Peng!* Du hast etwas getroffen. Ein Teilchen. Da, vor dir. Das Licht wurde von ihm zurückgeworfen und ist zu dir zurückgekehrt. Die Zeit, die es für den Hin- und Rückweg benötigt hat, sagt dir, wo sich das Teilchen beim Aufprall befunden hat. Das Teilchen kann nun nicht mehr überall sein. Sobald es vom Licht getroffen wurde, einmal entdeckt, hat das Teilchen seine Wellenfunktion verloren. Von allen möglichen Positionen, die es noch vor einer Bruchteilsekunde gleichzeitig eingenommen hat, wurde eine ausgewählt, indem du deine Taschenlampe als Sonde verwendet hast. Genauso wie das vom Roboter geworfene Teilchen in dem weißen Raum, das überall war, bis es ein Detektor ortete. Dieser nicht rückgängig zu machende Prozess heißt *Kollaps der Wellenfunktion.*

Nachdem der Kollaps stattgefunden hat, lässt sich die Position des Teilchens mit der Genauigkeit einer Wellenlänge bestimmen. Jetzt möchte man noch wissen, wie schnell das Teilchen zum Zeitpunkt des Zusammenpralls war.

Das ist nicht ganz so einfach festzustellen.

Es lässt sich keine genaue Antwort darauf geben. Und zwar niemals.

Du erinnerst dich: Je kürzer die Wellenlänge, desto energetischer das zugehörige Licht.

Je präziser das Ergebnis sein soll, desto energetischer muss das verwendete Licht sein, desto härter trifft man das Teilchen – und desto weniger weiß man über seine nachfolgende Geschwindigkeit.

In der uns bekannten Welt ist dieser Zusammenhang beinahe trivial.

Wenn man etwa im Dunkeln versucht, die Position eines sich bewegenden Objekts herauszufinden, indem man etwas nach ihm wirft, wird der Aufprall auf den Gegenstand einwirken. Kommt das Wurfgeschoss zu einem zurück, weiß man zwar, wo sich das gesuchte Objekt zum Zeitpunkt des Aufpralls befunden hat – wenn man aber nun erneut nach ihm wirft, um herauszubekommen, wohin es sich anschließend bewegt hat, hat sich seine Geschwindigkeit natürlich durch den ersten Zusammenstoß verändert.

Ganz klar.

In der Quantenwelt handelt es sich dabei aber nicht um eine triviale Ungenauigkeit, sondern um eine grundlegende Eigenschaft der Natur. Und die besteht darin, dass man nie zugleich wissen kann, wo ein Teilchen ist und wie schnell es sich bewegt. Diese Regel heißt die *Heisenberg'sche Unschärferelation*. Werner Heisenberg, Physik-Nobelpreisträger des Jahres 1932, gehört zu den Begründern der Quantentheorie für die atomare Welt. Er wusste, wovon er redete. Aber wie alle anderen nach ihm konnte er es nicht wirklich begreifen. Denn es übersteigt unsere Vorstellungskraft und widerspricht dem gesunden Menschenverstand.

Die Unschärferelation rückt die Quantenwelt sehr deutlich von unserer gewohnten, klassischen Welt ab.

Jetzt in diesem Augenblick kannst du mit Bezug auf deinen Körper sagen, wo dieses Buch hier ist *und* wie schnell es sich bewegt. Du kannst seine Position *und* seine Geschwindigkeit mit ziemlicher Genauigkeit bestimmen. Und doch ist da eine gewisse Ungenauigkeit, die aber so klein ist, dass du sie nicht bemerkst und sie daher auch keine Rolle spielt.

Im sehr Kleinen aber, in deinem Minizustand, könntest du gar kein Buch in den Händen halten, und auch keine Taschenlampe. Nehmen wir an, du wüsstest, wo sich die Mini-Ausgabe dieses Buches befindet, so gäbe es doch eine große Unsicherheit in Bezug auf seine Geschwindigkeit. Denn du müsstest es mit vielen Teilchen beschießen, um seine Position herauszubekommen und könntest es doch niemals sehen. Wenn du stattdessen wüsstest, wie schnell es sich bewegt, könntest du auf keinen Fall sagen, wo es sich befindet und hättest also Schwierigkeiten, es zu lesen. Im sehr Kleinen verschmelzen Position und Geschwindigkeit zu einem sehr verschwommenen Konzept. Wie beim Casimir-Effekt werden die Ingenieure angesichts immer kleiner werdender Technologien immer häufiger vor diesem Problem stehen.

Dabei ist die Heisenberg'sche Unschärferelation kein ungelöstes Rätsel, sie ist eine Tatsache.

Streng genommen handelt es sich auch nicht um eine Ungenauigkeit. Die Unschärferelation besagt nur, dass unsere herkömmliche Vorstellung von Ort und Geschwindigkeit im sehr Kleinen nicht greift. Die Natur funktioniert auf dieser untersten Ebene anders, und wir verwenden Theorien, die diesem Umstand Rechnung tragen, nämlich die Vorhersagen der Quantenphysik. Deren Effekte sind auch in der uns gewohnten Größenordnung vorhanden, aber wir bemerken sie nicht. Sie sind unbedeutend, wenn zu viele Teilchen im Spiel sind. Auch dies ist eine anerkannte Tatsache.

Wo ist nun das Rätsel, nach dem wir suchen? Gibt es überhaupt eines?

Und ob.

Wir haben etwas übersehen, was die Messung selbst betrifft, nämlich den Kollaps der Wellenfunktion.

Er ist das eigentliche Rätsel.

Ein sehr verwunderliches noch dazu.

Wenn man sie in Ruhe lässt, verhalten sich Quantenteilchen wie zahllose Abbilder ihrer selbst, also im Grunde wie Wellen, sie bewegen sich gleichzeitig über alle möglichen Wege durch Raum und Zeit.

Warum aber nehmen wir diese zahllosen Möglichkeiten nicht wahr? Weil wir die Dinge um uns herum ständig fixieren? Wieso ist es so, dass Experimente, in denen es etwa um die Position eines Teilchens geht, dafür sorgen, dass dieses Teilchen auf einmal *irgendwo* ist statt überall?

Das weiß niemand.

Bevor man es untersucht, ist ein Teilchen eine Welle aus Möglichkeiten. Nachdem man es untersucht hat, befindet es sich an einer bestimmten Stelle, und es bleibt auch anschließend an dieser Stelle, anstatt wieder überall zu sein.

Seltsam, oder?

Nichts innerhalb der Regeln der Quantenphysik macht einen solchen Kollaps möglich. Es handelt sich um ein experimentelles *und* ein theoretisches Rätsel.

Die Quantenphysik besagt, dass alles Vorhandene sich in etwas anderes verwandeln, jedoch nie ganz verschwinden kann. Da in der Quantenphysik außerdem mehrfache Möglichkeiten nebeneinander existieren dürfen, müsste es diese Möglichkeiten also auch weiterhin geben, selbst nachdem eine Messung vorgenommen wurde. Dem ist aber nicht so. Alle Möglichkeiten außer einer verschwinden. In unserem Umfeld sehen wir die vielen Möglichkeiten nicht. Wir leben in einer klassischen Welt, in der alles auf Quantengesetzen basiert, aber nichts der Quantenwelt ähnelt.

Die Frage ist nun: Lassen sich Quanteneffekte in unserer menschlichen Größenordnung sichtbar machen, damit wir sie untersuchen und den Wellenkollaps mit eigenen Augen sehen können? Wäre so etwas möglich? Wenn wir Quanteneffekte sehen könnten, welche Beobachtungen würden wir dann erwarten?

1935, zwei Jahre nachdem ihm der Nobelpreis für seine Arbeiten in der Quantenphysik verliehen worden war, ersann der österreichische Physiker Erwin Schrödinger ein Experiment, um Quanteneffekte in unsere Größenordnung zu übertragen. Dabei ging es um eine Katze und eine Kiste. Obwohl es sich um ein reines Gedankenexperiment handelt, fragt sich seitdem jeder Wissenschaftler, wie es der Katze wohl geht.

Gleich wirst auch du Schrödingers Experiment durchführen. Ich hoffe, du bist kein Katzennarr, denn es kann gut sein, dass das Tier während des Experiments zu Schaden kommt. Immerhin geht es hier aber darum, Quanteneffekte makroskopisch erscheinen zu lassen, das verlangt eben gewisse Opfer.

Dann kann es also losgehen.

Wir können uns sicher darauf einigen, dass wir es bei einer

Katze mit einem vierbeinigen, mit Fell und Schwanz versehenen Säugetier zu tun haben, das in derselben Größenordnung der Realität lebt wie wir. Die meisten, wenn auch nicht alle Menschen streicheln Katzen gerne. Man bekommt Katzen in allen möglichen Farben, aber soweit ich weiß nicht in Grün.

Um Schrödingers Gedankenexperiment durchzuführen, suchst du dir ein süßes kleines Kätzchen mit schwarz-weißem Fell, und dazu eine Kiste, die so gut verschlossen werden kann, dass kein Hinweis auf ihren Inhalt nach außen dringt.

Neben Katze und Kiste benötigst du noch eine radioaktive Substanz – eine Substanz, bei der man zu 50 Prozent sicher sein kann, dass sie während deines Experiments Strahlung abgibt. Radioaktive Stoffe sind unberechenbar. Nach den Regeln der Quantenphysik lässt sich nicht vorhersagen, ob sie zerfallen und Strahlung abgeben oder nicht. Es lässt sich hierfür nur eine Wahrscheinlichkeit angeben. Bei deiner Substanz stehen die Chancen 50 : 50.

Du brauchst noch drei weitere Gegenstände: einen Geigerzähler, einen Hammer und eine Giftkapsel.

Diese Dinge werden so miteinander verbunden, dass der Hammer die Kapsel zerschlägt und das Gift freisetzt, sobald der Geigerzähler eine von der radioaktiven Substanz ausgehende Strahlung meldet. Diese Anordnung bliebe noch ohne Folgen, wenn nicht Hammer, radioaktive Substanz, Gift und Katze zusammen in die Kiste kommen würden – bei geschlossenem Deckel.

Dann wird abgewartet.

Und dann?

Es besteht eine 50-prozentige Chance, dass die Katze vergiftet wird. Alles hängt vom radioaktiven Zerfall ab.

Ich gebe zu, es ist ein ziemlich verschrobenes Experiment, das auf keinen Fall zuhause ausprobiert werden sollte.

Die Frage lautet nun: Ist die Katze tot?

Es sind Quanteneffekte am Werk, so wie gewünscht. Und das Ergebnis ist makroskopisch, wir können es also beobachten.

Aber ohne die Kiste zu öffnen, lässt sich nicht sagen, ob es zu einem radioaktiven Zerfall gekommen ist oder nicht – und niemand kann feststellen, ob die Kapsel zerbrochen oder heil und die Katze tot oder lebendig ist.

Und, was ist so erstaunlich daran? In der Quantenphysik sollte man immer auf der Hut sein und nicht unbedingt an das Naheliegende denken. Der gesunde Menschenverstand hilft da nicht weiter. Um auf dieser untersten Stufe zu argumentieren, muss man die Gesetze der Quantenwelt befolgen. Im echten Leben würde man erwarten, dass die Katze entweder tot oder lebendig ist.

Doch beides ist falsch.

In der Quantenwelt geschieht alles, was geschehen kann, daran bist du inzwischen gewöhnt.

So kann es mit derselben Wahrscheinlichkeit zum Zerfall und zum Nichtzerfall der radioaktiven Substanz kommen – und beides geschieht. Genauso wie ein Teilchen links *und* rechts an einem Metallpfosten vorbeifliegt, kann radioaktiver Zerfall zugleich eintreten und nicht eintreten – solange niemand hinschaut. Wie oben erwähnt, bleibt eine solche *Überlagerung* von Möglichkeiten die meiste Zeit von uns unbemerkt, denn aus unerfindlichen Gründen geschieht sie nie in unserer Größenordnung oder aber sie erreicht unsere Ebene nicht. Unser besonderes Experiment aber ist so aufgebaut, dass wir es mit eigenen Augen mitverfolgen können: Die Gleichzeitigkeit von zwei Quantenmöglichkeiten (Zerfall oder Nichtzerfall) ist hier direkt mit dem Schicksal einer Katze verbunden.

Was sagen also die Regeln der Quantenphysik?

Sie sagen Folgendes: Da das Ereignis Zerfall oder Nichtzerfall in direkter Verbindung zur Giftkapsel steht, ist die Katze – solange die Kiste nicht geöffnet wird – weder tot noch lebendig, sondern beides.

Bevor die Kiste geöffnet wird, ist der Zerfall zugleich eingetreten und nicht eingetreten und das Gift wurde freigegeben und nicht freigegeben.

Die Katze ist also tot und nicht tot.

Tot und lebendig.

Als du das hörst, machst du die Kiste schnell auf.

Die Katze springt quicklebendig heraus.

Es liegt kein Katzenkadaver am Boden der Kiste.

Du kratzt dich verwirrt am Kopf.

Diese ganze Sache mit der «Überlagerung von Zuständen» und dem darauffolgenden «Kollaps der Quantenmöglichkeiten» hört sich eher an wie ein raffinierter Trick, und nicht wie ein reales Phänomen.

Haben wir da etwas falsch verstanden? War die Katze über einen gewissen Zeitraum wirklich tot *und* lebendig? Oder war das alles eine Täuschung?

Sehen wir uns die Sache mal näher an.

Du hast die Kiste geöffnet und damit in das Experiment eingegriffen, oder?

Aha.

Du hast dich also eingemischt. Du hast nachgeschaut. Und wenn man hinsieht, muss sich die Natur entscheiden.

Falls es ihn gibt, muss der Wellenkollaps eingetreten sein, und die Entscheidung ist zugunsten der Katze ausgefallen.*

Hat das Schicksal der Katze etwa stillgestanden, bevor du die Kiste geöffnet hast? Kam es erst beim Öffnen, rasend schnell, zu einer Festlegung?

Damit kehren wir zurück zur anfänglichen Frage: Ist es wirklich zu einem Wellenkollaps gekommen?

Schrödinger hat das Gedankenexperiment 1935 ersonnen, und jahrelang konnte niemand das Rätsel lösen, bis der französische Physiker Serge Haroche und der US-amerikanische Physiker David J. Wineland ein reales Experiment erdachten, mit dem sie die Überlagerungen, die anschließend kollabieren sollten, sichtbar machen konnten.

Sie verwendeten dafür aber keine Katze.

Sie nahmen Atome und Licht.

* Sie hätte genauso gut tot sein können, aber Happy Ends sind eben schöner.

Und sie bewiesen, dass die Superpositionen sehr real sind: Jedes Quantenteilchen existiert in verschiedenen, einander ausschließenden Zuständen gleichzeitig. Das ist auch der Grund, warum Ingenieure inzwischen an der Entwicklung von Quantencomputern arbeiten. Nutzt man nämlich die Fähigkeit von Quantenteilchen, sich gleichzeitig in verschiedenen Zuständen zu befinden, dann lassen sich im Prinzip Rechner bauen, die um ein Vielfaches leistungsstärker sind als die herkömmlichen, da sie parallel und simultan rechnen. Haroche und Wineland erhielten 2012 den Physik-Nobelpreis für ihre Entdeckungen. Sie haben auf ihre Weise bewiesen, dass Schrödingers Katze wirklich tot und lebendig zugleich war.

Und was bleibt nun so rätselhaft?

Das, was nicht ist.

Die Überlagerungen sind real, also gut. Das haben Haroche und Wineland gezeigt. Wir müssen es akzeptieren.

Als du aber die Kiste geöffnet hast, als der Kollaps eintrat und die Katze heraussprang, wohin sind da die Möglichkeiten verschwunden, die es sonst noch gab? Die tote Katze hat doch genauso gut existiert, wo ist sie dann hin?

Das ist das große Rätsel.

Viele Wissenschaftler haben über die Frage nachgedacht, und manche ihrer Antworten haben es in letzter Zeit zu einigem Erfolg gebracht. So wird beispielsweise angenommen, dass die nicht beobachteten Möglichkeiten wie Tintentropfen im See unserer Realität verschwinden, so als verteilten sich die Tropfen der unerfüllten möglichen Realitäten in der einen vorherrschenden Realität, nämlich unserer Welt. Manche glauben, dass alles mit unserem Bewusstsein zusammenhängt und dass unser Experimentieren oder allein unser Nachdenken die Realität in einen Zustand zwingt und damit überhaupt erst erschafft.

Und dann ist da noch der US-amerikanische Physiker Hugh Everett III.

Der 1930 geborene Hugh Everett, ein extrem intelligenter, aber auch verschrobener Mensch, studierte Mathematik, Chemie und Physik, um dann eine Doktorarbeit bei einem der einflussreichsten Physiker aller Zeiten zu schreiben, nämlich bei John Archibald Wheeler von der Princeton University. Gleich nach dem Erhalt des Doktortitels wandte sich Everett jedoch von der Physik ab – vor allem wohl deshalb, weil ihm die ganze Sache einfach zu verrückt erschien. Dass es Wheeler nicht gelang, innerhalb der Wissenschaftsgemeinde Akzeptanz für die Ideen seines Studenten zu schaffen, war wahrscheinlich auch nicht besonders hilfreich. Mit einundzwanzig ließ Everett also die Theorie hinter sich und arbeitete fortan in der Waffenentwicklung für das US-amerikanische Militär. Everett, ein starker Trinker und Raucher, starb bereits mit Anfang fünfzig. In einer beunruhigenden Parallele zu berühmten Schriftstellern oder Malern, die von ihren Zeitgenossen verkannt werden und ihr Talent in jungen Jahren verbrennen, wurde Everetts Dissertation aus dem Jahr 1956 später zum Klassiker. In seiner Arbeit stellt er die gewagte These auf, da Quantenregeln im Kleinen so gut funktionierten, müssten sie auch bis in unsere Größenordnung Geltung haben. Da alles in unserem Universum aus Quantenteilchen bestehe, müsse eben auch alles als eine große Quantenwelle von parallel existierenden Möglichkeiten betrachtet werden.

In dieser Sicht der Dinge kommt es zu keinem Kollaps, sondern jede Möglichkeit existiert.

Das gesamte Universum gabelt sich, es nimmt eine neue Abzweigung, sobald wegen eines Experiments oder aus anderen Gründen eine Entscheidung fallen muss. Daher muss es viele parallele Universen geben, in denen alle Alternativen und Möglichkeiten Fakten sind.

Nach Everett Ansicht müssten wir folglich von parallelen Zeitläufen umgeben sein.

Du fragst dich, welche Aufzugkabine du nehmen sollst? Ein anderes Du in einem abzweigenden parallelen Universum nimmt die andere. In einer weiteren Welt läufst du zwischen den Kabinen gegen die Wand. In noch einer nimmst du die Treppe. Bis alle Möglichkeiten erfüllt sind.

Everetts wörtliches Verständnis der Quantenphysik sagt im

Grunde, dass man, sobald man seine Ichbezogenheit aufgegeben hat, nichts mehr zu bedauern hat. Denn wenn einem hier und jetzt auch etwas Schlechtes widerfährt, so entgehen doch unendlich viele Ichs in unendlich vielen parallelen Universen diesem Pech und freuen sich weiter ihres Lebens.

In einer Unendlichkeit dieser parallelen Realitäten lebt Everett und liest gar dieses Buch. In manchen Welten gefällt ihm, was ich über ihn schreibe, in anderen nicht. In wieder anderen hat er dieses Buch selbst geschrieben und Schrödingers Katze ist ein grüner Hund.

Nach Everetts Interpretation fällt die Natur also gar keine Entscheidung, sondern alles, was möglich ist, geschieht.

Wir wissen es nur nicht.

Kein Wunder, dass ihm das mit der Physik zu viel wurde.

Everetts Idee ist merkwürdig, ja unheimlich, doch wird sie von großen Physikern unserer Zeit ernst genommen und in vielen mathematischen Modellen verwendet, die sich mit dem Ursprung der Raumzeit beschäftigen. Natürlich ist keine experimentelle Überprüfung von Everetts These in Sicht, aber sie ist doch eine verlockende Antwort darauf, warum die Realität, in der wir leben, keine Überlagerung von Quantenmöglichkeiten darstellt: Die Möglichkeiten, die wir nicht wahrnehmen, sind real, aber woanders.

Du brauchst sicher eine Weile, um dich an diese Vorstellung zu gewöhnen, und währenddessen können wir rasch zusammenfassen, was du bis hierher erlebt hast.

Seit dem Beginn deiner Reise hast du nacheinander das sehr Große und das sehr Kleine besichtigt. Du hast kosmische Reiche durchstreift und dabei entdeckt, wie die großskalige Struktur unseres Universums aussieht und wie sie von der allgemeinen Relativität beherrscht wird. Im Bereich des Allerkleinsten hast du erfahren, wie sehr sich die Quantengesetze der Natur von den Regeln unserer Alltagsrealität unterscheiden. Bis zu diesem Teil des Buches hast du also nur das Bekannte bereist – Bereiche, die wir theoretisch und experimentell erforscht haben. Du hast erlebt, wie sich das Universum in seinen verschiedenen Größenordnungen aus der Sicht eines Wissenschaftlers Anfang des 21. Jahrhunderts darstellt.

In diesem Teil nun hast du einen ersten Blick auf die Grenzen des Bekannten geworfen. Du hast erkannt, dass die allgemeine Relativitätstheorie und die Quantenfeldtheorie nicht miteinander kommunizieren wollen: Quantengesetze bestimmen offenbar nicht unser alltägliches Leben, und das aus Gründen, die für manche so weit gehen, dass man die Existenz paralleler Welten annehmen muss.

Im siebten Teil wirst du auf noch unglaublichere Dinge stoßen.

Vorerst aber trainieren wir weiter unseren Geist und verlassen das sehr Kleine, um zu Einstein zurückzukehren. Was ist mit seiner Theorie? Welche Rätsel stellt sie?

Stellt sie überhaupt welche?

Sind sie ähnlich umfassend wie die Unendlichkeit, die sich so störend auf die Quantenfeldtheorie auswirkt?

Hinter beiden Fragen steht ein Ja.

4
Schwarze Materie

Vergiss Katzen und Hunde, Paralleluniversen und alternative Realitäten.

Vergiss die Quantenwelt.

Vergiss dein Mini-Ich.

Dein Geist befindet sich im All.

Du weißt jetzt, dass im sehr Kleinen viele Rätsel offenbleiben, und nun willst du nachprüfen, ob Einsteins Theorie überall gilt oder eben auch Unzulänglichkeiten aufweist – selbst wenn man gar nicht erst versucht, sie in Quantentheorie zu verwandeln.

Du bist also im Weltraum. Die Erde liegt hinter dir, du fliegst weiter. Du kommst am Mond, an der Sonne und den benachbarten Sternen vorbei.

Bis hierher geht Einsteins Theorie der Schwerkraft perfekt auf. Sterne und Planeten bewegen sich so, wie sie sollten.

Du begibst dich aus der Milchstraße hinaus in das intergalaktische Medium. Hier hältst du an.

Die Milchstraße ist jetzt genau unter dir. In der Ferne leuchten andere Galaxien. Riesige Spiralen mit hunderten Milliarden von Sternen, die ihr Licht in das ansonsten dunkle Universum schicken.

Nach dem, was du über die Schwerkraft gelernt hast, weißt du, dass genau wie die Planeten, die um die Sonne kreisen, auch jeder andere Stern in einer Galaxie keine beliebige Geschwindigkeit haben kann. Zu schnelle Sterne würden den Schutz ihrer Galaxie verlassen und als einsames Licht auf ewig durch den immensen Raum zwischen den Galaxien irren. Zu langsame Sterne würden aus der von den anderen Sternen erzeugten Raumzeitkrümmung fallen und sich ins Zentrum der Galaxie bewegen, in den dichten Kreis voller Sterne, wo sie dann schließlich von einem riesigen schwarzen Loch geschluckt würden, das dort geduldig auf der Lauer liegt. Ohne die richtige Geschwindigkeit, die ihn in einer stabilen Umlaufbahn hält, wird ein Stern entweder aus der Galaxie geschleudert, oder aber er trudelt in ihre Mitte – wie eine Murmel, die in einer Salatschüssel kreiselt.

Du erinnerst dich, dass Newtons Schwerkraft scheiterte, wenn die Gravitation zu stark war. Nahe der Sonne bedurften seine Berechnungen der Korrektur, um die Merkurbahnen zu beschreiben. Einstein fand diese Korrektur, indem er unser Bild von Raum und Zeit revolutionierte. Jetzt, einhundert Jahre später, muss sich Einstein auf eine neue Größenordnung gefasst machen. Denn was geschieht mit Einsteins Schwerkraft inmitten ganzer Galaxien? Funktioniert seine Theorie der Raumzeitkrümmung auch dann, wenn wir es mit hunderten Milliarden von Sternen zu tun haben?

Genau das willst du herausfinden.

Du nimmst dir eine Stoppuhr und misst, wie sich die Sterne durch die Milchstraße bewegen. 300 Milliarden Sterne zu verfolgen ist natürlich etwas kompliziert, also beginnst du am Rand, an der Spitze von einem der großen Spiralarme, weit entfernt von Sagittarius A*, unserem supermassereichen schwarzen Loch.

Du stoppst zehn Sekunden.

Der von dir verfolgte Stern hat in dieser Zeit 2500 Kilometer zurückgelegt. Nicht übel.

Damit bewegt er sich mit einer Geschwindigkeit von 900 000 Stundenkilometern um das Zentrum der Galaxie. Gar nicht übel.

Die benachbarten Sterne sind genauso schnell.

Tatsächlich haben zwei beliebige Sterne, die sich in gleicher Entfernung vom Zentrum unserer Galaxie befinden, dieselbe Geschwindigkeit. Langsame Sterne liegen am Rand, schnelle Sterne wie der rasante S2, den du vor einer Weile kennengelernt hast, bewegen sich tief im Zentrum. Falls du dich fragst, wie lange so ein Stern am Rand für die Umrundung der Milchstraße benötigt: etwa

250 Millionen Erdenjahre. Es ist eben ein langer Weg. Die Milchstraße ist groß. Die Sonne (und mit ihr die Erde), die dem galaktischen Zentrum ein bisschen näher ist, umrundet die Milchstraße in etwas weniger als 225 Millionen Jahren: Diese Zeitspanne nennt man ein *galaktisches Jahr*. Das letzte Mal, als die Sonne die gleiche galaktische Position wie heute innehatte, sollten die Dinosaurier noch 160 Millionen Jahre auf der Erde leben. In derselben Größenordnung ereignete sich der Urknall vor etwa einundsechzig galaktischen Jahren, und nach zwanzig weiteren Runden ab heute werden sich Milchstraße und Andromedanebel so nahe sein, dass es zu einer Kollision kommt. Die Sonne wird einige wenige galaktische Monate später explodieren. In diesem Kontext klingt das gar nicht so sehr weit weg …

Na schön.

So weit, so gut.

Es scheint bisher keine Probleme mit Einsteins Theorie zu geben, oder?

Oh doch.

Um ehrlich zu sein, haben vor dir schon andere überprüft, wie schnell die Sterne unsere Galaxie umkreisen. Die Geschwindigkeiten sind schon seit Anfang der 1930er Jahre bekannt, seitdem der niederländische Astronom Jan Oort sie gemessen hat.

Aber Jan Oort ging noch ein Stück weiter.

Zuerst überschlug er, wie viel Materie sich in der gesamten Michstraße befinden müsste. Dann überprüfte er, ob sich die beobachteten Geschwindigkeiten mit den Gleichungen deckten, oder ob die Sterne nicht eigentlich ins Zentrum trudeln oder am Rand hinausgeschleudert werden müssten.

Die Rechnung ging nicht auf.

Du selbst bist gerade oben über der Milchstraße, du kannst es also selbst nachprüfen.

Wenn du die Masse von sämtlichen Sternen und Staubwolken und von allem anderen, das du in unserer Heimatgalaxie siehst, zusammennimmst, kommst du zu dem verstörenden Schluss, dass eindeutig nicht genug Masse vorhanden ist, um irgendeinen Stern in Anbetracht seiner Geschwindigkeit vor dem Ausscheren zu bewahren.

Und anders als die Unstimmigkeit zwischen Newtons Theorie und den Merkurbahnen handelt es sich hier um keine Kleinigkeit.

Denn es ist fünfmal mehr Materie erforderlich, als die, die wir sehen, damit nicht sämtliche Sterne und auch die Sonne aus dem Orbit geschleudert werden.

Du musst also etwas übersehen haben. Genau wie Oort.

Es fehlen nicht nur ein paar hundert Millionen Sterne und ihr interstellarer Staub, denn dann könnte man noch vermuten, ihr hättet einfach schlecht geschätzt, das wäre ja nicht weiter schlimm. Aber fünfmal so viel Materie? Was hat das zu bedeuten? Wer war überhaupt dieser Oort? Können wir ihm trauen?

Das können wir. Oort war kein gewöhnlicher Astronom. Seine erstaunlichen Entdeckungen trugen zu vielen Erkenntnissen bei, die wir Menschen über das Sonnensystem und die Milchstraße gewonnen haben – Erkenntnisse, die du auf deinen Reisen im ersten Teil dieses Buches kennengelernt hast. Oort hat unter anderem bewiesen, dass die Sonne nicht der Mittelpunkt unserer Galaxie ist (was heute selbstverständlich klingt, war es vor Oorts Nachweis nicht). Außerdem vermutete Oort die Existenz einer riesigen Ansammlung von Abermilliarden Kometen. Dieser nach ihm benannten Oort'schen Wolke bist du am äußeren Rand des Sonnensystems begegnet, bevor du in das Gravitationsfeld des roten Zwergs Proxima Centauri eingetreten bist.

Oort, ein herausragender Wissenschaftler also, traf 1932 eine gewagte Behauptung, um die absurde Diskrepanz zwischen der in unserer Galaxie verteilten sichtbaren Materie und der Geschwindigkeit der Sterne zu erklären. Er meinte, die Milchstraße enthalte eine unbekannte Art von Materie. Eine Materie, die man bisher in keiner Form nachgewiesen habe, weder auf der Erde noch irgendwo sonst. Denn sie interagiere nicht mit Licht und sei deshalb mit lichtsammelnden Teleskopen nicht zu sehen. Oort sprach von *dunk-*

ler Materie. Nach Oort sind die Auswirkungen dunkler Materie nur indirekt sichtbar, nämlich über die Gravitation. Dunkle Materie können wir nicht sehen, doch sie krümmt die Raumzeit genauso wie gewöhnliche Materie, obwohl sie mit letzterer auf keinen Fall gleichzusetzen ist. Dunkle Materie kann nicht aus denselben Teilchen bestehen, die das uns Bekannte bilden, ansonsten könnten wir sie sehen.

Eine solche Entdeckung erscheint zu groß und zu aufregend, um wahr zu sein, und so genial Oort auch gewesen sein mag: Jeder kann irren. Vielleicht hat er ja einen Fehler gemacht. Um sicherzugehen, willst du dir noch andere Galaxien vornehmen und beobachten, wie diese sich umeinander bewegen – genau das hat der Schweizer Astronom Fritz Zwicky etwa ein Jahr nach Oorts These von der dunklen Materie getan.

Falls dunkle Materie nicht nur innerhalb der Milchstraße vorhanden ist und dort Schwerkraft ausübt, sondern sich auch innerhalb und im Umkreis von anderen Galaxien auswirkt, würde sie nicht nur die Bewegung der Sterne innerhalb der Galaxien beeinflussen, sondern auch die Bewegung ganzer Galaxien umeinander.

Du siehst dir die Galaxien also noch einmal genau an.

Du beobachtest den atemberaubenden kosmischen Tanz dieser riesigen Ansammlungen leuchtender Sterne, und … du hast keinen Zweifel mehr.

Wie Zwicky musst du zugeben, dass sich die Galaxien derart schnell umeinander bewegen, dass eine enorme Menge dunkler Materie angenommen werden muss, die für den gravitativen Zusammenhalt sorgt.

Dunkle Materie ist keine Materie.

Sie ist auch keine Antimaterie, sondern etwas anderes.

Niemand weiß, was sie ist.

Seit den 1930er Jahren sind noch zahlreiche weitere Tests unternommen worden, die alle zum selben Ergebnis kommen. Es gibt dunkle Materie. Überall, wo Materie ist, ist diese von dunkler Materie umgeben. Obgleich ich dir mit diesem Buch wirklich alles über das Universum zeigen möchte, muss ich an diesem Punkt eingestehen, dass ich nicht weiterweiß.

Warum nicht?

Selbst heute, mehr als achtzig Jahre nach Oorts gewagter These, haben wir immer noch keinen Hinweis darauf, woraus dunkle Materie bestehen könnte. Wir wissen, dass es sie gibt. Wir wissen, wo es sie gibt. Wir können ihre Anwesenheit in und um Galaxien überall im Universum lokalisieren. Es gibt deutliche Einschränkungen dazu, was sie *nicht* ist, aber wir haben keine Ahnung, was sie sein könnte. Dabei tritt sie massenhaft auf: Auf jedes Kilo herkömmliche Materie aus Neutronen und Protonen und Elektronen kommen fünf Kilo dunkle Materie aus Werweißwas.

Dunkle Materie.

Das Unerwartete Schwerkrafträtsel Numero eins.

Es könnte also sein, dass Einsteins Theorie in dieser Größenordnung nicht aufgeht, genauso wie Newtons Gesetz nahe der Sonne nicht gelten kann. Es haben viele voneinander unabhängige Überprüfungen stattgefunden. Dunkle Materie ist anscheinend überall vorhanden, im Umkreis von Galaxien, im Umkreis unserer Milchstraße und überall im Universum. Man kann sie nur nicht sehen.

Es gibt in unserem Universum offenbar viel mehr Unsichtbares als Sichtbares.

5
Dunkle Energie

In den Äonen, die seit dem dunklen Zeitalter unseres Universums vergangen sind, ist es zu zahlreichen galaktischen Kollisionen gekommen. Ganze Galaxien sind zusammengestoßen und verschmolzen. Im All walten gewaltige Kräfte, und die Galaxien, die du heute betrachtest, sind nur der sichtbare Teil des Ganzen.

Dunkle Materie, die in einem Übergewicht von 5 : 1 vorhanden ist, können wir nicht sehen, und doch gibt es so viel von ihr, dass sie beim kosmischen Walzer eine erhebliche Rolle gespielt haben muss – und immer noch spielt. Die Tänzer dieses Walzers sind, wie du nun weißt, Ansammlungen von Sternen, die in unsichtbare Mäntel aus dunkler Materie gehüllt sind.

Je länger du den Galaxien zusiehst, je mehr Tänzer und Formationen du entdeckst, umso mehr Welten stellst du dir dort draußen vor, deren Firmament so ganz anders ist als deines. Du fragst dich sogar, ob nicht irgendeine weit entfernte Zivilisation Antworten auf die Fragen der Menschheit gefunden hat ... aber da zuckst du geblendet zusammen.

Ein starker Lichtstrahl ist dir ins Auge geschossen.

Du blinzelst in die Nacht und willst wissen, woher er kam, aber er ist schon wieder verschwunden.

Aber da, genauso plötzlich trifft dich ein zweiter, der jetzt aus einer anderen unvorstellbar weit entfernten Richtung kommt.

Und wieder einer.

Du schreckst aus deinen Tagträumen hoch und konzentrierst dich auf die Galaxien, aus denen die Lichtsignale offenbar stammen.

Du weißt nicht wieso, aber dein Herz rast wie wild. Du schaust auf die Lichter dieser Galaxien, wie sie sich in die Ferne zurückziehen und umeinander kreisen.

Da stimmt etwas nicht.

Die Galaxien, aus denen die Lichter kommen, entfernen sich, ja, aber nicht so wie gedacht.

Dabei geht es nicht darum, wie sie umeinander kreisen, sondern um die Ausdehnung des Universums – darum, wie sich *alle* Galaxien weiter voneinander wegbewegen, wie Rosinen im aufgehenden Kuchenteig. Du hast von der Ausdehnung des Universums gehört, aber diese Galaxien hier bewegen sich nicht dementsprechend.

Wir stehen vor dem Unerwarteten Schwerkrafträtsel Numero zwei. An ihm ist noch viel mehr versteckte Energie beteiligt als bei der dunklen Materie.

Um das zu verstehen, musst du wissen, wie man in unserem Universum Entfernungen abschätzt.

Als du kurz vor deiner Reise ins All am Strand der tropischen Insel lagst und in den Nachthimmel geschaut hast, woher wusstest du da, welcher Stern näher und welcher weiter entfernt war? Die Helligkeit ist offenbar nicht entscheidend. Sterne gibt es in fast allen Größen, und ihre Leuchtkraft kann sehr unterschiedlich sein. Ein heller Stern kann, von der Erde aus gesehen, groß und weit entfernt oder klein und nah sein. Man braucht also noch mehr. Wissenschaftler haben im Laufe der Zeit drei verschiedene Hilfsmittel ersonnen, um kosmische Entfernungen zu messen.

Die erste und einfachste Methode lässt sich auf alle Dinge anwenden, die sich in relativer Nähe zu uns befinden, seien es Planeten oder Sterne. Man setzt dabei auf den gesunden Menschenverstand (wir haben es nicht mit Quanten zu tun, also ist Intuition erlaubt). Stell dir vor, du bist auf der Autobahn und siehst durch das Seitenfenster des Autos. Bäume, die nah am Straßenrand stehen, rauschen schnell vorbei. Bäume, die weiter entfernt sind, scheinen sich viel langsamer zu bewegen. Die Berge überm Horizont bewegen sich scheinbar gar nicht. Sie können als Fixpunkt im Hintergrund dienen. Im Weltraum gilt dasselbe Prinzip. Da die Erde die Sonne umkreist, zeigen nahe Objekte eine eindeutige Bewegung – vor dem Hintergrund von weit entfernten Sternen, die statisch wirken. Wenn man nun verfolgt, wie sich die Position eines Objekts vor diesem Hintergrund verändert, lässt sich abschätzen, wie weit entfernt das Objekt ist. Das ist Mathematik, die schon Euklid vor mehr als 2200 Jahren verstanden hätte. Die Methode eignet sich für Schätzungen im Nahbereich, also innerhalb der Milchstraße. *Galaktische* Entfernungen lassen sich so jedoch nicht bestimmen, dafür sind Galaxien einfach zu weit entfernt. Während du hier auf der Erde die Sonne umkreist, kann sich dein Blickwinkel auf den Kosmos vom Sommer zum Winter um ganze 300 Millionen Kilometer verschieben. Aber das ist noch nicht genug, um Galaxien in Bewegung zu sehen: Sie bleiben immer noch Teil des starren Hintergrunds. Um herauszufinden, wo sich diese Galaxien befinden, muss man einen anderen Trick anwenden und eine ganz besondere Art von Sternen zu Hilfe nehmen: die *Cepheiden*.

Die Cepheiden sind sehr helle Sterne, deren Licht mit erstaunlicher Regelmäßigkeit zwischen maximaler und minimaler Intensität wechselt. Erstaunlicherweise haben Wissenschaftler einen Weg gefunden, dieses Oszillieren mit der Gesamtmenge ihrer Leuchtkraft in Zusammenhang zu bringen. Mehr benötigen sie nicht, um die Entfernung dieser als «Standardkerzen» dienenden Sterne zu berechnen. Genauso wie Schall leiser wird, je weiter er sich von seiner Quelle entfernt, wird auch Licht schwächer. Wenn man nun die Lichtportion einfängt, die ein Cepheid beim Erreichen der Erde hat, kann man auf seine Entfernung schließen. Zum Glück sind da draußen viele Cepheiden unterwegs.

Aber auch diese Methode hat ihre Grenzen: Für die größten Entfernungen im Universum können einzelne Cepheiden nicht verwendet werden, denn selbst die leistungsstärksten Teleskope können sie dann nicht mehr von den sie umgebenden Sternen unterscheiden. Um also in die Tiefe des Alls vorzudringen, ist ein dritter Trick vonnöten.

Du erinnerst dich vielleicht an die Arbeit des US-Astronomen Edwin Hubble aus dem zweiten Teil dieses Buchs. In den 1920er

Jahren beobachtete Hubble als Erster, dass ferne Galaxien sich von uns wegbewegen und das Universum sich also ausdehnt. Deine Freunde haben diese Feststellung freundlicherweise bestätigt, indem sie überall auf der Erde mit ihren megateuren Teleskopen den Nachthimmel beobachteten.

Hubble nutzte den Farbwechsel der Lichter, die von Cepheiden in weit entfernten Galaxien ausgehen, um auf ihre Geschwindigkeit zu schließen. Er beobachtete, dass ihr Bestreben, sich von uns zu wegzubewegen, proportional zu ihrer Entfernung ist: Eine Galaxie, die doppelt so weit entfernt ist wie eine andere, bewegt sich doppelt so schnell. Diese Relation wird inzwischen das *Hubble-Gesetz* genannt.

Beim dritten Trick geht es nun darum, das Hubble-Gesetz andersherum anzuwenden, wenn Cepheiden nicht aus ihrer Umgebung isoliert werden können. Je nachdem, wie sich die Farben in dem Licht aus weit entfernten Galaxien verändern, können Wissenschaftler bestimmen, wie viel von der Ausdehnung unseres Universums sie durchreist haben. Damit lässt sich feststellen, wie weit entfernt die Galaxie derzeit ist.

Das Hubble-Gesetz ist recht einfach und fügt sich gut in das bereits Bekannte. Raum und Zeit sind vor Milliarden Jahren zu dem geworden, was sie heute sind, die Raumzeit dehnt sich seitdem immer mehr aus. Die von einem gewaltigen Freiwerden von Energie (dem Urknall) ausgelöste Expansion hat sich in den darauffolgenden Milliarden Jahren verlangsamt.

Ein stimmiges und logisches Konstrukt.

Aber es passt nicht zu dem, was du eben gesehen hast.

Die Lichtstrahlen, die dein Auge getroffen haben, widersetzen sich dieser Theorie. Der beobachtete Farbwechsel passt nicht zu dem oben beschriebenen Bild, in dem sich alles so schön zusammenfügt. Etwas stimmt da nicht, irgendwo lauert da Rätsel Numero zwei.

Um herauszufinden, was es damit auf sich hat, müssen wir wieder auf die Reise gehen und uns anschauen, was die extrem starken Lichtausschläge ausgelöst hat, die dich geblendet haben.

Von deiner jetzigen Position über der Milchstraße machst du dich zu einer besonders schönen und bunten Spiralgalaxie auf, die etwa acht Milliarden Lichtjahre entfernt liegt. Du überwindest die immensen, sich ausweitenden Entfernungen, die unsere kosmische Familie von dieser anderen Insel der Lichter trennen. Schon bist du neben ihr und betrittst sie von der Seite. Du fliegst an Millionen Sternen vorbei, du rast durch Staubwolken, die so groß sind wie Tausende Sonnensysteme zusammen, und auf einmal hältst du wieder an.

Zwei leuchtende Objekte direkt vor dir fesseln deine Aufmerksamkeit. Sie umkreisen einander, sehr schnell, in ziemlich asymmetrischen Bahnen. Einer der beiden ist ein riesiger, wütender roter Stern. Der andere strahlt auch sehr hell, ist aber viel kleiner und hat etwa die Größe der Erde. Und er sieht eher weiß aus. Lass dich jetzt aber nicht täuschen. Trotz des Größenunterschieds hat der Kleine hier die Oberhand, nicht der rote Riese. Der kleine weiße Ball ist das, was vom Kern eines Sterns übrig blieb, als dieser mehrere hundert Millionen Jahre vor deiner Ankunft explodierte. Als der Stern starb und seine äußeren Schichten von sich schleuderte, wurde sein komprimierter Kern zu dem, was du jetzt vor dir siehst. Ein *weißer Zwerg*. Ein außergewöhnlich dichtes und heißes Gebilde. Normalerweise brauchen weiße Zwerge mehrere Zehnmillionen Jahre, um abzukühlen und schließlich zu kalten, dunklen und einsamen Allwanderern zu werden. Dieser hier aber hat einen ganz anderen Weg gewählt.

Um dir eine Vorstellung von der Dichte eines weißen Zwergs zu geben, nehmen wir uns einen Baseball und füllen ihn mit verschiedenen Materialien. Ein normaler Baseball aus Gummi, Leder und Luft wiegt etwa 145 Gramm. Wenn man sein Volumen mit Blei anfüllen würde, käme man auf ein Gewicht von etwa 2,3 Kilogramm. Und wenn wir den Ball mit dem dichtesten natürlich vorkommenden Element auf der Erde füllen, nämlich mit *Osmium*, wäre er noch einmal doppelt so schwer: etwa 4,5 Kilogramm.

Dasselbe Volumen mit dem Material eines weißen Zwergs ergäbe einen Baseball, der 200 Tonnen wiegt. Im Reich des extrem

Dichten stehen weiße Zwerge an dritter Stelle, gleich hinter Neutronensternen (die ausschließlich Neutronen enthalten) und schwarzen Löchern. Man könnte annehmen, dass sich in einem weißen Zwerg, wie in jedem leuchtenden Stern, starke Kernfusionen ereignen, aber das ist nicht der Fall. Zumindest dann nicht, wenn er einen Weg findet, sich zu vergrößern. Weiße Zwerge bleiben solange weiße Zwerge wie sie weniger als 140 Prozent der Masse unserer Sonne enthalten.

Aber dieser Zwerg hier hat etwas, von dem er sich ernähren kann. Einen Stern. Einen roten Riesen.

Der rote Riese wird vor deinen Augen lebendig verspeist.

Schwerkraftmäßig der enormen Dichte des weißen Zwergs unterlegen, ist er zum Tode verurteilt. Er kann nicht einmal seine äußeren Schichten festhalten. Während er den Zwerg umkreist, wird ihm seine Oberfläche entrissen und bildet eine lange Spur aus hellem, brennend heißem Plasma, das in einer Spirale zu seinem gierigen Tanzpartner hinüberwandert und einen leuchtenden kosmischen Fluss bildet, der zur Oberfläche des weißen Zwergs mäandert – dort wird er aufgenommen und komprimiert.

Hier sind unfassbare Kräfte am Werk, das spürt selbst die Raumzeit. Wie zwei Boote, die sich an der Oberfläche eines Sees umkreisen und Wellen hochschlagen lassen, so erzeugt auch der Tanz des roten Riesen mit dem weißen Zwerg Gravitationswellen – Kräuselungen im Stoff des Universums, die Raum und Zeit verändern, während sie die umliegenden Dinge umspülen.*

* Nur, um das Bild zu vervollständigen: Gravitationswellen wurden vor mehreren Jahrzehnten von den US-Physikern Russell Hulse und Joseph Taylor indirekt nachgewiesen. 1993 erhielten die beiden für ihre Entdeckung den Nobelpreis. Gravitationswellen könnten uns eines Tages ermöglichen, hinter die Mauer am Ende des sichtbaren Universums zu «schauen», noch hinter die Oberfläche der letzten Streuung. Da sie keine Lichtwellen sondern Raumzeit-Wellen sind, können sie sich überall verbreiten und selbst die dichteste, dickste Wand durchdringen, bis hin zum Urknall. Mit diesem Ziel werden Gravitationswellen-Teleskope konstruiert.

Du siehst zu, wie immer mehr Materie vom Riesenstern auf die Oberfläche des weißen Zwergs fällt, und du hast zu Recht das Gefühl, dass hier gleich etwas Außergewöhnliches geschehen wird. Der weiße Zwerg hat ordentlich an Gewicht zugelegt, er hat nun 140 Prozent der Sonnenmasse. Das ist die kritische Massengrenze. Der Druck in seinem Kern reicht nun auf einmal aus, um eine neue, gewaltige Kettenreaktion auszulösen, die den weißen Zwerg zu einem spektakulären Abgang zwingt. Mit einem Mal birst der Stern. Die Explosion ist fünf Milliarden Mal heller als die Sonne. Was für ein Schwanengesang.

Explosionen wie diese nennt man eine *Supernova vom Typ 1a.* Sie treten in einer beliebigen Galaxie etwa einmal in hundert Jahren auf. Und sie sind extrem praktisch, da sie sich sehr ähneln. Ja, sie sind fast identisch, denn sie ereignen sich tatsächlich immer, wenn ein weißer Zwerg 140 Prozent der Sonnenmasse erreicht, nachdem er sich von einem anderen Stern ernährt hat. Daher haben sie auch immer dieselbe Lichtstärke: 5 Milliarden Sonnen, konzentriert auf einen Punkt, der nicht viel größer ist als unsere Erde. Um ein Vielfaches heller als die Cepheiden, sind diese Lichter die idealen Standardkerzen, um die fernsten Bereiche unseres Universums zu erforschen und das Hubble'sche Gesetz der Ausdehnung zu überprüfen.

Supernovae vom Typ 1a sind so viel heller als alles andere, dass Teleskope sie im Unterschied zu Cepheiden auch in entfernten Galaxien entdecken können. Da sie ihre absolute Helligkeit kennen, können Wissenschaftler auf ihre Entfernung schließen und abschätzen, wie schnell sie sich von uns wegbewegen.

1998 veröffentlichten zwei unabhängige Forschergruppen ihre Ergebnisse zu diesen fernen Supernovae. Eine Studie wurde von dem US-Astrophysiker Saul Perlmutter geleitet, die andere von den US-Astrophysikern Brian Schmidt und Adam Riess. Beide kamen zu dem Schluss, dass sich die Ausdehnung des Universums vor etwa fünf Milliarden Jahren – nach über acht Milliarden Jahren normalen Verhaltens – auf einmal beschleunigt hat.

Für die Wissenschaftsgemeinde war das ein Schock.

Für dich sicher auch.

Damit hatte nicht nur niemand gerechnet – nein, man hätte das genaue Gegenteil angenommen.

Im Großen steht hinter allem Einsteins allgemeine Relativität, und genau wie Newtons Schwerkraft erlaubt auch Einsteins Schwerkraft Dingen nur, sich gegenseitig anzuziehen. Alles im Universum, ob Antimaterie oder dunkle Materie, muss deshalb auf lange Sicht die Ausdehnung verlangsamen. Und nicht beschleunigen.

Die Beobachtungen von Perlmutter, Riess und Schmidt sagten nun aber das Gegenteil, und der einzige Weg aus diesem Widerspruch bestand darin, etwas radikal Neues einzuführen, dem man diese Beschleunigung zuschreiben konnte. Dieses Etwas musste das gesamte Universum füllen. Und es musste eine außergewöhnliche Eigenschaft haben: Es musste wie eine Antischwerkraft wirken und Materie und Energie abstoßen statt anziehen.

Aus irgendeinem Grund hat diese neue Kraft vor etwa fünf Milliarden Jahren alle anderen Kräfte des Universums übertrumpft. Davor war ihre Wirkung gleich null.

Die verwunderliche Kraft nennt man *dunkle Energie*. Um ihre beobachteten Auswirkungen zu erklären, muss es eine ganze Menge von ihr geben.

Laut aktuellen Schätzungen sogar eine unglaublich große Menge, nämlich dreimal so viel wie dunkle Materie.

Fünfzehn Mal so viel wie die gewöhnliche Materie, aus der auch wir gemacht sind.

Die Entdeckung, dass die Ausdehnung unseres Universums sich eher beschleunigt als verlangsamt, hatte zur Folge, dass Perlmutter, Schmidt und Riess 2011 der Physik-Nobelpreis verliehen wurde – und der Energieinhalt des Universums komplett neu berechnet werden musste. Nach Schätzung des NASA-Satelliten sind die Anteile wie folgt:

Dunkle Energie: 72 Prozent.

Dunkle Materie: 23 Prozent.

Die uns bekannte Materie (plus Licht): 4,6 Prozent.*

Alles, was du bisher auf deinen Reisen sehen konntest, entspricht also nur 4,6 Prozent von dem, was das Universum im Ganzen ausmacht.

Der Rest ist unbekannt.

Anders als bei der dunklen Materie wurde aber die Existenz von irgendeiner Form von dunkler Energie schon in der Vergangenheit postuliert. Schon vor etwa einhundert Jahren. Von Einstein selbst. Er sprach von der «größten Eselei» seines Lebens. Doch heute ist es offenbar so, dass die Eselei wohl darin bestand, dunkle Energie als Eselei zu bezeichnen.

Vielleicht weißt du noch aus dem zweiten Teil, dass Einstein kein Freund der Vorstellung war, dass sich das Universum verändert oder entwickelt. Er wollte viel lieber annehmen, dass Raum und Zeit immer das waren, sind und bleiben, als was er sie wahrnahm. Doch leider bestätigte seine allgemeine Relativitätstheorie schon in ihrer einfachsten Form das Gegenteil, denn sie besagt, dass die Raumzeit sich verändern kann und dies auch tut. Um die Möglichkeit eines nicht veränderlichen Universums zu erhalten, so fand Einstein heraus, konnte er seine Gleichungen um einen Parameter erweitern, der die Berechnungen dennoch nicht außer Kraft setzte. Damals war das ein gewagter Schritt: Einsteins Gleichungen bedeuteten (und bedeuten noch heute), dass der lokale Energieinhalt unseres Universums absolut äquivalent zu seiner lokalen Geometrie ist. Wenn sich eins der beiden verändern kann, so kann es auch das andere. Indem überall eine neue Energie eingeführt wurde, veränderte sich also überall die Form und Dynamik des Universums. Energie umfasst bei Einstein alles, was eine Schwerkraftwirkung hat. Dazu gehören heute Materie, Licht, Antimaterie,

* Die Werte ergeben zusammengenommen nicht ganz 100 Prozent, da es immer noch Unsicherheiten bei den erhaltenen Zahlen gibt. Quelle: Wilkinson Microwave Anisotropy Probe (WMAP).

dunkle Materie und alles, was ein normales und angemessenes anziehendes Gravitationsverhalten zeigt.

Doch der von Einstein eingeführte Parameter konnte je nach seinem Wert beiderlei Effekt haben, also anziehend oder abstoßend wirken. Physikalisch entsprach er einer Energie, die das gesamte Universum ausfüllt. Einstein nannte ihn die *kosmologische Konstante.*

Mit ihr entsprach das Universum statisch und artig Einsteins philosophischen Ansichten, und der Physiker konnte wieder ruhig schlafen.

Zehn Jahre später aber machte Hubbles Entdeckung die Expansion des Universums zu einer experimentellen Tatsache. Das statische Universum war endgültig passé. Einstein zog seine kosmologische Konstante zurück und nannte ihre Einführung seine größte Eselei.

Und nun, einhundert Jahre später sieht es danach aus, als würde Einsteins verworfenes Konzept das passende Hilfsmittel darstellen, um das größte Rätsel zu lösen, das sich der Menschheit je gestellt hat: die Frage nach der dunklen Energie, die für eine Beschleunigung der Ausdehnung des Universums sorgt. Die Kosmologische Konstante kann das Universum nämlich auch alles andere als statisch werden lassen und es einer beschleunigten Expansion aussetzen. Sie könnte die dunkle Energie erklären. Dabei bliebe lediglich offen, woher sie selbst stammt. Wir werden in Teil sieben darauf zurückkommen.

Wenn wir doch alle zu solchen Eseleien wie Einstein fähig wären!

Was auch dahinter stecken mag: Das Konzept der dunklen Energie hat unsere kosmologische Sicht verändert. Vor der Entdeckung von Perlmutter, Riess und Schmidt nahm man zwei mögliche Entwicklungen für unser Universum an, abhängig von seinem Inhalt. Gäbe es zu viel Materie, würde seine Ausdehnung irgendwann rückgängig gemacht und die Gravitation gewänne Oberhand – als säßen starke Federn an den Dingen, die sich jetzt noch auseinanderbewegen. Bei einem solchen Szenario würde sich das gesamte Universum zusammenziehen, und alles würde im sogenannten *Big Crunch* zusammenkrachen. Es wäre der umgekehrte Urknall, wobei die Zeit vorgespult statt zurückgespult würde.

Es könnte aber auch sein, dass nicht genug Materie oder Energie vorhanden ist, um zu verhindern, dass alles auseinanderstrebt. Die von Perlmutter, Riess und Schmidt eingeführte dunkle Energie macht dies zur wahrscheinlichsten Zukunft. Wenn nicht noch eine weitere Überraschung vor unseren Teleskopen auftaucht, wird das Antischwerkraftfeld wohl dafür sorgen, dass die Ausdehnung des Universums sich ewig fortsetzt und in eine sehr kalte kosmische Zukunft, den *Big Freeze* führt. Keine besonders schönen Aussichten, das gebe ich zu. Aber wie du im Folgenden und letzten Teil erfahren wirst, muss die große Kälte nicht das Letzte sein.

Es kann aber immer noch sein, dass Einsteins Theorie in diesen enormen Größenordnungen einfach nicht gilt. In diesem Fall dürfen wir seine Gleichungen nicht anwenden, um auf die Existenz von dunkler Energie zu schließen. Genau wie Newtons Vorstellungen, an einem großen Stern gemessen, zu falschen Umlaufbahnen führten, könnten auch Einsteins Gleichungen an einem bestimmten Punkt von der Realität abweichen. Nach heutigem Wissensstand aber ist die dunkle Energie wahrscheinlich real und womöglich hat sie sogar einen Quanten-Ursprung. Eine spannende Perspektive für all jene, die das sehr Kleine so gerne mit dem sehr Großen verbinden möchten.

Jedenfalls sind dunkle Materie und dunkle Energie eine große Sache, selbst wenn sie sich nicht genau bestimmen lassen. Durch Newtons Schwerkraft haben wir neue Planeten im Umkreis der Sonne entdeckt. Einsteins Schwerkraft hat uns zu noch viel größeren Rätseln geführt – Rätsel, die uns vielleicht Türen zu unbekannten Bereichen unserer Realität öffnen, oder uns zumindest Hinweise auf die Geheimnisse des ganz Großen geben.

Mit der nötigen Demut, die solche Entdeckungen von uns fordern, ist es nun an der Zeit, dass du erkennst, warum die allgemeine Relativität nicht die Weltformel, die Theorie von Allem, sein kann, und warum sie ihr eigenes Scheitern vorwegnimmt.

6
Singularitäten

Erinnerst du dich an die Unendlichkeiten in der Quantenfeldtheorie?

Erinnerst du dich an die katastrophalen Auswirkungen auf die Raumzeit, wenn im Vakuum überall und ständig unendlich viele Teilchen auftauchen?

Um das Problem zu umgehen, mussten die Wissenschaftler die Schwerkraft ausschalten und so tun, als gäbe es die Unendlichkeiten nicht. Sie mussten ignorieren, was im noch Kleineren vor sich geht. Solange die Gravitation keine Quanteneigenschaften hat, funktioniert dieses System erstaunlich gut.

Lassen wir die Quantentheorie noch eine Weile außen vor.

Was ist mit der Schwerkraft an sich? Wäre es möglich, dass die klassische Materie, mit der wir täglich zu tun haben, dieselbe Wirkung auf die Beschaffenheit unseres Universums hat? Kann diese Materie die Raumzeit kollabieren lassen?

Die Antwort ist ein klares Ja. Und dieses Mal können wir das Ergebnis sogar am Himmel sehen.

Hier hilft folgendes Bild weiter: Viele schwere Murmeln werden auf ein dünnes Gummituch geworfen.

Weil sie Dellen bilden, rollen nahe beieinanderliegende Murmeln zusammen und bilden Klumpen, die wiederum noch stärkere Dellen verursachen. Mit jeder Murmel, die in die Vertiefung rollt und sich der Gruppe anschließt, wird das Gummituch weiter verformt.

Irgendwann aber – entweder weil nun alle Murmeln im Spiel sind oder weil die restlichen Murmeln zu weit entfernt sind – endet diese Gruppenbildung.

So weit, so gut.

Wenn das Gummituch aber weich wie Kaugummi ist und nicht stark genug, um die Murmelansammlung durch die eigene Spannung im Gleichgewicht zu halten, wird es sich wahrscheinlich weiter dehnen, selbst wenn keine Murmeln mehr hineinfallen, und schließlich reißen.

Kein Material ist so stark, dass es alles halten kann. Daher gibt es die Vorstellung von einer Grenzdichte: Wenn man zu viel Gewicht auf eine weiche Oberfläche gibt, verformt sich diese rund um diese Masse – ja, die Oberfläche verformt sich immer weiter, bis sie schließlich kaputtgeht.

Wie ist es aber bei der Raumzeit?

Sie hält stand, aber sie reagiert wahrscheinlich noch dramatischer auf besonders hohe Dichten, denn der Stoff ist in diesem Fall nicht Gummi, sondern eben Raum und Zeit selbst.

Die Raumzeit ist kein flach gespanntes Tuch, sie ist Volumen plus Zeit.

Die Raumzeit biegt und krümmt und streckt sich rund um die Dinge, die sie enthält, ob es sich nun um Materie oder irgendeine andere Form von Energie handelt. So sah das Einstein.

Wenn man nun Energie (gleich welcher Form) in ein bestimmtes Volumen gibt, wird man wie bei dem Gummituch irgendwann auf ein Problem stoßen. Ab einer gewissen Schwelle kann nichts mehr die Krümmung der Raumzeit aufhalten, sie wird immer steiler, auch wenn gar keine Energie mehr hinzukommt.

Wird die Krümmung zu extrem, drückt sie ihren Auslöser zusammen und lässt seine Dichte nur noch höher werden – dieser Teufelskreis führt unweigerlich zu einem Raum-Zeit-Kollaps, der durch Unendlichkeiten verursacht wird, mit der die allgemeine Relativität nicht fertig wird. Unendlichkeiten wie diese werden *Singularitäten* genannt. Sie sind nicht zu verwechseln mit den Unendlichkeiten der Quantentheorie, sie haben mit Quantenprozessen nichts zu tun. Sie tauchen immer dann auf, wenn sich zu viel Masse oder Energie auf zu kleinem Raum befindet. Diese Singularitäten lassen sich lokalisieren. Und die Möglichkeit ihrer Existenz läutet den Zusammenbruch von Einsteins Gravitationstheorie ein.

Ende der 1960er und Anfang der 1970er Jahre, als alle anderen entweder high waren, psychedelischer Musik lauschten oder nach neuen Elementarteilchen suchten, bewiesen die beiden britischen Physiker Roger Penrose und Stephen Hawking mit einer Reihe inzwischen berühmter Theoreme, dass ein derartiger Kollaps nur in einem Universum vorkommen kann, das im Großen von Einsteins allgemeiner Relativität gelenkt wird. Mit ihren Theoremen zeigten die beiden, dass Einsteins allgemeine Relativitätstheorie die sehr demütige Eigenschaft hat, ihr eigenes Scheitern vorwegzunehmen.

So wie Newton eine umfassendere Theorie benötigte, um die Merkurbahnen zu berücksichtigen, so musste Einsteins Theorie offenbar erweitert werden, um den Raum-Zeit-Kollaps zu erklären.

Wo kommt eine solche Singularität durch Kollaps überhaupt vor?, fragst du dich. Tritt sie tatsächlich in der Natur auf, oder handelt es sich um theoretische Gebilde?

Singularitäten sind real, und du weißt auch, wo man sie findet.

Die Mutter aller Singularitäten liegt in der Vergangenheit unseres Universums, als die gesamte Energie des Universums in einem dramatisch kleinen Rauminhalt eingezwängt war.

So lässt sich im Grunde sagen, dass unser Universum aus einer Singularität entstanden ist, denn Raum und Zeit sind ihretwegen zu dem geworden, was sie heute sind.

Eine weitere Singularität findet man in den überall im Universum verteilten schwarzen Löchern.

Anders als viele Menschen glauben, sind schwarze Löcher das Gegenteil von leer: Sie entstehen, wenn aufgrund eines katastrophalen Kollapses *zu viel* Materie in ein zu kleines Volumen gedrückt wird. Wie du später erfahren wirst, kann etwa der Tod eines riesigen Sterns einen solchen Prozess in Gang bringen.

Eine Frage quält und fasziniert viele brillante Denker seit den Penrose-Hawking-Theoremen: Da diese Singularitäten offenbar in der Natur vorkommen, wie können wir dann überhaupt *begreifen*, was dabei geschieht? Wie sollen wir uns Orte vorstellen, an denen Raum und Zeit keinen Sinn mehr ergeben? Welche Theorie lässt sich heranziehen, um diese katastrophalen Kollapse zu erklären?

Eine Theorie, die das sehr Große und das sehr Kleine umfasst.

Da schwarze Löcher und der Ursprung unseres Universums beide mit einer gewaltigen Menge Materie und Energie auf kleinstem Raum zu tun haben, sollte die Analyse Schwerkraftgesetze und Quantenmechanik verbinden.

Welche Theorie wir auch immer finden mögen, die uns das Universum besser verstehen lässt als Einsteins: Sie müsste Quantenaspekte der Schwerkraft, also der Raumzeit beinhalten.

Penrose und Hawking bewiesen, dass Einsteins Gravitationstheorie ihre Grenzen hat: Sie ist nicht in der Lage, unser gesamtes Universum zu erklären, und das weder in der Vergangenheit noch im Heute. Sie scheitert, bevor wir die Entstehung der Raumzeit erreichen, und sie scheitert auch, bevor wir erfahren können, was im Inneren schwarzer Löcher vor sich geht.

Man könnte nun annehmen, dass sich vor allem deshalb keine Quantentheorie der Gravitation entwickeln lässt, weil uns Einsteins Schwerkraftbegriff im Wege steht. Aber das ist nicht der Fall. Wie du gesehen hast, hat auch die quantenmechanische Vision der Welt ihre Tücken.

So kompliziert es auch sein mag: Du wirst im Folgenden versuchen, beides zu verbinden, denn es ist nun an der Zeit, sich so ein schwarzes Loch genauer anzusehen.

7
Grau ist das neue Schwarz

In Anbetracht deiner Situation fühlst du dich erstaunlich normal.

Du bist kein ätherisches Wesen, du bist nicht durchsichtig und deine Arme und Beine und alles andere an deinem Körper reagiert zufriedenstellend, wenn es einen Befehl erhält. Du bist aus Fleisch und Knochen und Blut, und dein Herz schlägt wie immer. Da sind auch diese leichten Nackenschmerzen, ganz so wie auf der Erde. Aber du befindest dich im All. Dein kleiner robotischer Begleiter mit seiner gelben Blechhülle und dem Teilchenwerfer ist gleich neben dir, genauso real wie du selbst.

Du siehst dich um.

Der futuristische Flughafen ist verschwunden. Du erkennst nichts, aber du glaubst, in einer Galaxie zu sein, nahe ihrem Mittelpunkt. Abermilliarden Sterne leuchten, so wie sie es immer tun. Überall. Nur direkt vor dir nicht, da ist ein vollkommen sternloser Fleck in der Raumzeit.

Du und der Roboter bewegt euch weiter und du merkst, dass der dunkle Bereich vor dem Sternenhintergrund weitertreibt.

Also ist er nah.

Eine Leere mitten im Raum. Eine dunkle Bedrohung über allem und jedem.

Du weißt, was du da vor dir hast.

Es ist groß, es hat etwa 10 Milliarden Mal so viel Masse wie unsere Sonne. Aber dieses schwarze Loch hat keinerlei Ähnlichkeit mit dem, das du im Zentrum der Milchstraße gesehen hast. Es ist von keinem Lichtring umgeben. Da ist kein Stern in der Nähe, der gleich hineinzufallen droht. Dieses schwarze Loch hat bereits alle Sterne ringsum geschluckt. Und auch einen Großteil der Dinge, die sonst noch umherfliegen. Alles ist verdaut. Jetzt kann es nur noch die gelegentlich vorbeikommenden Gesteinsbrocken fressen, die durch eine ferne Explosion hierher geschleudert werden. Manche sind gerade jetzt auf dem Weg.

«Wenn es da unten den kleinsten Hinweis auf Quantengravitation gibt, dann finden wir ihn», verkündet die Maschine.

«Ist das gefährlich?», fragst du.

«Natürlich ist es das. Wir stehen vor einem schwarzen Loch.»

Du siehst dir das schwarze Loch noch einmal an und vergleichst es mit dem, dem du zu Beginn dieses Buches begegnet bist. Von seinen Polen geht kein Lichtstrahl aus. Es sieht eher aus wie ein kreisförmiger, flacher schwarzer Fleck aus Nichts. Jetzt wirbelst du schon die Raumzeitspirale hinab, die durch das schwarze Loch entsteht. Im Fallen wirken die am Rand vorbeiziehenden fernen Sterne wie verzerrt – sie sind nie da, wo sie noch vor einem Sekundenbruchteil waren. Erst sind sie Lichtpunkte, dann werden sie schmale, helle Streifen am äußeren Rand der dunklen Scheibe. Und dann verschwinden sie, als würden sie von der dunklen Leere geschluckt, um dann auf der anderen Seite wieder aufzutauchen, wo die Folge der Verzerrungen noch einmal abläuft, nur rückwärts, bis die Sterne wieder wie weit entfernte glitzernde Punkte aussehen.

Das schwarze Loch verzerrt also offenbar das Licht, und es dehnt sich anscheinend wie ein dunkler Schacht nach innen aus, während der Rand wie eine Verzerrlinse wirkt.

Zusammen mit deinem Roboter kreiselst du weiter nach unten. Du bist immer noch weit entfernt von dem, was das schwarze Loch ist, und doch packt dich eine Art Untergangstimmung. Was immer dir der Roboter zeigen möchte, es möge jetzt schnell auftauchen, wünschst du dir, damit du noch entkommen kannst, bevor es zu spät ist – was auch immer «zu spät» hier bedeuten mag.

«Schau mal links hinter dir», sagt der Roboter nach einem längeren Schweigen.

Du siehst dich um. Ein Gesteinsbrocken kommt direkt auf das schwarze Loch zu. Es ist ein rotierender Asteroid, groß wie ein

Berg. Er rast mit erstaunlicher Geschwindigkeit vorbei, etwa einhundert Kilometer von dir entfernt.

Du betrachtest seine dunkelsilberne Oberfläche. Dieser Asteroid ist das einzige Objekt, das sich vor der dunklen Scheibe des schwarzen Lochs bewegt.

Seine wahrgenommene Größe verringert sich nun, da er sich entfernt. Er erscheint jetzt etwa so groß wie ein Pfirsich, den man auf Armlänge hält. Dann hat er die Größe einer kleinen verformten Nuss, und dann, während du im kreiselnden Fall die andere Seite des schwarzen Lochs erreichst, sind auf einmal zwei Bilder des Gesteinsbrockens zu sehen. Eines links von dir und eines rechts von dir. Die Verzerrung der Raumzeit im Umkreis des schwarzen Lochs sorgt wohl dafür, dass Licht auf mehreren Wegen in dein Auge gelangen kann …

«Gleich fällt der Gesteinsbrocken hindurch», kündigt die Maschine fast ein wenig bedauernd an.

«Wo denn hindurch?», erkundigst du dich sorgenvoll.

«Durch den Horizont.»

«Den was?»

«Den *Ereignishorizont*. Die Grenze, ab der es kein Zurück mehr gibt. Du wirst es gleich sehen. Oder auch nicht. Kein Mensch, keine Maschine ist je so nah an einem schwarzen Loch gewesen, geschweige denn in seinem Inneren. Es gibt eine Theorie, was da drinnen passieren könnte. Aber sie könnte falsch sein. Wenn wir den Horizont überschreiten, lassen wir das Bekannte hinter uns.»

«Vielleicht sollten wir dann nicht so nah rangehen», schlägst du vor.

«Vielleicht doch», erwidert der Roboter. «Das nennt man Forschung. Da muss man manches wohlüberlegte Risiko eingehen.»

«Wo soll ich denn nach diesem Horizont suchen?»

«Überall.»

Der Roboter bewegt sein Wurfrohr nach links und rechts und deutet auf zwei gegenüberliegende Punkte am Rand des schwarzen Lochs, auf die beiden Bilder des Gesteinsbrockens und auf den Raum dazwischen.

Dein Blick geht von einem Bild zum anderen, du wartest darauf, dass beide ihren Fall fortsetzen, dass sie durch den Horizont im schwarzen Loch verschwinden. Doch nachdem du eine weitere volle Umdrehung hinter dir hast, schwebt der kleine, nussgroße, silberbraune Asteroid immer noch über der schwarzen Leere. Seltsamerweise scheint er seine Position keinen Deut verändert zu haben, seitdem du das letzte Mal über ihm warst. Ja, er rührt oder dreht sich offenbar gar nicht mehr.

«Er ist nicht gefallen!», rufst du erleichtert. Vielleicht wirst du heute also doch nicht von einem schwarzen Loch gefressen.

«Doch, das ist er», korrigiert der Roboter. «Er ist nicht mehr da.»

«Wie lustig.»

«Er ist weg», beharrt der Roboter. «Nur sein Abbild ist noch da. Du siehst hier die Raumzeitkrümmung in Aktion. Die Krümmung von Raum *und* Zeit. Unsere, also deine und meine Zeit vergeht anders als die Zeit des Gesteinsbrockens. Der Asteroid ist hinter dem Horizont. Sein Bild ist noch am Horizont. So sieht es aus.»

Während du das noch zu begreifen versuchst, saust ein weiterer Gegenstand an dir vorbei ins Nichts. Dieses Mal ist es ein glitzernder Stein. Er sieht fast aus wie ein riesiger Diamant – und das ist er tatsächlich. Denn manche Sterne hinterlassen, wenn sie verglühen, einen Diamanten, der so groß wie ein Mond sein kann.

Während du dem Diamanten beim Fallen zusiehst, vollendest du eine weitere Runde um das schwarze Loch und merkst, dass du ihm jetzt viel näher bist als vorher. Und dich viel schneller bewegst. Die verschiedenen Bilder des Asteroiden und nun auch die des Diamanten scheinen oberhalb der surrealen Finsternis eingefroren zu sein und wirken jetzt mit jeder Runde verzerrter. Genau wie der Rest, den du noch sehen kannst.

Was auch immer dir deine Augen mitteilen mögen: Der Roboter hat wieder recht. Der Asteroid und der Diamant sind beide unwiederbringlich verschwunden. Und das schwarze Loch ist größer geworden, nachdem es die beiden verschluckt hat. Zumindest hat sich sein Horizont vergrößert.

«Wolltest du mir das zeigen?», fragst du den Roboter. «Dass ein leeres Loch wächst, wenn etwas darin verschwindet?»

«Schwarze Löcher sind nicht leer», antwortet der Roboter geheimnisvoll.

Tatsächlich sind sie das genaue Gegenteil von leer: Sie sind das, was geschieht, wenn *zu viel* Materie und Energie auf zu kleinem Raum versammelt sind. Um ein schwarzes Loch entstehen zu lassen, bedarf es enormer Energie. Nur riesige strahlende Sterne lassen, wenn sie verglühen, genug Energie frei, um ihren Kern zu einem schwarzen Loch zu komprimieren.

Auf deiner Reise bist du schon weißen Zwergen begegnet: Sie entstehen ebenfalls durch Kompression, aber nicht in so extremer Form wie schwarze Löcher. Es sind beeindruckende Phänomene, die nach einem Sternenkollaps entstehen, schwarze Löcher aber sind noch einmal eine Kategorie für sich. Während du noch mehrere Male um das schwarze Loch wirbelst, in das du unweigerlich hinabstürzt, will ich dir noch einen Grund nennen, warum sie so angsteinflößend und rätselhaft sind.

Befindest du dich auf irgendeinem Körper im All – sei es nun ein Gesteinsbrocken, ein Planet oder ein Stern –, bist du theoretisch in der Lage, ein Lichtsignal auszusenden. Je mehr Dichte aber der Körper hat, auf dem du dich befindest, desto mehr Energie müsste das Signal haben, um die Krümmung zu überwinden, die der Körper in der ihn umgebenden Raumzeit bildet. Das ist wie bei der Salatschüssel: Je tiefer diese ist, desto schneller muss man eine Murmel von unten hochschleudern, damit sie ganz nach oben und schließlich über den Rand gelangt. Je nachdem, ob du auf einem Planeten, einem Stern oder einem weißen Zwerg sitzt, benötigst du immer mehr Energie, damit das Signal deren Anziehungskraft überwindet und ins All gelangt, ohne zurückzufallen.

Bei schwarzen Löcher ist es noch viel schlimmer. Sie enthalten so viel Materie und Energie und erzeugen daher eine so extreme Raumzeitkrümmung, dass alles, was sich ihnen nähert, in sie hineingezogen wird. Laut der allgemeinen Relativität hat nichts in unserem Universum genug Kraft, um sich der gravitationellen Anziehung eines schwarzen Lochs zu widersetzen. Nicht einmal Licht. Der *Point of no Return*, ab dem nichts mehr zurückkommen kann – der Horizont des schwarzen Lochs – befindet sich dort, wo die Bilder des Gesteinsbrocken und des Diamanten scheinbar stillstehen, wenn man sie von außen betrachtet.

Die Finsternis vor dir wird immer größer, als wäre da ein großes Maul, das deine Realität schlucken will.

Die weit entfernt liegenden Sterne erscheinen dir jetzt ganz anders. Du hast den seltsamen Eindruck, dass das, was du vor dir siehst, eigentlich hinter dir liegt. Du wendest dich um und merkst, dass das nicht nur ein Gefühl ist, sondern den Tatsachen entspricht. Das Licht, das von den Sternen hinter dir ausgeht, ist so schnell unterwegs wie Licht es immer ist, es überholt dich und schießt dann an der Krümmung des schwarzen Lochs vorbei. Strahlen, die sich links vom dunklen Ungeheuer ausbreiten, tauchen rechts von ihm wieder auf, nachdem sie hinter ihm eine rasante Wende vollführt haben. Und dann schießen dir diese Lichtstrahlen entgegen und treffen auf dein Auge. Du schaust nach vorn, aber du siehst auch alles hinter dir.

Von deinem Standpunkt aus kannst du das gesamte Universum überblicken, indem du einfach nur geradeaus schaust.

Du kreiselst weiter nach unten, und alles wird nur noch verwirrender.

Die Bilder des Gesteinsbrockens und des Diamants bewegen sich wieder. Da du dich ihnen näherst, kommen sich auch deine Zeit und ihre Zeit immer näher, bis die beiden plötzlich verschwunden sind.

Du hast soeben beobachtet, wie sie den Horizont überschritten haben – das haben sie nach ihrer Zeit wahrscheinlich schon vor Stunden getan.

Der Roboter neben dir hat sich umgewendet und deutet mit seinem Wurfrohr ins All.

Du schaust dich ebenfalls um, fürchtest dich aber ein wenig davor, was du da nun wieder zu sehen bekommst.

Und tatsächlich ist es ein ganz und gar unglaublicher Anblick.

All die Sterne, die noch vor einer Sekunde vollkommen stillzustehen schienen, bewegen sich auf einmal. Dass sie nicht regungslos sind, lässt sich normalerweise nicht einmal innerhalb eines Menschenlebens beobachten, du aber hast es jetzt klar vor Augen. Ob nah oder fern, sie alle schießen durch Raum und Zeit. Manche sind so schnell, dass sie eine Spur auf deiner Netzhaut hinterlassen und Lichtschweife in dein Bild des Universums malen. Als du dich an einer früheren Stelle in diesem Buch immer mehr der Lichtgeschwindigkeit angenähert hast, schließlich durch das Universum geschossen bist und das Leben einer Astronautin plus das Leben ihrer Kinder und Kindeskinder an dir vorbeigerast ist, hat sich deren Zeit im Vergleich zu deiner beschleunigt. Deine Zeit und ihre Zeit unterschieden sich aufgrund deiner Geschwindigkeit. Diese Mal liegt es an der Schwerkraft, an der durch das schwarze Loch verursachten Krümmung der Raumzeit.

Denn in der Umgebung des schwarzen Lochs vergeht deine Zeit langsamer als irgendwo sonst. Du kannst zusehen, wie sich die Zukunft des Universums abspielt – denn das bedeutet es konkret, wenn Raum und Zeit sich in der Raumzeit vereinen.

«Haben wir den Horizont überschritten?», erkundigst du dich besorgt. «Werden wir für immer im Loch verschwinden?»

Der Roboter dreht sich wieder zu dir um und du wunderst dich, wie groß sein Wurfrohr geworden ist. Es sieht aus, als könnte er damit nicht mehr nur Teilchen, sondern Bowlingkugeln schleudern …

«Nein, *wir* haben den Horizont nicht überschritten», antwortet er. «Aber *du* wirst es gleich tun.»

Wenn du es nicht besser wüsstest, würdest du sagen, eine Spur Erleichterung in der Stimme des Roboters erkannt zu haben. Aber bevor du darauf reagieren kannst, feuert er eine dicke Kugel auf dich ab. Du kannst ihr nicht ausweichen, du musst sie fangen und packen. Sofort stößt dich ihre Geschwindigkeit abwärts, schleudert dich auf den schwarzen Abgrund zu …

Du schreist, du versuchst dich irgendwo festzuklammern, aber deine Hände greifen ins Nichts.

Du fällst. Der Roboter entfernt sich.

Eine Sekunde bei dir ist eine Minute bei ihm.

Eine Stunde.

Ein Tag.

Ein Jahr.

Der Roboter verschwindet in der Ferne, Millionen Jahre ziehen an dir vorbei. Sterne explodieren. Neue Sterne werden geboren. Und du siehst zu.

Da draußen sind inzwischen Milliarden Jahre vergangen. Die Galaxie, in der du dich befindest, verschmilzt mit einer anderen.

Der Roboter ist nirgends mehr zu sehen. Du bist allein.

Du gerätst in Panik.

Du hast den Ereignishorizont überschritten. Überwältigt schaust du dir die Zukunft an. Voller Angst, unfähig, dich zu konzentrieren, stürzt du mit den Füßen zuerst nach unten und starrst dabei nach oben, wo das Leben des gesamten Universums vorbeizieht, während du in einem Abgrund nicht gekannter Leere verschwindest, an dessen Grund eine Singularität liegt.

Jetzt siehst du nach unten, ins Herz dieses rätselhaften schwarzen Lochs, wo das Gegenteil von Leere, nämlich Materie, diesen ganzen Unsinn hier hervorruft.

Zu deinem Erstaunen siehst du gar nichts. Du siehst nicht einmal deinen Körper. Keine Beine. Keine Nase. Nicht einmal deine Hand.

Von oben, von draußen, fällt Licht auf dich, aber von unten gelangt nichts nach oben, egal aus welcher Richtung es kommt, egal wie nah es ist. Das Licht hat dafür einfach nicht genug Energie. Du hast den Horizont des schwarzen Lochs überschritten, und nun bist du dazu verdammt, auf ewig den kollabierten Sternkernen entgegenzustürzen, die sich in einem endlosen implodierenden Fall vereinen – bis sie irgendwann die Raumzeit zu stark dehnen, als dass Einsteins allgemeine Relativität noch gelten könnte. Die Folgen eines solchen Ereignisses kennt niemand.

Wenn du dich tatsächlich in einem schwarzen Loch befändest, wärst du längst tot. Wenn nicht einmal Licht den kurzen Weg von deinen Füßen zu deinen Augen schafft, wie soll dann Blut die Raumzeitkrümmung überwinden und in deinen Kopf gelangen?

Weil wir hier aber noch einiges beobachten möchten, nehmen wir einfach an, du lebst noch.

Du hast genug davon, in diese bodenlose Finsternis zu starren, also willst du den Blick noch einmal heben und in das Universum schauen, dessen Bilder dir durch den inzwischen weit entfernten Horizont entgegenfliegen. Aber du kannst es nicht. Jede Bewegung, mit der ein Teil deines Körpers sich erheben, sich nach «oben» und draußen wenden möchte, ist dir unmöglich. Sie würde eine Energie erfordern, die nicht einmal Licht besitzt.

Keine Aufwärtsbewegung möglich.

Du fragst dich gerade, was es wohl Schlimmeres geben kann als das hier, da zerren auf einmal gewaltige Kräfte an deinem Körper. Die Schwerkraftwirkung des schwarzen Lochs zieht stärker an deinen Beinen als an Armen und Kopf. Die Gravitation des unsichtbaren Abgrunds streckt deinen Körper. Bald bist du langezogen wie Spaghetti.

Selbst wenn dieser treulose Roboter dich mit dem stärksten Raketenwerfer der Welt ausgerüstet hätte, es hätte doch nichts geholfen.

Ganz gleich mit welchem Antrieb du dich aus dem Horizont eines schwarzen Lochs hinausbewegen wolltest: Es käme dir vor, als müsstest du dich eine glitschige, sich dehnende Raumzeit entlangkämpfen, als würdest du auf einem endlosen Laufband rennen, das immer um ein Vielfaches schneller ist als du und dich ausweglos zurückwirft.

Laut Penrose und Hawking wirst du von der Raumzeit-Singularität zurückgerissen, die sich irgendwo da unten befindet. Diese Singularität wird vom All aus niemals zu sehen sein. Da kein Licht durch den Horizont dringen kann, wird die Singularität von ihm verdeckt. Dort unten brechen die Konzepte Raum und Zeit zusammen, genauso wie vor dem Urknall. Niemals wird jemand eine Singularität sehen und uns davon berichten können. Orte wie diese, scheint es, müssen auf ewig verborgen bleiben.

Laut der allgemeinen Relativität wirst du, wird kein Atom, das zu dir gehört, jemals von hier entkommen.

Ein trauriger Gedanke. Und dann bist du auch noch komplett auseinandergezogen, nur noch eine lange Schnur aus sämtlichen Teilchen, die einmal deinen Körper gebildet haben.

Wirklich traurig. Aber auf die allgemeine Relativität sollte man hier unten nicht setzen.

Denn wir wissen ja, dass die allgemeine Relativität keine Theorie der Quantenfelder ist.

Als dir dieser Gedanke kommt, schöpfst du wieder Hoffnung. Du verwandelst dich wieder in dein Mini-Ich.

Und wartest.

Zuerst passiert nichts.

Und dann verschwinden auf einmal alle Elementarteilchen, aus denen du bestanden hast.

Sie springen vielmehr.

Sie vollführen einen Quantensprung, um genau zu sein.

Und dann sind sie draußen.

Außerhalb des schwarzen Lochs setzen sie sich glücklicherweise wieder zusammen und bilden dein Mini-Ich.

Der Roboter hat dich schon erwartet.

Du möchtest ihn am liebsten packen und ihm sein Wurfrohr abreißen, als Rache dafür, dass er dich in dieses schwarze Loch geschleudert hat, aber bevor du die Hand hebst, verkündet seine metallische Stimme:

«Ich warte seit etwa zehn Milliarden Jahren auf dich. Schön, dass du mich noch erkennst.»

Auf einmal bringst du es nicht mehr übers Herz, ihm wehzutun. Außerdem gibt es Wichtigeres. Was du gerade erlebt hast, war ein Moment der Interaktion von Schwerkraft und Quantenfeldern.

Um dich herum bewegen sich die Sterne wieder so langsam, dass man keine Bewegung wahrnimmt. Es sind tatsächlich zehn Milliarden Jahre vergangen, seit du den Horizont des schwarzen Lochs (unfreiwillig!) durchquert hast. Du wendest dich noch einmal dem dunklen Abgrund zu, aus dem du rätselhafterweise entkommen konntest. Auf den ersten Blick hat sich das schwarze Loch nicht verändert. Aber du weißt ja jetzt, wonach du suchen musst. Es ist, als wäre ein weiterer Schleier gehoben worden und als könntest du jetzt erst richtig sehen. Aus dem schwarzen Loch treten Teilchen, sie bewegen sich strahlenförmig von ihm weg, als würde das dunkle Ungeheuer ausatmen.

Vielleicht hat es das schon die ganze Zeit getan, fällt dir ein. Und du hast es nur nicht gemerkt. Aber wie kann das sein?

Wie Richard Feynman einmal meinte, versteht man ein Phänomen eigentlich nur dann, wenn man viele verschiedene Ursachen für seine Entstehung angeben kann.

Während du und der Roboter zuseht, wie die Teilchen ins All hinausregnen, will ich dir vier Gründe nennen, warum schwarze Löcher Teilchen abgeben. Sie stehen in Zusammenhang mit einem Prozess, den du bereits kennengelernt hast.

Fangen wir mit der einfachsten Ursache an.

Wie du weißt, können sich Quantenteilchen Energie aus ihrem Feld borgen. Und das können sie auch innerhalb des Horizonts von einem schwarzen Loch. Mit dieser geborgten Energie bewegen sie sich kurzzeitig schneller als Licht. Nicht sehr lang, aber doch so lang, dass sie den Quantensprung über den Point of no Return schaffen. Genau das hast du als dein Mini-Ich getan. Du hast einen Quantenprozess durchlaufen.

Um zu verstehen, was da mit dir passiert ist, müssen wir uns in die Quantenwelt begeben, und das nicht ohne die übliche Warnung: Wie so vieles, was du aus dieser skurrilen Welt kennengelernt hast, klingen diese Erklärungen erst einmal absurd.

Damit sind wir bei der zweiten Ursache, die da keine Ausnahme macht: Man könnte sagen, dass alle Teilchen, die den Ereignishorizont des schwarzen Lochs überschritten haben, dies genauso gut nicht getan haben. Sie sind hinabgestürzt und sie sind es nicht. Von allen möglichen Wegen, die ein Teilchen (als Welle verstanden) nehmen kann, um in das schwarze Loch zu fallen, liegen die meisten daneben, denn außerhalb des schwarzen Lochs ist mehr Raum als innerhalb. Wenn man diese Vorstellung weiterführt, gelangt man dahin, dass das schwarze Loch wie auf oben erklärte Weise Teilchen ausstößt.

Die dritte Ursache lautet: Durch den Horizont, der beide voneinander trennt, ist das Vakuum innerhalb des schwarzen Lochs ein anderes als außerhalb. Eine Vakuumkraft, ein Casimir-Effekt, müsste demnach den Horizont nach innen drücken, wodurch das schwarze Loch schrumpft und Energie entweicht. So kommen wir zum selben Ergebnis wie oben.

Und der vierte und letzte Grund, den ich hier anführe: Im Umfeld von schwarzen Löchern findet eine Teilchen-Antiteilchen-Paarbildung statt, wobei Antiteilchen öfter hineinfallen als Teilchen (genauso wie wir eher von Teilchen umgeben sind als von Antiteilchen). Hat es den Horizont erst überquert, kann sich das Antiteilchen nur noch mit einem Teilchen von dort annihilieren und beide verschwinden. Draußen verbleibt das Teilchen, das mit dem Antiteilchen entstanden ist, es ist gleichsam der Zwilling des drinnen annihilierten Teilchens. Wieder gelangen wir zum selben Ergebnis.

Das alles sind Quanteneffekte, die du bereits beobachtet hast, doch hier finden sie in unmittelbarer Nähe zu einem schwarzen Loch statt. Und sie führen alle zur selben Schlussfolgerung: schwarze Löcher geben etwas ab. Sie strömen etwas aus.

Und als du nun das schwarze Loch vor dir leuchten siehst, wird dir klar, dass das sternenverschlingende kosmische Monster gar nicht mehr schwarz ist, sondern grau. Außerdem wird es kleiner.

Noch mehr überrascht, dass es immer heißer wird, je mehr Teilchen es ausschleudert, und je heißer es wird, desto mehr Teilchen schleudert es aus. Ein Teufelskreis, der es eigentlich vernichten müsste. Der den Tod des schwarzen Lochs herbeiführen müsste.

So unwahrscheinlich es klingen mag, aber das schwarze Loch, das du hier beobachtest, wird tatsächlich kleiner. Es gibt Strahlung ab. Die in ihm gespeicherte Energie aus lauter geschluckten Welten wird nun an den Weltraum zurückgegeben, Teilchen für Teilchen, als wären schwarze Löcher dazu da, die Dinge ähnlich wie beim radioaktiven Zerfall aufzubrechen und den Teilchen eine zweite Chance zu geben.

Alle Quantenfelder der Natur sind angeregt von diesem mächtigsten Schwerkraftobjekt des Universums und nutzen den unverhofften Quell, um sich mit Energie vollzustopfen. Da das schwarze Loch immer heißer wird, reagieren ihre bis dahin schlummernden Elementarteilchen, sie wachen auf und schießen fort. Und du siehst zu. Je kleiner das schwarze Loch wird, desto angeregter sind die Felder, und desto energiegeladener sind die herausgeschleuderten Teilchen. Schwerkraft wird hier einmal mehr in Materie und Licht verwandelt.

Das alles spielt sich vor deinen Augen ab, und dir wird deutlich, wie sehr sich das Geschehen von den auf der Erde gültigen Prinzipien unterscheidet: Eine Tasse Tee, die Dampf abgibt, wird dadurch auf keinen Fall noch heißer, sondern sie kühlt ab. Sonst gäbe es ja eine Katastrophe, wenn man irgendwo einen heißen Kaffee abstellt, und in den Abendnachrichten hieße es andauernd: «Wieder hat eine unachtsam abgestellte Tasse Kaffee Unheil angerichtet und ein ganzes Wohnhaus in Brand gesetzt. Deshalb noch einmal die eindringliche Bitte: Entsorgen Sie Ihre Heißgetränke in den dafür vorgesehenen Behältern.»

Schwarze Löcher sind also kein schwarzer Kaffee. Je mehr sie verdampfen, desto stärker schrumpfen sie zusammen, desto heißer werden sie. Niemand weiß, was am Ende dieses Prozesses geschieht. Verschwinden schwarze Löcher mit einem letzten großen Knall? Bleibt ein absonderliches kleines Überbleibsel zurück? Um hierauf eine Antwort zu finden, müsste man wissen, welchen Gesetzen die Singularität folgt, die sich im Innern eines schwarzen Lochs verbirgt. Nach diesen Gesetzen suchen Wissenschaftler seit 1975.

In diesem Jahr nämlich fand Stephen Hawking (auf dem Papier) heraus, dass schwarze Löcher langsam verdampfen.

Zuerst konnte er selbst nicht glauben, was seine Berechnungen da ergaben. Denn es sollte Licht austreten, wo es doch gar kein Licht geben dürfte. Also rechnete er alles noch einmal durch. Und noch einmal. Nur um festzustellen, dass tatsächlich Licht und Teilchen aus schwarzen Löchern herausfinden. Hawking veröffentlichte seine Entdeckungen in der Zeitschrift *Nature* und wurde auf einen Schlag überall auf der Welt berühmt, und zwar auch außerhalb der Wissenschaftsgemeinde. Quanteneffekte ließen also schwarze Löcher verdampfen. Was in ein schwarzes Loch fällt, ist nicht verdammt, auf ewig dort zu bleiben. Es kann entkommen, wenn auch auf nicht erkennbare Weise. Da es dampft, verhält sich ein schwarzes Loch so, als habe es eine Temperatur – diese Temperatur ist unter dem Begriff *Hawking-Temperatur* bekannt.

Du schaust zu, wie das schwarze Loch seine letzte Energie abstrahlt und dir wird bewusst, was dieser Anblick dir sagt: Das sehr Große und das sehr Kleine kommunizieren also doch miteinander, so wie es eigentlich sein sollte. Die aus schwarzen Löchern entweichende Strahlung ist bis jetzt der einzige Beweis, dass unsere Theorien in dieser Hinsicht die Natur widerspiegeln könnten. Sie ist der Hinweis, dass eine Theorie der Quantengravitation doch noch möglich sein könnte. Ein ernsthafter Anwärter auf eine solche Formel müsste die Hawking-Temperatur und die Strahlung schwarzer Löcher vorhersagen, und das bis zu dem Punkt, da das schwarze Loch vergeht.

«Schwarze Löcher können also sterben», sagst du verwundert.

«Wie alles in diesem Universum», bestätigt der Roboter.

Ende der 1970er Jahre aber führte Hawkings Entdeckung auch zu einer äußerst befremdlichen und beunruhigenden Feststellung. Mithilfe seiner Temperaturformel versuchte Hawking, aus der von ihm entdeckten Strahlung Informationen über die Herkunft eines schwarzen Lochs herauszufiltern. Um die Sache zu vereinfachen, nahm er ein bereits voll ausgebildetes schwarzes Loch und ließ verschiedene Materialien hineinfallen, um zu untersuchen, wie diese auf die nachfolgende Strahlung reagieren. Erstaunlicherweise war keine Veränderung festzustellen. Nichts an der emittierten Strahlung gab ihm irgendwelche Hinweise darauf, was er hineingegeben hatte – abgesehen von der Masse der Dinge. Es sah ganz danach aus, als würde ein schwarzes Loch sämtliche Eigenschaften des von ihm Geschluckten ausradieren. Bis auf die Masse. Ob nun Menschen, Bücher, ein Fels oder ein Diamant den Horizont eines schwarzen Lochs überschritten – wenn sie zufällig dieselbe Ausgangsmasse besäßen, würden sie später genau auf dieselbe Weise zurück ins All abgegeben. Schwarzen Löchern, so erschien es Hawking, schmeckten Menschen, Bücher und Steine offenbar alle gleich. Für uns heißt das, zumindest in Bezug auf schwarze Löcher, dass wohl nur unsere Masse von Bedeutung ist. Ein bisschen wenig, werden viele finden. Für die Forscher aber kam die Entdeckung einer philosophischen Katastrophe gleich.

Bis zu Hawkings Berechnungen nahm man an, dass schwarze Löcher einfach alles verschlucken, das sich ihrem Horizont nähert, und dass sie weiter anwachsen. Was hineinfällt, ist nicht verschwunden. Es wird einfach nur hinter einem Horizont gespeichert, und man kann es von außen nur schwer (eigentlich gar nicht) zurückholen.

Wenn schwarze Löcher aber nun bereinigte Informationen verdampfen, sind wir mit einer beunruhigenden Tatsache konfrontiert: Dinge verschwinden aus der Realität. Die *Hawking-Strahlung** ist ja unabhängig von dem, was zuvor ins schwarze Loch gestürzt ist, und damit werden die finsteren Ungeheuer zu Erinnerungsfressern unseres Universums. Sobald schwarze Löcher ihre Vergangenheit verdampft haben, ist das, was in ihnen gespeichert war, nicht mehr nur schwer oder unmöglich zu erreichen, sondern es ist ein-

* Mit Hawking-Strahlung bezeichnet man das, was beim Verdampfen aus einem schwarzen Loch entweicht.

fach nicht mehr vorhanden. Die Weltformel, die Theorie von Allem wollte man finden, und das erste Ergebnis, zu dem man in diesem Bestreben gelangte, versetzte der Wissenschaftsgemeinde erst einmal einen gehörigen Schlag. Denn sie würde niemals in der Lage sein, die verlorene Vergangenheit aus schwarzen Löchern zu erklären, und damit war die Hoffnung gestorben, eines Tages die gesamte Geschichte unseres Universums verstehen und beschreiben zu können. Die Hawking-Strahlung bedeutete zwar nicht das Ende der Quantenphysik oder der allgemeinen Relativität, aber das Ende der Physik als Mittel, die Ursprünge unseres Universums zu entdecken. Dieses Problem nennt man auch das *Informationsparadoxon schwarzer Löcher.*

Inzwischen hat sich die Physik mit den gewagten Annahmen, die Hawking für seine Ergebnisse verwendet hat, etwas vertrauter gemacht. Aber noch vierzig Jahre nach seiner Entdeckung, als Hawking mich fragte, ob ich mit ihm zu dem Thema forschen würde, erschien das Problem absolut rätselhaft. Es gibt heute Hinweise auf einen möglichen Ausweg: Wenn wir das, was wir über die Quantenwelt wissen, auf das schwarze Loch selbst anwenden, dann kann es da sein und nicht da sein ... Wohin solche Vorstellungen führen, wirst du im Folgenden und letzten Teil dieses Buches erfahren.

Jetzt aber erinnerst du dich auf einmal daran, wie verdächtig froh der Roboter war, als du nach Milliarden Jahren aus dem schwarzen Loch aufgetaucht bist. Du hast dich gewundert, warum die Maschine so erleichtert war, dass du sie erkannt hast.

Du hast geglaubt, es sei Wiedersehensfreude. Aber das war es wahrscheinlich gar nicht, und du weißt auch warum: Der Roboter war sich nicht sicher, ob du dich überhaupt an irgendetwas erinnern würdest. Er wusste nicht, ob das schwarze Loch deinen Körper und deinen Geist nicht sämtlicher Informationen entledigen würde. Aber du hast den kleinen Roboter erkannt, du wolltest ihn sogar in Stücke reißen, dafür, was er dir angetan hatte ...

Und da hat er gemerkt, dass du dich erinnern konntest, dass alle Informationen noch da waren, obwohl du nicht die leiseste Erinnerung daran hattest, wie du rückwärts durch den Horizont des schwarzen Lochs gestürzt bist.

Du erinnerst dich, in eine Reihe von Elementarteilchen verwandelt worden zu sein. Und dann warst du auch schon draußen.

Dazwischen muss sich ein Quantensprung oder irgendetwas anderes ereignet haben.

Was genau geschehen sein könnte, müsste eine geeignete Theorie der Quantengravitation klären. Du wirst dich diesem Thema bald eingehend widmen, und ich muss an dieser Stelle noch einmal betonen, dass du mit diesem Teil des Buches eine sehr theoretische Welt betreten hast. Weder dunkle Materie noch dunkle Energie konnten jemals im Labor hergestellt werden. Ähnliches gilt für schwarze Löcher: Ihre Strahlung ist noch durch kein Experiment direkt oder indirekt nachgewiesen worden. Ansonsten hätte Hawking den Nobelpreis erhalten.

Der aus einem schwarzen Loch austretende Dampf ist nur sehr schwer zu erkennen.

Wie schwer?

Nun, schauen wir uns das am Beispiel der Sonne an.

Um die Sonne in ein schwarzes Loch zu verwandeln, müsste man sie in eine Kugel von sechs Kilometer Durchmesser quetschen. Das entspricht etwa Zweidrittel des Durchmessers von London.* Die meisten schwarzen Löcher in unserem Universum entstehen, wenn Riesensterne verglühen. Sie sind deshalb größer als unser Beispiel (die Sonne ist kein Riese). Nehmen wir nun an, ein solches schwarzes Loch mit der Masse der Sonne hätte alles in seiner Umgebung geschluckt und würde nun still für sich daliegen. Seine Strahlungstemperatur, also seine Hawking-Temperatur, entspräche einem Zehnmillionstel Grad über dem absoluten Nullpunkt (der absolute Nullpunkt liegt bei –273,15 °C).

* Falls du dich fragst, wie man statt der Sonne unseren Planeten Erde in ein schwarzes Loch verwandeln könnte: Man müsste die Erde samt Inhalt (auch dich!) auf die Größe einer Kirschtomate zusammenpressen.

Ein Zehnmillionstel Grad. Allein ein solcher Wert ist schwer zu messen. Aber das ist nicht das Hauptproblem.

Das Hauptproblem besteht darin, dass dieser Wert weit unter den 2,7 Grad der kosmischen Hintergrundstrahlung liegt, die unser gesamtes sichtbares Universum erfüllt. So kommt es, dass bei schwarzen Löchern mit Sonnenmasse keine Strahlung beobachtet wird. Bis heute hat man noch bei keinem schwarzen Loch dieser Größe eine Verdampfung erkennen können. Schwarze Löcher nehmen die aus der Zeit des Urknalls stammende Hintergrundwärme auf; ihre Strahlung wird auf diese Weise verdeckt.

Je schwerer ein schwarzes Loch ist, desto geringer ist seine Temperatur. Noch schwieriger wird es daher bei den großen Supermasse-Monstern, die im Zentrum vieler Galaxien unseres Universums liegen. Ihre Hawking-Temperatur ist noch niedriger als bei schwarzen Löchern mit Sonnenmasse, zudem sind sie umgeben von extrem heißer hinabstürzender Materie.

Was Hawking einen Nobelpreis bescheren würde, liegt also wahrscheinlich in der Welt des sehr Kleinen, denn sehr kleine schwarze Löcher müssten eine viel höhere Temperatur haben.

Leider bleibt da immer noch ein Problem: Wissenschaftler sind sich ziemlich sicher, riesige schwarze Löcher entdeckt zu haben, kleine aber haben sie noch nie gesehen. Doch das soll uns nicht weiter stören. Nehmen wir einfach an, es gibt sie. Können wir praktisch etwas mit ihnen anfangen?

Um das herauszufinden, möchte ich einen kurzen Einschub machen, der ein Phänomen näher beleuchtet, das ich an früherer Stelle die Planck-Mauer genannt habe.

Das, was wir heute Quantenphysik nennen, wurde Anfang des 20. Jahrhunderts von einem äußerst beeindruckenden Physiker begründet: nämlich von Max Planck, der 1918 den Nobelpreis erhielt.

Aus seinen Entdeckungen folgerte Planck, dass es eine Größenordnung gibt, ab der man Quanteneffekte nicht mehr ignorieren kann. Nimmt man ein großes Objekt, ist alles in bester Ordnung. Dann kann Newtons Naturverständnis angewandt werden und sämtliche an das Objekt gestellte Erwartungen entsprechen der Wirklichkeit, die wir durch unseren Alltag gewohnt sind. Sobald man das Objekt aber auf eine immer kleinere Größe zusammenschrumpft, zerbricht Newtons Konzept. Denn Newton, das sei hier noch einmal gesagt, hat eine Möglichkeit gefunden, die Welt in einer Größenordnung zu beschreiben, die uns durch unsere alltägliche Erfahrung bekannt ist. Diese Beschreibung stimmt mit unserem gesunden Menschenverstand überein. Für die Welt des sehr Großen mit ihren hochenergetischen Prozessen wird Einstein herangezogen. Und die Welt des sehr Kleinen übernimmt Planck. In dieser letzteren Welt haben wir es mit Quantenmechanik zu tun. In der Natur gibt es eine Konstante, die uns einzuschätzen erlaubt, wann wir die Quantenwelt erreicht haben.

Sie heißt die *Planck-Konstante* bzw. das Planck'sche Wirkungsquantum.

Die Planck-Konstante steht auf einer Ebene mit zwei anderen universellen Konstanten der Natur, nämlich der Lichtgeschwindigkeit und der Gravitationskonstante, die uns die Anziehungskraft zweier Körper angibt.

Planck hat mit diesen Konstanten gespielt und drei Dinge aus ihnen gebaut: eine Masse, eine Länge und eine Zeiteinheit.

Die Masse, so stellte sich heraus, betrug 21 Mikrogramm. Das ist der einundzwanzigmillionste Teil eines Gramms. Sie wird die *Planck-Masse* genannt.

Die Länge betrug ein hundertstel billiardstel trilliardstel (10^{-35}) Meter und wird *Planck-Länge* genannt.

Die Zeiteinheit, die *Planck-Zeit*, betrug eine hundertstel millionstel billiardstel trilliardstel (10^{-44}) Sekunde.

Was geben diese Werte an?

Sie bilden die Skala, ab der weder die Schwerkraft noch die Quantenmechanik unabhängig voneinander angewandt werden können. Sie sind die Grenze, hinter der Quantengravitation nötig ist, um das Geschehen zu erklären. Dabei können aber auch schon Quantengravitationseffekte auftreten, bevor die Skala erreicht ist.

Was bedeutet das in der Praxis?

Die Planck-Skala gibt die Maße des kleinstmöglichen schwarzen Lochs an.

Das kleinste schwarze Loch, das die heutige Wissenschaft sich vorstellen kann, wiegt also 21 Mikrogramm. Ein Gewicht, das für uns sogar vorstellbar ist. Und nicht nach besonders viel klingt. Und doch ist es riesig, wenn man es in das kleinste Raumzeit-Volumen quetscht, nämlich eine Kugel mit dem Durchmesser einer Planck-Länge. Ein solches schwarzes Loch würde in einer hundertstel millionstel billiardstel trilliardstel Sekunde, also der Planck-Zeit verdampfen.

Angenommen, wir könnten messen, wie sich so winzige Dinge in so rasanter Geschwindigkeit abspielen: Dann bräuchten wir für unser Experiment immer noch ein schwarzes Loch mit Planck-Masse. Auf dem derzeitigen Technologiestand müsste ein Teilchenbeschleuniger, der stark genug wäre, ein solches schwarzes Loch durch die Kollision von Hochgeschwindigkeitsteilchen zu erzeugen, etwa so groß sein wie unsere gesamte Galaxie. Das liegt absolut fernab unserer Möglichkeiten und ich nehme an, dass außer Hawking niemand die Absicht haben kann, ein solches Gerät zu konstruieren. Vielleicht liegt die Rettung im Weltraum, vielleicht lassen sich dort solche winzigen schwarzen Löcher finden, die eben ihre letzte Energie verpuffen. Wenn aber nicht noch ein bisher unbekanntes Phänomen eintritt, das uns sagt, wo und wonach wir suchen sollen, müsste schon extremes Glück im Spiel sein, um einfach so eines zu entdecken.

Niemand bezweifelt aber, dass es die Hawking-Strahlung gibt. Und das bedeutet, dass im sehr Kleinen eine neue Realität schlummert. Eine Quantenrealität, die Raum und Zeit umfasst.

Wie du gleich erfahren wirst, ist hieraus in den Köpfen wirklich brillanter zeitgenössischer Physiker eine absolut spannende Vorstellung unseres Universums entstanden.

Teil sieben

Einen Schritt weiter

I
Zurück zu den Anfängen

Wie du aus eigener Beobachtung weißt, ist das *sichtbare* Universum nicht unendlich, und die Erde mit dir darauf befindet sich in seiner Mitte. Das ist eine praktische Tatsache, und ihr Kern ist das Wort «sichtbar»: Das Licht, das dich aus irgendeiner Richtung erreicht, überbringt dir Nachrichten aus einer Vergangenheit, die genauso weit entfernt liegt wie die Vergangenheit aus irgendeiner anderen Richtung. Deshalb wirkt deine kosmische Umgebung rund wie eine Kugel. Das bedeutet aber nicht, dass das Universum als Ganzes die Form einer Kugel hätte, es bezieht sich nur auf den für dich sichtbare Teil. Das älteste Licht, das dich derzeit erreicht, hat die Fläche der letzten Streuung, den Beobachtungshorizont, vor etwa 13,8 Milliarden Jahren verlassen – zu diesem Zeitpunkt war das Universum ausreichend abgekühlt, um durchsichtig zu werden. Man geht davon aus, dass das Universum damals 380 000 Jahre alt und 3000 °C heiß war. Danach hat sich der Kosmos ausgeweitet und abgekühlt, vordem war er kleiner und heißer.

Das sichtbare Universum ist also eine Kugel mit der Erde als Mittelpunkt, eine Sphäre aus allen Vergangenheiten, die uns erreichen. Der äußere Rand dieser kosmischen Zwiebel mit ihren Epochenschichten, die Grenze der beobachtbaren Vergangenheiten, ist zugleich der erste sichtbare Teil, der Moment in der Geschichte unseres Universums, ab dem Licht ungehindert von Materie reisen konnte. Du warst dort, du hast es gesehen. Du hast die Grenze des Beobachtbaren sogar überschritten. Aber da ist noch ein seltsamer Umstand, den du damals vielleicht nicht bemerkt hast.

Erinnerst du dich, dass deine Freunde mit dem milliardenteuren Teleskop in den Nachthimmel geschaut und gemerkt haben, dass die Strahlung, die unser Universum ausfüllt, überall dieselbe ist, ganz gleich, aus welchem Teil des Himmels sie stammt? Die kosmische Hintergrundstrahlung war ja der triumphale Beweis für die Urknall-Theorie. Sie war der rauchende Colt, der belegte, dass unser Universum in der Vergangenheit viel kleiner und viel heißer gewesen sein musste. Weder du noch deine Freunde haben aber darauf geachtet, dass diese Strahlung viel zu gleichförmig ist, um der Vorstellung vom sich ausweitenden Universum zu entsprechen. Wie du nun sehen wirst, ist diese auffallende Gleichförmigkeit einer der Gründe, warum Wissenschaftler eine Phase der kosmologischen Inflation annehmen, die vor dem Urknall steht und diesen hervorgerufen hat – 380 000 Jahre, bevor das Universum durchsichtig wurde.

Wie du gleich ebenfalls erfahren wirst, ebnet dies den Weg für die Annahme von nicht nur einem, sondern unendlich vielen Urknallen.

Bitte alle in der Nachbarschaft, nachts die Lampen auszuschalten, setze dich in deinen Liegestuhl und betrachte den Himmel. Es ist so schwach, dass es dir nicht bewusst wird, aber das Licht, das auf deine Augen trifft, stammt aus dem Weltraum, es entspringt der kosmischen Hintergrundstrahlung. Wenn du sie lange genug mit der entsprechenden Ausrüstung beobachtest, kannst du diese Strahlung aufzeichnen und du bekommst ein recht gleichförmiges Bild mit einer durchgehenden Temperatur von –270,42 °C, das sind 2,73 Grad über dem absoluten Nullpunkt. Und jetzt nimmst du deinen Liegestuhl und reist zum genau gegenüberliegenden Punkt auf der Erde, zu deinem *Antipoden*. Der Antipode von Deutschland liegt mitten im Pazifischen Ozean. Wenigstens sind hier keine störenden Lichter. Du bist auf einem Floß, sitzt in deinem Liegestuhl und siehst wieder in den Nachthimmel. Dich erreicht Licht, das 13,8 Milliarden Jahre durchs All gereist ist.

Wieder sind es –270,42 °C.

Exakt dieselbe Temperatur, nämlich die der kosmischen Hintergrundstrahlung.

Es gibt absolut keinen Grund, warum diese überall dieselbe sein müsste. Ja, eigentlich ist eine solche Möglichkeit ausgeschlossen ...

Die kosmische Hintergrundstrahlung, die dich auf der Nordhalbkugel erreicht hat, ging von der einen Seite des sichtbaren Universums aus. Die Strahlung, die dich im Pazifik erreichte, kam aus der genau entgegengesetzten Richtung. Die beiden Lichtquellen sind so weit voneinander entfernt (nämlich 2 × 13,8 Milliarden Lichtjahre), dass sie niemals im Laufe der Geschichte unseres Universums in Kontakt gekommen sein dürften. Es sei denn, an irgendeinem Punkt ist etwas Seltsames geschehen.

Die Strahlungen dürften also eigentlich nicht dieselbe Temperatur haben.

Um herauszustellen, wie seltsam dieser Umstand ist: Gehe mit einem Becher Kaffee in dein Wohnzimmer.

Zuerst ist dein Wohnzimmer sicherlich kälter als dein Kaffee (falls du nicht gerade in einem Backofen wohnst), aber wenn du lange genug wartest, werden Becher und Zimmer irgendwann dieselbe Temperatur haben. Es stellt sich eine Ausgleichtemperatur ein. Wie du schon viele Male im Laufe dieses Buches bemerken musstest, ist der Kaffee am Ende immer kalt und ungenießbar.

Stell jetzt deinen Becher Kaffee in den Kühlschrank, bei geschlossener Tür. Nach einer Weile wird eine neue Ausgleichtemperatur erreicht sein. Eine noch kältere.

Und nun reise mit deinem Becher in die Wüste und es wird sich wieder eine andere Ausgleichtemperatur ergeben. Dieses Mal eine wärmere.

Klingt alles ganz logisch.

Gieß dir noch einen heißen Kaffee ein und stell den Becher in dein Wohnzimmer. Es wäre doch äußerst unwahrscheinlich, dass dieser Kaffee dieselbe Temperatur hat wie in einem Kühlschrank in Japan.

Es besteht absolut kein Grund, warum zwei Gegenstände oder zwei Orte, die nicht in Kontakt zueinander stehen oder standen, ja, die nicht einmal voneinander wissen, dieselbe Temperatur haben sollten. Klingt doch wie eine vernünftige Aussage, oder? So vernünftig, dass sie auch im All gelten sollte.

Damit zwei gegenüberliegende, antipodale Bereiche des Nachthimmels nach 13,8 Milliarden Jahren getrennten Daseins genau dieselbe Temperatur, nämlich exakt −270,42 °C erreichen, müssen sie irgendwie, an irgendeinem Punkt in der Vergangenheit, in Wechselwirkung gestanden haben. Das aber ist nicht möglich: So alt wie unser Universum ist und so schnell wie es sich ausbreitet, sind die Bereiche viel zu weit voneinander entfernt, um sich je berührt zu haben. Beim besten Willen nicht. Es sei denn, es ist etwas absolut Merkwürdiges passiert.

An diesem seltsamen Phänomen müsste dann etwas beteiligt gewesen sein, das schneller als Licht unterwegs war.

Leider kann das für ein Signal (damit ist alles gemeint, das irgendwie geartete Informationen von einem Ort zum anderen trägt) nicht zutreffen. Wir haben es hier nicht mit Quantenprozessen zu tun, also dürfen wie auch immer geartete Signale sich nicht schneller als mit Lichtgeschwindigkeit bewegen. Unmöglich.

Und doch ist die kosmische Hintergrundstrahlung überall gleich – und zwar so homogen, dass es kein Zufall sein kann. Was steckt dahinter?

Es könnte sein, dass die Raumzeit, also das Universum selbst, an einem Punkt in der Vergangenheit mit Überlichtgeschwindigkeit gewachsen ist.

Genau das hast du gesehen, als du deine Zeitreise noch über den Urknall hinweg fortgesetzt hast und in die sogenannte *Inflationsära* eingetreten bist, in der das Universum mit einem Inflationsfeld gefüllt war.

In seiner modernen Form wurde die Idee eines inflationären frühen Universums zum ersten Mal in den 1980er Jahren vorgestellt, und zwar von dem US-Physiker Alan Guth, dem russischen Kosmologen Alexei Starobinsky und dem russisch-amerikanischen Physiker Andrei Linde. Dabei nimmt man an, dass unser Universum vor langer Zeit – noch bevor Materie, Licht oder irgendetwas, das wir kennen, existierte, und noch jenseits des sichtbaren Universums und jenseits des Urknalls – von einem Feld mit abstoßender Antischwerkraft erfüllt war. Und dieses Feld war so unvorstellbar stark, dass es eine Phase extremer Expansion hervorrief, bei der Teile des frühen Universums mit Überlichtgeschwindigkeit auseinanderflogen. Orte, die heute so weit auseinanderliegen, dass man niemals vermuten würde, dass sie einmal in Kontakt waren, könnten sich nach dieser Theorie sehr wohl in Wechselwirkung befunden haben.*

Daher also wurde die Hypothese von einem Inflationsfeld eingeführt.

Gibt es so ein Feld aber wirklich? Können wir etwa seine Elementarteilchen nachweisen, so wie bei anderen Quantenfeldern?

Wenn das Inflationsfeld real ist, müssten die meisten seiner Teilchen vor langer Zeit verschwunden sein (und den Urknall hervorgerufen haben), doch das Feld dürfte sich nicht ganz aufgelöst haben. Es müsste auf irgendeine Weise weiter präsent sein und das gesamte Universum ausfüllen. Und dies in einem niederenergetischen Zustand, als Vakuum, das aus Energiemangel niemals ausreichend angeregt wird, als dass Teilchen aus ihm hervorgehen und sich uns zeigen würden.

Inflatonen, wie man diese Teilchen nennt, sind (bisher) nicht nachgewiesen worden. Doch viele Wissenschaftler sind überzeugt, dass ein Inflationsszenario dem tatsächlichen Geschehen sehr nahekommt. Ich bin ein großer Freund der Inflationstheorie, also betrachten wir sie einfach einmal als gesichert und schauen, wie die Geschichte des Universums samt Inflationsfeld aussehen könnte.

Das Inflationsfeld sorgte zuerst einmal dafür, dass sich Teile unseres Universums so schnell voneinander entfernten, dass sie nie

* Dies steht übrigens nicht im Widerspruch zu Einsteins Grenze für die Lichtgeschwindigkeit, denn was expandierte, war die Raumzeit selbst und nicht etwa ein Signal, das durch sie hindurchschoss. Zwei Objekte, die sich mit Überlichtgeschwindigkeit voneinander entfernen, werden niemals in irgendeiner Art Wechselwirkung stehen.

wieder in Kontakt gekommen sind – und sehr wahrscheinlich auch in Zukunft nicht in Kontakt kommen werden –, obwohl sie ehemals in Wechselwirkung standen.

Dann kam der Urknall, dessen Felder und Teilchen und Austauschteilchen aus der unglaublichen Energiemenge auftauchten, die das zerfallende Inflationsfeld freigab, das daraufhin inaktiv wurde.

Nun begann die Expansion unseres Universums. Eine normale Expansion, keine hyperschnelle Inflation.

Das Inflationsfeld verschwand nicht ganz, doch für den Urknall waren so große Mengen seiner Energie verbraucht worden, dass es keinen Einfluss mehr ausübte. Erst acht Milliarden Jahre später trat es wieder hervor.

Acht Milliarden Jahre nach dem Urknall, acht Milliarden Jahre, in denen unser Universum stetig gewachsen war, war die vom Inflationsfeld hervorgerufene Materie so weit zerstreut, dass sein Vakuum wieder in Kraft trat. Mit dramatischen Auswirkungen: Seine Antischwerkraft löste eine beschleunigte Expansion des Universums aus.

Für den 1998 gelungenen experimentellen Nachweis dieser Beschleunigung erhielten Perlmutter, Schmidt und Riess 2011 den Physik-Nobelpreis.

Natürlich beeinflusst das derzeitige Inflationsfeld den Lauf unseres Universums nicht mehr so stark wie kurz vor dem Urknall, als es in der *inflationären Epoche* alles explosionsartig auseinanderdriften ließ. Dennoch könnte es für die Zukunft unserer Realität verantwortlich sein.

Antipodische Teile unseres Universums liegen heute von der Erde aus gesehen so weit voneinander entfernt, dass sie nicht in Wechselwirkung gestanden haben können – vor dem Urknall aber haben sie es. Antipodische Bereiche des Nachthimmels sehen sich also nicht ohne Grund so ähnlich.

Ist die Einführung des Inflationsfelds vielleicht nur eine Notlösung, ein gewiefter Trick, mit dem sich erklären lässt, dass zwei antipodische Punkte am Nachthimmel dieselbe Temperatur haben, oder gab es die kosmologische Inflation wirklich? Lässt sich das überprüfen?

Erstaunlicherweise ja.

2
Der vielfache Urknall

Vor einiger Zeit hast du ein Experiment mit einer Katze durchgeführt. Mit Schrödingers Katze, um genau zu sein. Die Absicht der Versuchsanordnung war, ein merkwürdiges mikroskopisches Quantenverhalten in eine beobachtbare makroskopische Realität zu übersetzen. Genau das tut auch die Inflation. Und man benötigt dazu nicht einmal eine Katze.

Auf der Zeitebene steht die inflationäre Epoche kurz vor dem Urknall. Das Inflationsfeld verwandelte ein extrem kleines Universum in undenkbar kurzer Zeit in etwas Makroskopisches.* Das Inflationsfeld und seine Elementarteilchen (die Inflatonen) sind anschließend der Formel $E = mc^2$ folgend in reine Energie zerfallen. Es wurde eine große Energiemenge frei, das Universum heizte sich extrem auf. Innerhalb dieses Szenarios soll der (heiße) Urknall eingesetzt haben, der dann die Felder anregte, aus denen wir und alles andere geschaffen sind.

Während der Inflationsphase war die Expansion des Universums so enorm, dass alle Quantenfluktuationen, die auftreten konnten (und es damit auch taten), nacheinander einfroren. Erstaunlicherweise können diese eingefrorenen Fluktuationen heute

* Falls du verrückt nach Zahlen bist: Die kosmologische Inflation soll zwischen 0,000000000000000000000000000000000001 (10^{-36}) Sekunden und 0,00000000000000000000000000000001 (10^{-32}) Sekunden nach der Entstehung von Raum und Zeit stattgefunden haben. In dieser Zeitspanne ließ das Inflationsfeld das gesamte Universum um einen Faktor von 100000000000000000000000000 (10^{26}) anwachsen.

sichtbar gemacht werden, da die Forschung ein immer präziseres Bild der kosmischen Hintergrundstrahlung erhält.

Die Inflation kann nun auch die auffallende Gleichförmigkeit der Hintergrundstrahlung voraussagen. Doch wurde die Theorie ja gerade dazu herangezogen, sodass man nicht von einer echten wissenschaftlichen Prognose sprechen kann.

Außerdem aber gibt die Inflation vor, dass vereinzelt Quantenfluktuationen in die Hintergrundstrahlung eingeschrieben sind, und zwar als winzige Temperaturunterschiede zwischen der einen und der anderen Richtung. Diese Richtungsabhängigkeit nennt man *Anisotropie*.

Das war bisher nicht bekannt, und doch sind diese Fluktuationen beobachtet worden: Die US-amerikanischen Astrophysiker George F. Smoot und John C. Mather teilten sich 2006 den Physik-Nobelpreis, da sie die ungewöhnliche Gleichförmigkeit des Mikrowellenhintergrunds *und* die ihm innewohnende minimale Anisotropie experimentell nachweisen konnten.

Bei dieser Anisotropie geht es um ein Tausendstel Grad, dennoch macht sie sich bemerkbar. Sie wird sogar für die Entstehung von Sternen und Galaxien verantwortlich gemacht.

Denn ohne sie wäre das Universum absolut homogen und es könnte sich niemals ein Stern bilden.

Dank der Fluktuationen gab es im noch jungen Universum winzige lokale Unterschiede, die von der Schwerkraft verstärkt wurden. Nur so konnten Sterne und all die anderen Strukturen in unserem Kosmos entstehen.

Die Inflation bringt erneut das sehr Kleine mit dem sehr Großen zusammen. Sie beginnt mit Quantenfluktuationen in der ganz frühen Entwicklung unseres Universums und endet mit der Entstehung von Strukturen, die wir heute in unserem Universum beobachten. Sie gibt sogar einen Hinweis darauf, worum es sich bei der rätselhaften dunklen Energie handeln könnte, deren Antigravitationswirkung womöglich aus der übrig gebliebenen Vakuumenergie des Inflationsfelds stammt.

Die Inflationstheorie ist in der Lage, ungeklärte Phänomene des Weltraums zu deuten. Sie muss deswegen ernst genommen werden – und das wird sie auch. Wie weiter oben erwähnt, hat das oben beschriebene Szenario eine erstaunliche Konsequenz, auf die ich nun näher eingehen möchte:

Nach dem heutigen Verständnis kann das Inflationsfeld nicht die ganze Zeit inaktiv bleiben. Es kann nicht nur ein einziges Mal, nämlich bei der Entstehung unseres Universums, aufgetreten sein. Man geht tatsächlich davon aus, dass es nicht nur einen Urknall ausgelöst hat, sondern mehrere. Unendlich viele.

Wie alle Quantenfelder sollte auch das Inflationsfeld Quantenfluktuationen unterworfen sein, die ihm ermöglichen, von einem Vakuumzustand in den anderen zu springen. Bei den Feldern, die du bisher kennengelernt hast, führt dieser Prozess dazu, dass Teilchen von hier nach da springen oder aus dem Nichts auftauchen können. Hier aber bedeutet es, dass das Feld ein eigenes kleines Universum erzeugen kann. Oder zwei. Oder viele. Überall. Und damit meine ich wirklich überall, wobei die dazugehörigen Zeitspannen nicht zu übersehen sind. Man nennt diesen Prozess *ewige Inflation*. Eine Inflation, die nie endet. Es entstehen Blasenuniversen in bereits vorhandenen Universen, wenn das Vakuum des Inflationsfelds in einen anderen Zustand, also in ein anderes Vakuum, gesprungen ist. Diese Blasenuniversen sind wie Öltropfen auf einer Wasseroberfläche. Sie wachsen und wachsen, und es bilden sich weitere Tropfen innerhalb dieser Tropfen.

Blasenuniversen in Blasenuniversen in Blasenuniversen.

Ein Multiversum – aber ein Multiversum, das sich von den bisherigen Beispielen unterscheidet.* In einem solchen Szenario würden wir beide in einem derartigen Blasenuniversum leben, und es gäbe noch andere Blasen, die irgendwann in ferner Zukunft inner-

* Das erste Multiversum, das du kennengelernt hast, bestand aus allen Teilen unseres Universums, die hinter unserer beobachtbaren Realität liegen. Das zweite war Everetts Viele-Welten-Interpretation der Quantenmechanik. Und hier nun das dritte: Universen, die aus Universen entstehen.

halb unserer Raumzeit auftauchen könnten – genauso wie unser Universum aus wieder einer anderen Blase geploppt wäre, die nun größer und vielleicht etwas beschädigt oder leer sein dürfte. Der potentielle Kältetod unseres sichtbaren Universums könnte also die Matrize für das Wachstum neuer Blasenuniversen liefern …

So weit, so gut.

Wir werden uns diese lustigen Pop-up-Universen noch einmal anschauen, wenn du am Ende dieses Buchs ins Gebiet der Stringtheorie reist. Bis dahin wird dir die ewige Inflation wahrscheinlich absolut verrückt vorkommen (wie mir auch, trotzdem mag ich sie), aber wenn du erst die Strings kennengelernt hast, wird dir wohl nichts mehr normal vorkommen. Betrachte doch die Blasenuniversen einfach als eine Einleitung zu deiner nächsten Reise. Bevor wir aber dorthin kommen – bevor wir ins sichtbare Universum zurückkehren und schauen, wo sich diese berühmten Strings verstecken könnten, wie sie eigentlich geartet sind und was sie für unsere Realität bedeuten –, wollen wir doch einmal versuchen, ob wir die kosmologische Inflation mit dem bisher Gelernten verbinden können.

Wer nach den Ursprüngen des Universums fragt, wird von der ewigen Inflation nicht überzeugt sein, denn es gibt bei ihr keinen Anfang, sondern nur immer wieder neu auftauchende Blasen.

Es gibt jedoch noch andere Möglichkeiten, die ich hier gar nicht alle auflisten kann. Ich möchte nur eine erwähnen.

Nämlich die, die zuerst da war.

3
Ein grenzenloses Universum

Die inflationäre Phase fand vor dem Urknall statt.

Bei der ewigen Inflation entstehen unablässig unzählige neue Universen, und nur zufällig haben wir das unsere abbekommen. Gehen wir aber nun von einem einzigen Universum aus, das einen einzigen Anfang hat (was auch immer das bedeuten mag), und nehmen wir eine einzige inflationäre Phase an.

Und dann spulen wir die Zeit zurück und starten beim Urknall.

Also, hier ist der Urknall: *Bamm!*

Und vor ihm liegt die Inflation. Wenn man sie in der Rückschau betrachtet, erscheint sie wie ein dramatischer Zusammenbruch.

Und dann stoßen wir auch schon auf das Problem.

Die Planck-Mauer und die Planck-Ära, in der Raum und Zeit keinen Sinn mehr ergeben.

Die Planck-Mauer liegt etwa 380 000 Jahre vor der Fläche der letzten Streuung an der Grenze des Universums, und – falls eine solche Schätzung möglich wäre – etwa eine Planck-Zeit nach dem *Zeitpunkt null.** Aber das ist es eben: Wir können eine solche Schätzung nicht abgeben. Wir können den Zeitpunkt null nicht erreichen, solange wir uns innerhalb unseres Universums befinden. Eine Zeit, in der Zeit nicht existiert, können wir nicht denken. Es ergibt daher keinen Sinn, über ein «vor» oder «nach» der Planck-

* Falls du dich nicht erinnerst oder es noch einmal hören möchtest: Die extrem kurze Planck-Zeit beträgt eine hundertstel trilliardstel trilliardstel Sekunde (10^{-44}s).

Zeit zu sprechen. Dazu bräuchten wir die Quantenschwerkraft und ihre unbekannten neuen Konzepte, die Raum und Zeit ersetzen könnten. Eine schwierige Aufgabe. Ähnlich schwierig wie die Formulierung einer Ausgangsbedingung für die Existenz unserer Realität. Schwierig, aber nicht unmöglich. Stephen Hawking war vor etwa dreißig Jahren der Erste, der sich diesem Problem widmete. Und Folgendes kam bei seinen Überlegungen heraus.

Stell dir dein Mini-Ich in einem sehr jungen Universum vor. Ein Universum, in dem Raum und Zeit eben erst Sinn ergeben. Ein winziges Universum, etwas größer als die Planck-Länge, aber wirklich nur ein kleines bisschen. Und du mittendrin, klitzeklein.

Du kannst nicht viel erkennen.

Alles, was in einer Größenordnung geschieht, die kleiner ist als die Planck-Länge, liegt hinter Raum und Zeit und ist deinem Blick verborgen.

Du bist superwinzig, du steckst in einem extrem jungen Universum und du bist so gut wie blind … halt mal … erinnert dich das nicht an andere Gelegenheiten in diesem Buch?

Als du die Quantenwelt bereist hast, hast du da nicht auch in den Yogi-Modus geschaltet und die Augen geschlossen gehalten, damit du mit nichts in Kontakt kommst und das für die Augen Unsichtbare erreichst? Und als du das Innere eines Atoms besichtigt hast, musstest du doch auch im Yogi-Modus unterwegs sein, um herauszufinden, was um dich herum geschieht. Das auf diese Weise Entdeckte konntest du dir nur erklären, nachdem du erfahren hast, dass in der Quantenwelt alle Quantenmöglichkeiten gleichzeitig geschehen, wenn man die Natur und ihre Katzen unbeobachtet lässt.

Hier steht es schlimmer.

Denn es ist keine Katze und auch kein Teilchen, die unsichtbar sind, sondern die gesamte Vergangenheit unseres Universums – eine Vergangenheit, die durch eine Mauer verdeckt wird, welche die Entstehung von Raum und Zeit markiert. Diese Planck-Mauer umgibt dich nun, und was hinter ihr liegt, ist für deine Sinne nicht erreichbar.

Laut den Quantengesetzen verbirgt die Planck-Mauer daher eine Überlagerung aller Quantenmöglichkeiten.

Was für Möglichkeiten?, fragst du dich vielleicht.

Mögliche Vergangenheiten.

Denn es ist ja das junge Universum, als ein Ganzes, das von der Planck-Mauer verdeckt wird, und so muss auch das ganze junge Universum einer goldenen Regel der Quantenwelt folgen: Solange niemand hinschaut, kommen alle Möglichkeiten vor.

Hawking hat das Konzept also auf das junge Universum angewandt.

Zu diesem Zweck konnte er nicht die uns bekannte Zeit verwenden, denn die ist hinter der Planck-Skala nicht denkbar. Also verwandelte er sie in etwas anderes, das einfacher zu manipulieren wäre, und nannte es *imaginäre Zeit*. Mit ihrer Hilfe betrachtete er alle möglichen Vergangenheiten des Universums, die von innen heraus nicht zu erkennen sind.

Diese Idee hatte Hawking bereits in den 1980er Jahren, kurz nachdem er die Existenz von kleinsten schwarzen Löchern vorgeschlagen hatte. Er wusste inzwischen, dass schwarze Löcher eigentlich grau sind und sehr wohl Teilchen aus ihnen entkommen können. Er wusste, dass es eine Quantengravitation geben muss. Und nun schaute er hinter den Urknall.

Zusammen mit seinem Kollegen, dem US-amerikanischen Physiker James Hartle von der University of California in Santa Barbara, entwickelte er eine Formel, die, so glaube ich, das menschliche Verständnis des Universums für immer veränderte.

Hawking und Hartle nahmen an, dass alle Universen, die zu dem unsrigen führten, aus dem Nichts – aus einem wirklichen, mathematischen Nichts – aufgetaucht sein müssten, und das vor einer endlichen *imaginären* Zeit.

Die beiden Physiker berücksichtigten sämtliche Universen, die dieses Merkmal erfüllten, und sie sahen sich diese vielen, vielen Universen genau an.

Und dann wendeten sie die goldene Regel der Quantenwelt auf

sie an: Anstatt eines herauszugreifen und es schrittweise in unsere Realität zu überführen, nahmen sie sich einfach alle vor. Das bedeutet, sie zählten sie auf dem Papier zusammen, mit einem Pluszeichen, und die Summe, so sagten sie, gebe an, wie unser Universum «vor» der Planck-Mauer aussah, als niemand es betrachten konnte. Hartles und Hawkings mathematische Formel ist heute als die *Wellenfunktion des Universums* bekannt, und ihre Ausgangsbedingung, nach der alle möglichen Universen, die in Betracht kommen, aus dem Nichts entstanden sind, heißt *No-Boundary Proposal* oder Keine-Grenzen-Hypothese.

Das Universum mit seinen vielen möglichen frühen Zuständen hatte aus Sicht der beiden Wissenschaftler keinen Anfang.

Und dann, eine endliche imaginäre Zeit später, als Raum und Zeit Sinn erhielten, wurde es zu unserem Universum.

Was Hartles und Hawkings Hypothese im Detail beinhaltet, spielt hier keine Rolle.

Das Verrückte ist ja, dass sie eine solche Hypothese überhaupt aufstellten.

Die beiden formulierten tatsächlich eine mathematische Ausgangsbedingung für das gesamte Universum. Sie gingen das Problem von der Entstehung aus dem Nichts mathematisch an.

An dieser Stelle eine Warnung: Damit sind wir noch nicht am Ende angelangt. Die Berechnungen in dem von Hartle und Hawking vorgeschlagenen mathematischen Kontext sind nur sehr mühsam (eigentlich unmöglich) nachzuvollziehen.

Doch allein dadurch, dass sie sie aufschrieben, waren die beiden die ersten, die eine mathematische Formel für den Ursprung und die Evolution unserer Realität angaben.

Und das war ein wirklich bedeutender Schritt, denn schließlich versucht die Menschheit seit Tausenden von Jahren, die Gesetze der Natur zu enträtseln.

Unser Verständnis dieser Gesetze hat sich seitdem stetig gewandelt und verbessert.

Vor einhundert Jahren stellte Einstein eine neue Vision der

Schwerkraft vor, und wir begriffen, dass die Vergangenheit nicht nur unter unseren Füßen, durch archäologische Ausgrabungen gefunden werden kann, sondern auch über uns, inmitten der Sterne. Etwa zur gleichen Zeit entdeckten Wissenschaftler die seltsamen Quantengesetze, die in der Welt des sehr Kleinen herrschen.

Vor dreißig Jahren dann, angespornt durch die Theorie vom Verdampfen der schwarzen Löcher, setzten Hartle und Hawking die Puzzleteile zusammen und entwickelten eine mathematische Formel für den Ursprung von allem.

Ihre Einsichten könnten sich in Zukunft als fehlerhaft erweisen, genauso wie alle anderen Ideen, die über das Experiment hinausgehen. Aber das ist hier nicht weiter wichtig. Wichtig ist, dass die Frage nach dem Ursprung des Universums in eine neue Ära übergegangen ist – eine Ära, in der die Physik zumindest die Berechtigung hat, sich mit dem Thema auseinanderzusetzen.

Hawkings Idee, alle möglichen Universen in Betracht zu ziehen, indem man eine andere (imaginäre) Zeit verwendet, ist nicht aus der Luft gegriffen. Sie wurzelt in den Arbeiten von genialen Köpfen des 20. Jahrhunderts und insbesondere in den Konzepten von Paul Dirac und Richard Feynman, die unsere modernen Theorien der Quantenfelder entwickelten.

Das sichtbare Universum ist innerhalb eines solchen Szenarios noch immer eine Kugel mit einem Radius von 13,8 Milliarden Lichtjahren. Über diesen Radius kommen wir nicht hinaus. Und doch ist es seltsam: Wir fangen Lichter und Signale aus dem Weltraum auf, wir stoßen immer weiter in das sehr Große vor und entdecken dabei nicht nur die Vergangenheit, sondern auch das sehr Kleine.

Wie du auf den nächsten Seiten erfahren wirst, ist es umgekehrt wahrscheinlich genauso.

Denn gleich bist du wieder im sehr Kleinen unterwegs, aber dieses Mal dringst du weiter vor als je zuvor. Du wirst auf ein Fenster treffen, das sich zu einer ganz neuen Realität öffnet. Eine Realität, die größer ist als alles, was du dir vorstellen kannst. Größer sogar als die Blasen in den Blasen in den Blasen der ewigen Inflation.

Im Großen hast du das Kleine gefunden.

Im Kleinen wirst du jetzt gleich das Große entdecken.

Aber wohin musst du schauen?

4
Unerforschte Realität

Wie du weißt, umfasst unser sichtbares Universum eine Kugel mit einem Radius von 13,8 Milliarden Lichtjahren. Aus dieser gigantischen Perspektive sieht man zuerst riesige Galaxienhaufen, umgeben von Gasen und dunkler Materie und, auf einer tieferen Ebene, auch alle existierenden Quantenfelder. Letztere sind von so weit oben nicht zu sehen, aber zu spüren. Sie sind die Materie, die das sichtbare Universum bildet. Sie sind das Higgs-Feld, das allem Masse verleiht, das eine Masse hat. Sie sind das Inflationsfeld oder die dunkle Energie, die der Schwerkraft entgegenwirkt und das Universum immer schneller auseinanderdriften lässt.

Und dann ist da noch die Schwerkraft selbst, die alles näher zusammenbringt.

Du bist da draußen und siehst dir alles an. Und dann startet der Zoom-in.

Du hast jetzt Galaxien vor Augen, mit ihren hunderten Milliarden von Sternen. Die supermassiven schwarzen Löcher in ihrer Mitte schleudern Licht und Materie aus, die energiehaltiger sind als alles andere. Du siehst, wie die dunkle Materie wirkt. Wie sie die Galaxien davor bewahrt, durch ihre Rotation auseinanderzudriften.

Der Zoom-in geht weiter.

Jetzt bist du auf der Ebene der Sterne: riesige, glühende Plasmabälle, deren Licht wir Menschen nutzen, um den Weltraum zu vermessen.

Dann kommen die Planeten: Kugelwelten, die zu klein sind, um jemals ein Stern zu werden.

Noch näher dran siehst du Asteroiden, Kometen und Lebewesen, die unser Planet unter seiner 100 Kilometer dicken Atmosphäre beherbergt.

Und dann kommen die Mikroben, die Zellen, Moleküle, Atome, die Elektronen und Photonen, Protonen und Neutronen, Quarks und Gluonen.

Der Zoom-in geht weiter.

Du befindest dich wieder im Reich der Quantenfelder.

Die Schwerkraft wird hier von Quantenkräften übertrumpft.

Der Zoom-in geht weiter. Dann hältst du an.

Erinnerst du dich, was mit den Quantenfeldern nicht stimmte? Sagt dir der Begriff «Renormierung» noch etwas? Der Trick, den die theoretische Physik benutzt, um die Unendlichkeiten auszuklammern, die ihre Arbeit so behindern? Weißt du noch, dass der Versuch, sich der Schwerkraft wie einem Quantenfeld zu nähern, kläglich scheiterte, weil die dabei auftauchenden Unendlichkeiten nicht beseitigt werden konnten und die Raumzeit kollabieren ließen? Diese Unendlichkeiten werden wir jetzt los. Und erreichen damit das Fenster zu der immensen neuen Realität, die ich am Ende des vorigen Kapitels erwähnt habe. Du wirst dieses Fenster bald durchschreiten, aber vorher müssen wir die lästigen Unendlichkeiten beseitigen.

Wie uns das gelingt? Mal sehen. Was wissen wir über die Raumzeit? Wir wissen, dass ihre Beschreibung anhand der modernen Physik ihre Grenzen hat. Im Großen liegt diese Grenze irgendwo hinter dem Urknall und hinter der Inflationsphase, als sich das Universum in der Planck-Ära befand. Diese Grenze ist 13,8 Milliarden Lichtjahre in Raum und Zeit entfernt.

Im Kleinen gibt es dieselbe Grenze, und sie taucht überall auf.

Du kannst an etwas Beliebiges heranzoomen und wirst an einem bestimmten Punkt die Planck-Skala erreichen.

Es sei denn, etwas hindert dich daran. Wie wir dank Hawkings Forschung zu schwarzen Löchern wissen, ist die Schwerkraft nicht vor Quanteneffekten gefeit und es muss eine Quantengravitation geben – wenn wir auch nicht wissen, was das für die Realität in ihrem Wirkungsbereich bedeuten könnte.

Das sehr Kleine und das sehr Große können wir nur bis zu einer gewissen Grenze, nämlich der Planck-Skala, erforschen.

Wurden bei einem Versuch im Labor je diese kleinsten Größen, Energien oder Zeiten erreicht?

Nein. Denn sie sind viel zu klein, viel zu energiegeladen und viel zu schnell. Es handelt sich derzeit also um eine theoretische Grenze. Zu allem Übel ist die Planck-Skala aber auch eine praktische Grenze, denn sie lässt sich nicht erreichen.

Warum nicht?

Weil dabei ein Planck-großes schwarzes Loch entstehen würde – eben das winzige schwarze Loch, das ich am Ende des vorigen Teils erwähnt habe. Um die Realität hinter diesem schwarzen Loch zu erforschen, müsste man wohl oder übel mehr Energie aufwenden und mehr Licht mit immer kürzeren Wellenlängen hineinschicken – in der Hoffnung, dass es von irgendetwas reflektiert wird, das damit seine Existenz offenbart. Aber dazu würde es nicht kommen. Das Licht würde vom schwarzen Loch geschluckt und ließe es nur noch größer werden, wodurch die Quantengravitationsskala nur noch mehr verdeckt würde. Es bleibt also dabei: Nach heutigem Wissensstand kann das, was hinter der Planck-Skala liegt, nicht erforscht werden.

Was sollen wir also tun?

Wir könnten versuchen, wieder mal schlauer zu sein.

Wir könnten zum Beispiel einfach annehmen, dass die Quantengravitation oder eine andere neue Physik schon vor der Planck-Skala in Aktion tritt.

Mit den besten und modernsten Teilchenbeschleunigern, mit dem besten Gebrauch dessen, was sich am Himmel beobachten lässt, glauben Physiker das Verhalten der Natur vom Größten bis ins Kleinste zu verstehen – von galaktischen Zusammenhängen bis zu dem Punkt, an dem alle Quantenfelder an der GUT-Skala* zu einem ver-

* GUT steht für Grand Unified Theory (Große Vereinheitlichte Theorie).

schmelzen. Die hierfür nötige Energie beträgt ein Prozent der Planck-Energie. Eine gewaltige Menge, die etwa 100 Billionen Billiarden (10^{29}) Grad entspricht. Sie entspricht jedoch *nicht* der Planck-Grenze.

Du erinnerst dich vielleicht, dass Energie und Größe zusammenhängen. Je größer die Energie einer Welle, desto kürzer der Abstand zwischen zwei aufeinanderfolgenden Wellenbergen. Ein Hundertstel (ein Prozent) der Planck-Energie korrespondiert also mit einer Größe aus der Welt des Allerkleinsten. Diese Größe ist hundertmal größer als die Planck-Länge.

Mithin gibt es einen unberührten Bereich der Realität, der sich zwischen mindestens 100 Planck-Längen und der Planck-Länge selbst erstreckt.*

Es gibt keine experimentellen Erkenntnisse dazu, was in diesem Bereich geschieht.

Für einen Physiker fühlt sich diese experimentelle Lücke etwa so an, als könnten deine Augen nur mit einer Auflösung von einem Meter sehen. Normalerweise kannst du die Welt mit einer so hohen Auflösung betrachten, dass du Dinge erkennen kannst, die dünner sind als ein menschliches Haar. Und nun stell dir vor, du wärst nicht in der Lage, irgendetwas zu erkennen, das einen Durchmesser von unter einem Meter hat. In deinem Umfeld würdest du keine Details mehr wahrnehmen. Du könntest nicht einmal Babys sehen, sondern es würden auf einmal Kleinkinder vor deinen Augen auftauchen, sobald diese den Meter überschritten hätten.

Ich will damit nicht sagen, dass es vielleicht Babys gibt, die kleiner sind als 100 Planck-Längen. Wir wissen einfach nicht, welche Welt sich dort verstecken könnte. Unsere Realität wurzelt irgendwo im sehr Kleinen. Daraus besteht sie, und daraus bestehen wir. Weil aber noch kein Experiment diesen Bereich erforscht hat, kann es gut möglich sein, dass Raum und Zeit schon vor der Planck-Skala von

* Im Juni 2015 schlug die vom Large Hadron Collider am Europäischen Kernforschungszentrum CERN bei Genf erreichte Energie alle bisherigen Rekorde und lag bei knapp der Hälfte dieser unbekannten Größe. Auf potentielle Durchbrüche müssen wir aber wohl noch etwas warten.

dem uns Bekannten abweichen. Daher ist es auch möglich, dass Schwerkraft, Materie und Licht dort ganz anders geartet sind.

Sie könnten eins werden.

Auf den vergangenen Seiten hast du erfahren, was wir bereits zu wissen glauben.

Dann hast du gesehen, welche Probleme sich aus diesem Wissen ergeben.

Und jetzt gehst du einen Schritt weiter.

Wir nehmen einfach an, dass all das real ist, denn nur so kannst du diese Welt überhaupt bereisen. Behalte aber im Kopf, dass es sich um reine Theorie handelt.

Und doch haben besonders kluge Zeitgenossen Jahrzehnte daran gearbeitet, dieses Bild entstehen zu lassen.

5
Eine Theorie aus Fäden

Ein seltsames blaues elektrisches Flirren umgibt deinen Begleiter, als würde eine innere Erregung aus den Roboter-Schaltkreisen nach außen dringen. Ihr schwebt durch das All, umgeben von fernen Galaxien. Ganz in der Nähe war das schwarze Loch, dem du entkommen bist, bevor es dann ganz verschwand.

Du hast jetzt alles gesehen, was es zu sehen gibt.

Du bist in einem superschnellen Flugzeug geflogen.

Du hast die Vakuumfluktation der Quantenfelder beobachtet und hast dich mit Materie und Licht vertraut gemacht.

Du hast gesehen, wie Sterne explodieren, um neue Welten, weiße Zwerge und schwarze Löcher hervorzubringen, denen du beim Verdampfen zugeschaut hast – ein Hinweis auf die Existenz einer bisher unbekannten Theorie der Quantengravitation.

«Und jetzt geht es noch weiter», verkündet der Roboter.

Sofort beginnt ihr zu schrumpfen.

Du siehst Teilchen vorbeifliegen. Licht schießt vorbei. Du siehst die Vakuumfluktuationen aller bekannten Felder. Und du schrumpfst weiter. Du bist jetzt an der GUT-Skala. Ab diesem Punkt, so nimmt die Große Vereinheitlichte Theorie an, verhalten sich die drei Quantenfelder wie eines. Du schrumpfst und schrumpfst. Deine bisherige Minigröße hast du schon lange unterschritten. Du müsstest alles um dich herum Billionenbilliarden Mal aufplustern, um etwa die Größe eines menschlichen Haars zu erreichen. Du kannst so weit unten rein gar nichts sehen. Aber dann bemerkst du doch etwas.

Es ist direkt vor dir. Ein Faden. Ein Faden aus Nichts. Nicht einmal aus Raum oder Zeit. Du hast den Eindruck, dass dieses flirrende Etwas beide ersetzt.

Du hast die Planck-Skala noch nicht erreicht, und du wirst sie auch nicht erreichen. Denn in der theoretischen Welt, die du nun betrittst, existiert die Planck-Skala nicht so wie du vielleicht erwartet hast. Das bedeutet aber nicht, dass alles, was du bisher erlebt hast, falsch wäre. Es ist nur so, dass hier unten keinem der bisher benutzten Konzepte vertraut werden kann. Nur der Quantentheorie. Aber die wird auf Strings statt auf Teilchen angewandt.

Was da vor deinen Augen flimmert, könnte also ein elementarer Baustein des Universums sein. Ein *Quantenstring.*

Mit ihm ließe sich alles erklären, was du bisher gesehen hast, auch die Schwerkraft. Auch die Existenz unseres Universums.

Der Quantenstring vibriert. Er ist in Quantenschwingung. Du kannst seine Umrisse nicht gut erkennen, aber du weißt, dass sie da sind, obwohl alles an diesem String sich sehr, sehr schnell bewegt.

Er sieht schön aus, wie er da so fröhlich flirrt, und du möchtest ihn gerne anfassen. Du streckst die Hand aus, und obwohl er doch von allein schwingt, zupft du an ihm wie an einer Gitarrenseite.

Der String besteht aus Nichts, doch du siehst die vielen Vibrationen wie die Obertöne bei einem Musikinstrument. Die größte stehende Welle bei einer Gitarre verursacht den Grundton. Die anderen erzeugen die Oberschwingungen. Der String hier vor dir sieht aus wie die Schwingungen einer Gitarrensaite … jedoch ohne die Saite selbst. Ein String aus Nichts, ein Elementarstring sozusagen, der in Schwingung ist. Du weißt ja inzwischen, dass der Zusatz «Quanten-» vor einem beliebigen Wort dazu führt, dass nichts mehr ist, wie es scheint. Ein «Quantenstring» ist also keine Saite. Seine erste Vibration erzeugt keinen Ton, sondern Licht. Ein Lichtpartikel. Das Austauschteilchen der elektromagnetischen Kraft.

Alle Quantenteilchen, denen du bisher begegnet bist – alle Teilchen, die deinen Körper und die Materie des Universums bilden – könnten die Vibrationen von solchen offenen Strings sein …

Rechts von dir ist etwas. Du wendest deinen winzig kleinen Kopf und entdeckst noch einen String, einen anderen diesmal. Er sieht nicht aus wie eine Gitarrensaite, sondern wie eine Schlaufe. Auch sie zeigt Quantenschwingungen. Und die erste Anregung erzeugt nicht Licht, sondern ein Graviton. Das Austauschteilchen der Schwerkraft. Das ist quantisierte Gravitation. Der geschlossene String steht dafür, dass du dich in einer Quantentheorie der Schwerkraft bewegst. Wo immer sich dieser geschlossene String auch befindet, seine Schwingungen werden genau denselben Effekt wie die Schwerkraft haben. Ganz ohne die störende Unendlichkeit der Quantengravitation. Denn wir haben uns von dem Konzept befreit, dass alles innerhalb von Raum und Zeit geschieht. Bei punktähnlichen Teilchen in einer gleichmäßigen Raumzeit lässt sich leicht ein bestimmter Ort festmachen, an dem diese kollidieren könnten. Und auch die Quantenfeldtheorie, so chaotisch sie uns erscheinen mag, beinhaltet ja, dass Teilchen an einem bestimmten Punkt in Raum und Zeit wechselwirken. Bei Strings ist das nicht der Fall. In der Stringtheorie sind Teilchen Stringschwingungen, und Stringschwingungen sind Teilchen. Und das über ihre gesamte Länge und Zeit. Strings haben eine Ausdehnung. Wenn sie interagieren, dann nicht an einem bestimmten Ort und auch nicht zu einer bestimmten Zeit, sondern entlang des gesamten Strings. Ein «unendlich klein» gibt es nicht mehr. Mithin sind alle Unendlichkeiten beseitigt, auf die du vordem gestoßen bist.

Diese Schleife, der geschlossene String, beinhaltet Schwerkraft und *ist* damit Schwerkraft. Aus den geöffneten Strings strömt Licht. Zusammen ergeben sie eine Theorie, die Gravitation und Elektromagnetismus verbindet. Quantenstrings sind also mehr als nur eine Theorie der Quantengravitation. Denn eine solche Theorie würde lediglich die Schwerkraft innerhalb der Quantenmechanik betreffen, und die anderen Quantenfelder außen vor lassen. Die Strings, die du siehst, tun das nicht.

Was ist nun mit den anderen Feldern?

Könnten diese Strings eine Theorie von Allem sein? Eine Theorie, mit der sich die Schwerkraft und alle bekannten Quantenfelder vereinen lassen?

Um das zu leisten, müssten sie auch die Materie umfassen.

Wo ist die Materie? Du kannst keine entdecken. Warum sind diese Strings dann so besonders? Was ist das Merkwürdige an ihnen? Warum beschäftigen sie die Theoretiker so?

Du stellst dir diese Fragen ganz zu recht. Du hast nun den offenen und den geschlossenen String kennengelernt, und das erklärt viel, aber es erklärt nicht alles.

«Gehen wir weiter», verkündet der Roboter, und ihr beide schrumpft noch mehr zusammen.

Der geöffnete String ist jetzt groß im Vergleich zu dir. Du merkst, dass mehr in ihm steckt als auf den ersten Blick zu sehen war. Was du gleich tun wirst, wird kein aus Materie bestehender Mensch jemals schaffen. Du jedoch kannst es, jetzt. Aber Vorsicht: Wenn man sich über das Bekannte hinausbegibt, muss man etwas zurücklassen. Und du musst jetzt die Vorstellung aufgeben, dass unser Universum einzigartig ist. Denn ganz so einzigartig ist es nicht.

Um von Newton zu Einstein zu gelangen, musstest du die Vorstellung aufgeben, dass das Universum statisch ist, dass es immer dasselbe bleibt und dass die Gravitation eine Kraft ist. Du musstest dich an die Raumzeit gewöhnen mit ihren drei Dimensionen des Raumes und der einen der Zeit – und dass alle vier zu einer Einheit verwoben sind, die sich in der Nähe von Materie und Energie verformt. Um von Newton zur Quantenphysik zu gelangen, musstest du die Vorstellung über Bord werfen, dass Teilchen punktförmig sind. Du musstest dich an Wellen und Felder und Unschärfe gewöhnen. Um jetzt von den Schwerkraft- und Quantenfeldtheorien zu den Strings zu gelangen, musst du alles Elementare in eine Theorie aus offenen und geschlossenen Strings überführen.

Das wäre ja noch einfach. Du musst aber außerdem die Vorstellung aufgeben, dass die Realität aus nur vier Dimensionen besteht. Strings können in einer vierdimensionalen Raumzeit nicht existieren, sie benötigen mehr Raum. Sie leben in einem zehndimensionalen Universum.

Zusammen mit dem Roboter näherst du dich dem String und

merkst, dass es über allem und jedem, das unser Universum deiner Ansicht nach beinhaltete, noch sechs neue Raumdimensionen gibt, die jeweils eine eigene Welt bilden. Und aus diesen kleinen Extradimensionen soll die gesamte Materie stammen, aus der wir bestehen.

Falls du Schwierigkeiten hast, dir vier, geschweige denn zehn Dimensionen vorzustellen – kein Problem. Du musst nur wissen, dass sich die sechs Extradimensionen in andere Richtungen als nach rechts–links, oben–unten oder vorne–hinten erstrecken, so wie wir es aus unserer dreidimensionalen Welt gewohnt sind. Die zusätzlichen Dimensionen sind so klein, dass du ihr Vorhandensein nicht bemerkst und sie im echten Leben niemals durchschreiten könntest. Doch der Roboter und du, ihr seid so kleingeschrumpft, dass ihr es jetzt ausnahmsweise könnt.

Wie sehen diese unbekannten Dimensionen aus?

Das lässt sich unmöglich beschreiben, denn es sind unfassbar viele! Es gibt sehr viele Möglichkeiten, die Extradimensionen zu verweben und einen String zu erhalten. Die Dimensionen lassen sich auf vielfältige Weise umeinander legen, und jede Kombination ergibt eine andere Grundlage für die Realität. Physiker haben eine Schätzung zur Anzahl der Möglichkeiten abgegeben und sind auf folgende Zahl gekommen:

100.000.000.000.000.000.000.000.000.000.000.000.000.000.000.000.000.000.000.000.000.000.000.000.000.000.000.000.0 00.000.000.000.000.000.000.000.000.000.000.000.000.000.000.000.000.000.000.000.000.000.000.000.000.000.000.000.000.000.000.00 0000.000.000.000.000.000.000.000.000.000.000.000.000.000.000.000.000.000.000.000.000.000.000.000.000.000.000.000.000.000.000.000.000.000.000.000.000.000.000.000.000.000.000.000.000.000.000.000.000.000.000.000.000.000.000.000.000.000.000.000.000.000.000 000.000.000.000.000.000.000.000.000.000.000.000.000.000.000.000.000.000.000.000.000.000.000.000.000.000.000.000.000.000.000.000.000.000.000.000.000.000.000.000.000.000.000.000.000.000.000.000.000.000.000.000.000.00 0000.000.000.000.000.000.000.000.000.000.000.000.000.000.000.000.000.000.000.000.000.000.000.000.000.000.000.000.000.000.000.000 000.000. Und alle sind potentiell in der Lage, ein Universum entstehen zu lassen – wenn auch nicht unbedingt ein Universum wie das unsere.

Eine wahnsinnige Anzahl von Möglichkeiten: 10^{500}, eine 1 mit 500 Nullen. Das Universum, in das du und ich hineingeboren wurden, könnte nur eine dieser Möglichkeiten sein. Womöglich gibt es aber auch zahllose Universen, die dem unseren ähneln. Niemand kann das genau sagen. Es könnte auch sein, dass die gesamten Möglichkeiten auf einer bestimmten Stufe gemeinsam existieren, nämlich innerhalb der Blasen der ewigen Inflation, die du weiter oben kennengelernt hast. Doch nur eine Handvoll kann ein Universum hervorbringen, in dem die Naturgesetze mit dem uns bekannten Leben vereinbar sind. Damit du als Mensch existieren kannst, musste ein bestimmtes Muster extradimensionaler Formen ausgewählt werden, ohne das die Naturgesetze unsere Existenz nicht zulassen würden. Wie ging diese Auswahl vor sich? Das lässt sich derzeit ebenfalls nicht sagen. Fest steht, dass es zu einer Auswahl gekommen sein muss, um deine Existenz hier in unserem Universum zu ermöglichen. Das Argument der Auswahl nennt man auch *anthropisches Prinzip*. Es besagt, dass aus den unfassbar vielen möglichen Formen, die Extradimensionen annehmen können, nur jene für unser Dasein in Betracht gezogen werden müssen, die mit der Existenz des Menschen vereinbar sind – denn sonst wären wir ja nicht hier, um darüber zu sprechen. Eine schlaue Idee. Und es wird noch besser: Nicht alle Extradimensionen sind winzig, es könnte auch eine oder mehrere große geben.

«Komm», sagt der Roboter und winkt mit seinem Teilchenausgaberohr. «Vielleicht sehen wir das hier nie wieder.»

Und dann geschieht das Undenkbare.

Schon immer wurde dir beigebracht, dass man das Universum niemals von außen betrachten kann. Dass es unsinnig ist, über seine Grenze oder seine Ränder zu sprechen. Weil das Universum per Definition alles ist, was da ist, war allein der Versuch sinnlos, es sich von oben oder unten betrachtet vorzustellen. Und jetzt bewegst du dich in eine Richtung, die weder unten noch oben, weder links noch rechts, weder vorwärts noch rückwärts ist, und der Roboter führt dich hinaus. Jetzt scheint es doch Ränder zu geben.

Doch sie liegen nicht innerhalb der Dimensionen, die deine Sinne wahrnehmen können.

Du bist draußen.

Du siehst alles, das gesamte Universum.

Aus einer anderen Dimension.

Und du siehst, dass die offenen Strings, die wie Fäden oder Schuhbänder aussehen und deren Schwingungen Licht erzeugen, jetzt auf ganz verschiedene Art vibrieren, abhängig von der verborgenen Dimension, in die sie sich erstrecken. Wie du siehst, kleben die Enden der offenen Strings an unserem Universum – dem Universum, das du eben verlassen hast –, während die geschlossenen Strings, also die Schleifen, die wie Schwerkraft vibrieren, sich frei bewegen können, auch außerhalb des Universums.

Du spürst etwas in deinem Rücken und wendest dich um. Und erschrickst.

Da ist noch ein Universum.

Parallel zu deinem, unserem Universum. Du siehst, wie sich geschlossene Strings von einem Universum ins andere bewegen. Also können sie per Schwerkraft kommunizieren. Du hast es mit einem Multiversum der Ebene IV zu tun, dem eindrucksvollsten von allen. Man spricht hier von *Branen*. Wie Membran, nur ohne das «Mem», um zu zeigen, dass Brane mehr als eine Schicht sind und mehr als zwei Dimensionen haben. Du hast *eine* solche Bran vor dir, *ein* anderes Universum, doch es könnte viele von ihnen geben. Und auch sie könnten viele verschiedene Dimensionen haben. Sie könnten sich ineinanderlegen und sich wie Strings verhalten, wenn die beobachtenden Physiker ihre Interaktionsweise verändern. Denn sie können entweder als separate Einheiten wahrgenommen werden oder aber als verschiedene Aspekte derselben Realität – einer Realität, die aus verschiedenen Blickwinkeln betrachtet wird. Und all dies könnte ein Aspekt einer noch größeren Realität sein – was auch immer «Realität» in diesem Zusammenhang bedeuten mag. Eine Gruppe von Wissenschaftlern, angeführt von dem brillanten argentinischen Physiker Juan Maldacena, hat sogar gezeigt, dass all dies auch ohne Schwerkraft verstanden werden könnte. Dann würde jedes einzelne Universum dadurch beschrieben, was irgendwo am Rand geschieht …

Du begreifst langsam, was los ist. Du befindest dich außerhalb des Universums.

Es gibt überall noch andere Universen, aus anderen Dimensionen. Und es gibt winzige Dimensionen, über denen gefaltete Strings liegen, und zwar innerhalb der Universen und um sie herum. Die Strings vibrieren als Materie und Licht, die ihrer Bran – ihrem Universum, deinem Universum – nicht entkommen können. Die Enden können sich innerhalb der Dimensionen, in die du hineingeboren wurdest, frei bewegen, aber sie dürfen sie nicht verlassen.

Von deinem Standpunkt aus siehst du, wie sich geschlossene Stringschleifen von einer Bran zu anderen bewegen und dir wird klar, dass ein Teil der Energie das Universum womöglich verlassen kann. Du entdeckst sogar etwas, das wie schwarze Löcher aussieht, die beieinanderliegende Brane durch eine Röhre aus verzerrter Raumzeit verbinden, wobei die Schwerkraft der einen Bran die anderen anzieht. Und du fragst dich, ob in diesen Branen vielleicht auch Menschen leben … Vielleicht sind schwarze Löcher ja die Verbindung zwischen deiner und ihrer Welt? Könnte die Singularität, die du nicht erreicht hast, in eine andere Welt führen? Könnte die Entstehung unserer Bran, unserer Raumzeit, mit der Kollision mit anderen, bereits existierenden Branen in Zusammenhang stehen? Könnte man schwarze Materie und dunkle Energie durch die Existenz von Branen erklären?

Du schaust auf das Universum, das du eben verlassen hast. Anscheinend läuft die Zeit auf einmal anders, und du kannst beobachten, wie überall innerhalb deiner Bran Blasen aus neuen, inflationären Universen auftauchen. Sie verteilen sich in deiner Welt wie Öltropfen auf einem Teich.

«Wir müssen zurück!», rufst du.

Aber du bist allein. Der Roboter ist nicht mehr zu sehen.

Du tauchst in die nächstgelegene Bran ab, in der Hoffnung, dass es deine ist.

Und du wirst langsam wieder groß.

Die anderen Brane sind wieder unsichtbar, und die Strings, die womöglich deine Realität bilden, verschwinden in der Ferne.

Dich umgeben Quarks und Gluonen, dann Protonen und Elektronen, dann Atome und Moleküle. Staub. Sand. Meer.

Du schlägst die Augen auf.

Du bist an einem einsamen Strand.

Genau an dem Ort, an dem du deine Reise begonnen hast.

Die Sterne funkeln.

Ein sanfter Wind weht dir den Duft exotischer Blumen zu.

Deine Freunde sind da, sie lächeln dich an.

«Er ist wach!», sagt einer. «Gib ihm einen Drink!»

Du setzt dich verwirrt auf.

Der Drink wird dir gereicht.

Du kneifst dich, es tut weh.

Du trinkst einen Schluck.

Du schaust auf das Meer, die Bäume, die Sterne.

Da sind Gestalten.

Gestalten, die sich am Nachthimmel bilden. Gesichter.

Newton, Maxwell, Einstein, Planck, Schrödinger, Dirac, Feynman, Hawking, 't Hooft, Weinberg, Maldacena, Witten.

Und zahllose andere.

Sie lächeln, sie schauen dich an.

Du möchtest mit ihnen reden, aber sie wenden sich um und betrachten lieber die Weite des Weltraums.

Und dann verschwinden sie in den Sternen.

Und auch die Sterne verschwinden, genauso wie das Meer.

Du blinzelst.

Du bist wieder zuhause, auf deinem Sofa.

Das Fenster steht offen.

Du setzt dich auf, schaust dich um.

Dein Kaffee ist noch da, er steht auf dem Tisch.

Du kneifst dich nochmal. Es tut immer noch weh.

Du trinkst einen Schluck, um wach zu werden.

Der Kaffee und dein Wohnzimmer haben die Ausgleichtemperatur erreicht.

Du spuckst den kalten Kaffee aus.

«Alles … alles in Ordnung», sagst du dir, doch du greifst zugleich nach deinem Telefon, um deine Großtante anzurufen. Nur zur Sicherheit.

Und dann blinzelst du nochmal.

Epilog

Seit jeher haben die Philosophen und später die Physiker versucht, sich ein Bild von der Welt zu machen. Um deren Gesetze zu enthüllen, die Naturgesetze, von denen wir alle wissen, dass es sie gibt, deren Sprache uns aber lange ein Buch mit sieben Siegeln war, haben sie sich vorgestellt, sie befänden sich in Situationen, die physikalisch nicht möglich und daher auch experimentell nicht herstellbar waren. Solche Erfahrungen werden als *Gedankenexperimente* bezeichnet.

Du hast beim Lesen dieses Buches eine Reihe solcher Gedankenexperimente gemacht, in denen du durch das Universum reisen konntest, soweit es heute bekannt ist, und sogar darüber hinaus.

Schrödinger hat in einem solchen Experiment gezeigt, wie befremdlich die Welt aussähe, wenn die Quantenregeln für makroskopische, alltägliche Ereignisse gälten. Das Ergebnis war eine Katze, die nicht tot oder lebendig, sondern tot *und* lebendig war. Spinnertes Zeug, scheinbar, aber als richtig erwiesen.

Auch Einstein hat Gedankenexperimente gemacht. Um sich beispielsweise vorzustellen, wie die Wirklichkeit aussähe, wenn die Lichtgeschwindigkeit eine unüberschreitbare Höchstgeschwindigkeit wäre, setzte er sich im Geiste auf ein Photon, schaute von dort aus auf die Welt – und geboren war die spezielle Relativitätstheorie, die uns sagt, dass ein Flugzeug, das so schnell unterwegs wäre wie das, mit dem du geflogen bist, 400 Jahre in der Zukunft landen würde. Auch das hat sich als richtig erwiesen.

Seit mehr als einem Jahrhundert hat Phantasie (die sich allerdings nicht auf den gesunden Menschenverstand stützte, dem unsere Spezies ihr Überleben bis heute verdankt) zu Entdeckungen der Naturwissenschaft geführt.

Am 11. Februar 2016 tat eine von mehr als tausend Forschern

aus aller Welt unterzeichnete wissenschaftliche Arbeit kund, dass die Fähigkeit der Menschheit, in die Vergangenheit und die Gegenwart unseres Universums zu blicken, in ein neues Zeitalter eingetreten sei.

Zum allerersten Mal waren Wellen registriert worden, die sich durch das Gewebe unseres Universums ausbreiten, aber keine Lichtwellen sind. Einstein hatte sie 1916 postuliert, und einen indirekten Beweis für ihre Existenz hatten 1974 die amerikanischen Physiker Russell Hulse und Joseph Taylor gefunden (wofür sie 1993 den Nobelpreis erhielten); die Wellen selbst aber hatten sich der Wahrnehmbarkeit entzogen. Bis jetzt.

Dank Einsteins hundert Jahre altem Postulat haben wir ein neues Instrument, um ins Weltall zu spähen. Ein Instrument, das nicht auf Licht reagiert, sondern auf Gravitationswellen, kleine Deformationen von Raum und Zeit, die mit Lichtgeschwindigkeit durch alles und jedes hindurchschießen – auch durch die Erde, auch durch dich. Sie bringen die Zeit und uns und alles andere zum Vibrieren. Die Menschheit war immer blind für sie, aber sie ist es nicht mehr.

Einstein war nicht der einzige große Naturwissenschaftler mit Phantasie. Die Gesichter, die du nach dem Erwachen am Strand in den Sternen gesehen hast, waren die Gesichter der Giganten der Vergangenheit und Gegenwart. Es waren so viele, dass ich längst nicht alle nennen konnte, aber es waren die Menschen, deren Vermächtnis uns die Welt von Minute zu Minute besser kennen und größer erscheinen lässt. Sie haben die Geschichte unserer Spezies erzählt, haben Seite für Seite das Buch verfasst, in dem geschrieben steht, was wir heute über unsere Wirklichkeit wissen. Die meisten von ihnen sind der breiten Öffentlichkeit unbekannt, sie sind aber gleichwohl wichtig.

Wenn du dich an den Anfang deiner Reise erinnerst, wird dir zwar klar, dass du keinen Weg gefunden hast, wie die Erde vor der unvermeidlich kommenden Explosion der Sonne – oder auch nur vor all den Katastrophen, die davor geschehen können – zu schützen wäre. Du hast aber die Mittel entdeckt, die uns das ermöglichen und unser Überleben sichern werden: unsere Gehirne, unseren Geist, unsere Phantasie und die Naturwissenschaft.

Du hast auch gesehen, dass es zahllose andere Planeten im All gibt, die uns eines Tages willkommen heißen könnten. Nach heutigem Wissen ist es unmöglich, innerhalb der Dauer eines Lebens – oder auch der Dauer von tausend Leben – von einem Bereich des Universums in einen anderen zu gelangen. Dir war es nur im Geiste möglich. Aber noch vor einigen Generationen war man von Europa nach Australien Monate unterwegs. Heute ist das eine Sache von einigen Flugstunden. Wir wissen nicht, was uns die Technologie von morgen bringen wird. Wir wissen auch nicht, wozu wir eines Tages dank der allgemeinen Relativitätstheorie imstande sein werden. Bisher hat sie uns, wie erwähnt, nur GPS beschert. Morgen ermöglicht sie uns vielleicht, Abkürzungen in der Raumzeit zu finden, die sogenannten *Wurmlöcher*, die zwei voneinander weit entfernte Orte so miteinander verbinden könnten, dass man nicht die viel zu großen Entfernungen überbrücken müsste, die sie sonst voneinander trennen.

Wir haben es geschafft, über die Wolken hinaus zum Mond zu fliegen und Roboter zum Rand des Sonnensystems zu schicken. Über diesen Rand hinaus hat die Menschheit immerhin *gesehen*, und du selbst hast in einer Reihe von Gedankenexperimenten alles erkundet, was bekannt und unbekannt ist. Auf diesen Geistreisen hast du dir das gesamte Wissen der theoretischen Physik des frühen 21. Jahrhunderts angeeignet.

Das eine oder andere von dem, was du auf diesen Reisen gelernt hast, kann sich zwar als falsch erweisen: Dunkle Materie, dunkle Energie, Parallelwelten und -wirklichkeiten sind Vorstellungen, die am Ende vielleicht aufgegeben werden. Es sind aber die wirkungsmächtigsten Vorstellungen unserer Zeit. Sie repräsentieren den gegenwärtigen Versuch der Menschheit, sich einen Reim auf unser Universum zu machen. In einigen Jahrhunderten wird man all das vielleicht verworfen oder als richtig erwiesen haben. Wir wissen es nicht. Doch heute zu leben bedeutet, von diesen außergewöhnlichen Vorstellungen umgeben zu sein. Bevor ich es dir überlasse, dir alles noch einmal selbst anzusehen, hier eine letzte Zusammenfassung dessen, was du gesehen hast, und ein bisschen mehr.

Wie du weißt, hat Newton nicht die ultimative Theorie der Natur, die sogenannte Theorie von Allem («Weltformel»), die ich erwähnt habe, aufgestellt (sie fehlt noch immer; doch könnte die Stringtheorie eine Kandidatin dafür sein). Newtons Theorie erklärt nicht einmal die seltsame Umlaufbahn des Merkur um die Sonne, geschweige denn die Expansion der Raumzeit. Sie ist also in gewissem Sinne falsch. Dennoch ist sie brillant. Man kann sie sogar als vollkommen bezeichnen: Wir wissen, was sie leistet, wissen aber auch, wo ihre Grenzen liegen und warum das so ist. Wir können von ihr in einem Bereich Gebrauch machen, der von unserem menschlichen Hirn erfasst werden kann: in einem Bereich, der zwischen dem sehr Großen und dem sehr Kleinen liegt und Geschwindigkeiten und Energien betrifft, die nicht zu groß sind. Die Welt, die wir erfahren, die Welt, die wir infolge der Evolution durch unsere Sinne wahrnehmen, liegt innerhalb der Grenzen von Newtons Theorie. Unser gesunder Menschenverstand ist darin verankert.

Es gibt aber Dinge, die jenseits dieser Grenzen liegen: im sehr Schnellen, im sehr Kleinen, im sehr Großen und im sehr Energiereichen. In diesem Jenseits sind Newtons Gesetze unbrauchbar und unsere Sinne keine Hilfe. Dennoch ist es der Menschheit gelungen, die Naturgesetze zu enthüllen, die in Bereichen gelten, die wir nicht sehen können. Die Quantenfeldtheorien gelten in den Bereichen des sehr Kleinen und des sehr Schnellen, während die allgemeine Relativitätstheorie ebenfalls für das sehr Schnelle und darüber hinaus für das sehr Große und das energetisch sehr Dichte zuständig ist. Zwischen diesen Bereichen ist Newton King. Doch wo Newton nicht zu gebrauchen ist, werden merkwürdige neue Phänomene entdeckt und vermutet, die darauf hindeuten, dass bisher unbekannte geheimnisvolle Wirklichkeiten an die uns vertraute angrenzen.

Die Quantenfeldtheorien und die allgemeine Relativitätstheorie haben uns die Augen und den Verstand für ein Universum geöffnet, das weit größer ist, als irgendeiner unserer Vorfahren es sich vorgestellt hat. Aber auch diese Theorien haben Grenzen, selbst wenn – anders als im Fall von Newtons Theorie – niemand genau weiß, was jenseits dieser Grenzen liegt. Du hast dich in meinem Buch in den Vorstellungswelten dieser außerordentlich erfolgreichen Theorien bewegt und im letzten Teil einen vorsichtigen Schritt darüber hinaus getan. Du hast ein Universum betreten, dessen elementare Bestandteile Strings und Branen sind, ein Universum aus multiplen Wirklichkeiten und Möglichkeiten, aus Quantenvakua, die zu seltsamen Gesetzen in Universen führen, die sich von unserem unterscheiden.

Einsteins großartige Vision war, dass die Schwerkraft nicht ist, wofür Newton sie gehalten hatte. Und es gelang ihm zu beweisen, dass sie auf Krümmungen und Gefällen beruht. Schwerkraft, Materie und Energie hängen sehr direkt miteinander zusammen: Der Stoff unseres Universums, die sogenannte Raumzeit, weist Krümmungen auf, die von dem hervorgebracht werden, was sie enthält. Auf Objekte und Licht, sofern in der Nähe befindlich, haben diese Krümmungen den Effekt, den wir als Schwerkraft bezeichnen und erfahren. Das ist es, was die allgemeine Relativitätstheorie besagt. Sie ist jetzt gut hundert Jahre alt. Um die lokale Form des Universums außerhalb eines Sterns zu bestimmen, um herauszufinden, wie sich dessen Schwerkraft auf seine Umgebung auswirkt, braucht man nur zu wissen, wie viel Energie der Stern enthält. Viele Wissenschaftler haben diese Rechnung angestellt, als Erster der deutsche Physiker Karl Schwarzschild.

1915, im selben Jahr, in dem Einstein seine Theorie veröffentlichte, die damals nur eine Handvoll Männer und Frauen auf der ganzen Welt verstanden, errechnete Schwarzschild die genaue Geometrie der Raumzeit außerhalb eines Sterns. Es war das zweite Jahr des Ersten Weltkriegs, und der 43-jährige Schwarzschild vollbrachte seine Großtat als Soldat an der russischen Front. Monate später erlag er einer Krankheit, die er sich dort geholt hatte. Kriege haben viel zu vielen Menschen das Leben gekostet, darunter genialen Köpfe wie Schwarzschild, die unserem Verständnis der Welt hätten früher auf die Sprünge helfen können, wären sie am Leben geblieben.

Immerhin, Schwarzschilds Arbeit machte es möglich zu errechnen, wie Objekte und Licht sich um einen Stern herum bewegen. Sie erbrachte die korrekte Umlaufbahn des Merkur und bewies, dass sogar das Licht von der Sonne abgelenkt wird – oder werden müsste. Tatsächlich entdeckte eine von dem britischen Astronomen Sir Arthur Eddington geleitete Expedition 1919 eine solche (vorher unbemerkt gebliebene) Ablenkung. Während einer totalen Sonnenfinsternis aufgenommene Fotos zeigten, dass die Sterne nahe der Sonne nicht dort zu sehen waren, wo man sie erwartet hatte, sondern genau dort, wo sie laut Einsteins Theorie aufgrund der Ablenkung des Lichts durch die von der Sonne bewirkte Deformation der Raumzeit erscheinen mussten. Auch das Licht unterliegt der Schwerkraft.

Bald nach Schwarzschilds Tod wurde dasselbe Verfahren auf noch größere Objekte, auf Galaxien angewandt, was zu der These führte, dass es in entfernten Bereichen des Universums schwebende Lichtbögen – seltsame kosmische Chimären – geben müsse. Es handelte sich um Bilder von noch weiter entfernten Galaxien, deren Licht auf dem Weg zu uns abgelenkt wurde. Galaxien wirkten demnach wie kosmische Linsen, die uns erlaubten, hinter sie zu sehen: weiter, tiefer in die Geschichte des Universums hinein. Entdeckt wurden solche Linsen und Chimären erst 1979, mehr als sechzig Jahre nach der Veröffentlichung von Einsteins Arbeit. Sie sind jetzt auf fast jedem Bild von den Tiefen des Alls zu sehen, das mit unseren Teleskopen gemacht wurde. Und sie zeigen, dass Einsteins geometrische Interpretation der Schwerkraft nicht nur für den unmittelbaren Umkreis der Sonne zutrifft, sondern für das gesamte Weltall.

Wir verdanken der allgemeinen Relativitätstheorie ein neues Bild vom Universum.

Danach ist das, was wir um uns herum sehen, nichts anderes als die Gesamtheit der Informationen, die uns jetzt, in diesem Augenblick, aus der Vergangenheit erreichen. Wir befinden uns im Zentrum der für uns sichtbaren Wirklichkeit, die mit Ausnahme dessen, was in den schwarzen Löchern ist, in vollem Umfang Einsteins Gesetz gehorcht. Im ganzen sichtbaren Universum herrschen dieselben Gesetze, die in unserer kosmischen Nachbarschaft gelten. Die Materie, aus der wir bestehen, und das Licht, das unsere Haut reflektiert, all das gehorcht, überall im für uns sichtbaren Universum, denselben Quantengesetzen.

Die Übertragung der um uns herum geltenden Gesetze auf die entfernten Bereiche des Universums führte zu der Entdeckung, dass unser Universum eine Geschichte hat, dass es einen Urknall gab und dass man von den kosmisch vergangenen Zeitaltern in den Sternen lesen kann: dass im Buch des Universums bis zu dem Zeitpunkt zurückgeblättert werden kann, an dem sich Licht erstmals ausbreiten konnte. Wir bezeichnen diesen Augenblick, diesen Ort in der Vergangenheit des Universums, da die Raumzeit so groß geworden war, dass Licht sich frei auf den Weg machen konnte, als Fläche der letzten Streuung. Das Universum war 3000 °C heiß, als sie verschwand. Was geblieben ist von der damaligen Temperatur, wird als *kosmischer Mikrowellenhintergrund* bezeichnet. Er enthält Spuren dessen, was vorher war.

Was noch weiter zurückliegt, lässt sich durch Betrachten des Nachthimmels nur indirekt erschließen. Vielleicht machen wir eines Tages von unseren neuen Augen, den Gravitationswellendetektoren, Gebrauch, um weiter entfernte Signale zu empfangen, aber noch können wir das nicht. Bis dahin müssen wir, um zu verstehen, was geschah, die Bedingungen rekonstruieren, die einst im extrem winzigen Volumen des damaligen Universums herrschten.

Seit den 1970er Jahren haben das Teilchenbeschleuniger geleistet. Diese Versuche waren so erfolgreich, dass unser Vertrauen in die Richtigkeit der Theorien, mit denen wir die Welt der Teilchen und des Lichts erforschen, heute größer ist als je zuvor. Die Quantenfeldtheorien haben uns ein überaus brauchbares Bild dessen verschafft, woraus unser Universum besteht und bestand, bis zurück zu dem Zeitpunkt eines Milliardstels eines Milliardstels einer Milliardstelsekunde nach dem Anfang von Raum und Zeit, den Einsteins allgemeine Relativitätstheorie postuliert hatte.

Seit den 1970er Jahren wissen wir aber auch, dass die allgemeine Relativitätstheorie Grenzen hat. Es bedarf also einer – *mindestens* einer – neuen Theorie: einer Theorie der Quantengravitation. Wie diese Theorie aussehen wird, wissen wir noch nicht genau. Aber wir wissen, dass sie in der Luft liegt. Die Verdunstung schwarzer Löcher wird der Schlüssel sein.

Als du dich klein machtest, um herauszufinden, wo der Schlüssel für diese neue Theorie liegen könnte, hast du eine völlig neue Wirklichkeit betreten, eine Wirklichkeit, die aus Strings, Branen und anderen Dimensionen bestand. Das war ein Schritt in die Stringtheorie, die vielleicht bekannteste Kandidatin für eine Theorie der Quantengravitation oder für eine Theorie von Allem (Weltformel), obwohl es noch Hypothesen zu formulieren gilt, die experimentell überprüft werden könnten.

Auf dem Gebiet dieser Theorie von Strings und Branen, die gelegentlich als *M-Theorie* bezeichnet wird, musste der Roboter seinen Dienst als Führer durch den Raum, die Zeit und das Jenseits von beiden quittieren, denn du hattest eine Welt betreten, in die dir selbst die leistungsstärksten Supercomputer, die die Menschheit entwickelt hat, nicht folgen können. Nur der menschliche Geist kann sie betreten. Dort bist du endlich frei, über die Welt, in der du lebst, herauszufinden, was immer du willst.

Es gibt kaum einen Zweifel, dass künftige Entdeckungen theoretischer und experimenteller Natur weiter reichen werden als unser heutiges Wissen und dass sie Fenster auf ein Universum öffnen werden, das noch außergewöhnlicher ist als alles, was sich irgendjemand heute vorstellen kann. Die allgemeine Relativitätstheorie und die Quantenfeldtheorien werden dann vielleicht so vollkommen sein wie Newtons Theorie, weil wir wissen werden, warum sie versagen, wo sie versagen, und was für die Bereiche jenseits ihrer Grenzen zuständig ist. Einstweilen sind sie im selben Sinne falsch, wie Newtons Theorie es war.

Aber gerade dort, wo sie falsch sind, ermöglichen sie uns, Blicke ins Unbekannte zu werfen.

So hätten wir ohne Newton die Umlaufbahn des Merkur um die Sonne mit nichts vergleichen können – die leichte Abweichung von den anderen Umlaufbahnen wäre uns verborgen geblieben.

Ohne die Unstimmigkeit zwischen der tatsächlichen Bahn des Merkur und Newtons Berechnung und ohne Newtons Unfähigkeit zu erklären, was geschieht, wenn Objekte sich mit hoher Geschwindigkeit bewegen, hätten wir nicht Einsteins Einsicht in die Interaktion der Raumzeit des Universums mit dem, was sie enthält.

Ohne Einsteins Gleichungen wiederum wüssten wir genauso wenig wie unsere Vorfahren, dass unser Universum eine Geschichte hat.

Wir hätten uns auch kein Bild davon gemacht, wie unser Universum als Ganzes «funktioniert».

Und ohne dieses Bild hättest du weder die dunkle Materie noch die dunkle Energie gefunden.

Falsche Theorien sind notwendig, um richtige zu finden und weiterzukommen. Wo werden wir morgen sein? Was wird unser neues Instrument, der Gravitationswellendetektor, verändern?

Als Galileo Galilei vor 400 Jahren sein Fernrohr, die Weiterentwicklung einer Erfindung des holländischen Brillenmachers Hans Lipperhey, auf den Himmel richtete, wurde er zum Vater der beobachtenden Astronomie.

Er sah, dass der Jupiter Monde hatte, dass es am Himmel also Objekte gab, die etwas umkreisten, was nicht die Erde war.

Das erschütterte ein für alle Mal den jahrtausendealten (Irr-)Glauben, dass sich alles um unseren Planeten drehe, dass die Erde also im Zentrum des Universums stehe, und es bahnte den Weg für die wissenschaftliche Erforschung einer Wirklichkeit, die unermesslich viel größer war, als man je für möglich gehalten hatte.

400 Jahre später sind das Hubble-Weltraumteleskop, Röntgenstrahlenteleskope, UV-Licht- und Radiowellenteleskope sowie andere auf Licht basierende Instrumente das, was einst Galileis Fernrohr war. Sie haben viele den Kosmos betreffende Fragen beantwortet und uns schließlich auf den Gedanken gebracht, dass unser Universum nicht immer schon existiert hat.

Licht aber strahlt nicht durch alles hindurch. Wie du nicht sehen kannst, was hinter einer Wand liegt, so können wir meist nicht sehen, was jenseits der Milchstraße oder hinter einer weit entfernten Galaxie liegt, weil Staub und Sterne und manchmal auch andere Galaxien im Weg sind, so dass wir in deren Schatten liegen. Bei den Gravitationswellen ist das anders. Sie werfen keine Schatten (außer hinter schwarzen Löchern). So stehen wir vielleicht vor einer Revolution des Denkens, die ähnlich fundamental sein wird, wie es die von Galilei war: Wir haben ein neues Auge, mit dem wir den Kosmos beobachten können.

Die erste Gravitationswelle, die jemals registriert wurde, war die verräterische Spur der Verschmelzung zweier schwarzer Löcher. Wir hatten keinen Beweis dafür, dass schwarze Löcher einander umkreisen, geschweige denn miteinander verschmelzen können. Diese Entdeckung ist allein schon einen Nobelpreis wert.

Wir werden in den kommenden Monaten und Jahren ohne Zweifel weitere schwarze Löcher finden, vielleicht überall und in den verschiedensten Größen, und unsere Theorien über das Leben dieser merkwürdigen kosmischen Monster – von ihrer Geburt bis zu ihrem Tod – werden sich endlich bewähren müssen. Zwar wird das *Innere* schwarzer Löcher weiterhin nicht erforschbar sein (auch Gravitationswellen können diese Löcher nicht verlassen, wenn sie einmal darin gefangen sind), doch kann jetzt ihre Oberfläche, ihr Horizont untersucht werden. Nach dem im September 2015 aufgefangenen Signal scheint es heute schon so, dass die Menschheit in Bezug auf einige Eigenschaften schwarzer Löcher richtig lag, was darauf hindeutet, dass die *theoretischen* schwarzen Löcher den *realen* entsprechen: Größe und Form hängen nur von sehr wenigen Parametern ab, nämlich von der Masse der Löcher, von ihrer Ladung und davon, wie sie sich um sich selbst drehen. Dieser Sachverhalt ist bekannt als das «Schwarze Löcher haben keine Haare»-Theorem *(black hole no hair theorem)*.

Aufgestellt (und so genannt) hat es vor gut fünfzig Jahren John Archibald Wheeler, der brillante Physiker, der die Doktorarbeiten von Richard Feynman und Hugh Everett III betreute, wie auch die von Kip Thorne, einem der Väter des LIGO-Detektors, der diese Wellen aufgefangen hat.

Dank des «Keine-Haare»-Theorems werden uns Kollisionen schwarzer Löcher und andere Stürme der Raumzeit erlauben, die Größe ferner Distanzen abzuschätzen, und uns eine unabhängige Möglichkeit an die Hand geben, zu verifizieren, was wir bisher – auf der Basis von Licht – nur erschließen konnten. Das Wesen dunkler Materie ist immer noch ebenso unbekannt wie die Antwort auf die Frage, ob es dunkle Energie gibt. Wir dürften bald Genaues wissen.

Wenn du dich jetzt fragst, ob man mit *allem* rechnen muss: Das frage ich mich auch! Werden wir den Beweis für die Existenz von Extradimensionen erhalten? Werden wir etwas finden, an das wir nie gedacht haben? Hoffentlich! Wir haben uns gerade ein neues Auge zugelegt, und das Beste, was ein neues Auge erblicken kann, ist das Unerwartete, das Unvorhersehbare, das uns neue zu lösende Rätsel bescheren wird.

Ende 2017 dürften drei Gravitationswellendetektoren funktionieren und simultan in Betrieb sein: zwei in den Vereinigten Staaten (LIGO) und einer in Italien (VIRGO). Bis auf weiteres können sie nur Gravitationswellen entdecken, deren Quellen nicht mehr als 1,5 Milliarden Lichtjahre entfernt sind. In einem Jahr sollten ihre Fühler dreimal so weit reichen. Daneben gibt es noch das LISA-Projekt, eine Gravitationswellenantenne der ESA im All, die weitaus leistungsfähiger sein wird als LIGO und VIRGO. Ihr Bau wird jetzt zweifellos einen neuen Schub erhalten. Mein Traum ist, dass LISA durch die lichtundurchlässige Zone der turbulenten Kindheit unseres Universums hindurch Wellen entdecken wird, deren Ursprünge jenseits der Fläche der letzten Streuung liegen. Das würde es uns ermöglichen – seien wir optimistisch –, die Aufblähungsphase des Weltalls (wenn es sie gab), die schwarzen Löcher, die unmittelbar danach entstanden, und – wer weiß? – sogar den Urknall zu «sehen». Oder, noch besser, etwas ganz anderes. Vielleicht werden einige falsche Annahmen widerlegt, und wir stoßen dafür auf eine neue richtige. Wenn du das nächste Mal den Mond und die Sterne betrachtest, wirst du dich hoffentlich erinnern, wie merkwürdig und groß und schön unser Universum ist. Denn indem wir verborgenen Schönheiten und Geheimnissen nachjagen, erweitern wir unser kollektives Wissen. Und so werden wir auch den Weg zum langfristigen Überleben unserer Spezies finden.

Danksagung

Ein Buch zu schreiben ist nicht leicht. Es ist aber auch, was nicht so oft bedacht wird und doch genauso wahr ist, ein egoistisches Unterfangen.

Dass sie mir erlaubt hat, es zu schreiben, und mich dabei während der ganzen Zeit unterstützt hat, dafür bin ich Lauren, meinem schönen, immer strahlenden Wunder aus Sternenstaub, unendlich dankbar.

Ein Buch zu schreiben ist eine Sache, es zu veröffentlichen eine andere. Ich habe vielen Menschen zu danken. In chronologischer Reihenfolge:

Philippa Donovan von Smart Quill Editorial. Nachdem sie das Exposé zu meinem bescheidenen Projekt (ein «leicht lesbares, populärwissenschaftliches Buch über alles» zu schreiben, «was über unser Universum bekannt ist, von vor dem Urknall bis heute») gelesen hatte, warf sie es nicht umstandslos in den Papierkorb, sondern machte mich mit dem besten Agenten aller Zeiten bekannt.

Antony Topping von Greene & Heaton Literary Agency ist dieser beste Agent aller Zeiten. Und auch der beste Freund, den ein Buch oder ein Autor sich wünschen kann.

Jon Butler, der hoffentlich genauso gut weiß wie ich, wie viel dieses Buch ihm verdankt. Seine Beiträge waren kreativ, inspirierend, einfühlsam, scharfsinnig und vor allem verständnisvoll. Ich bin froh, dass wir noch ein paar ungeklärte theoretische Probleme zu diskutieren haben, und hoffe, dass wir das bei dem einen oder anderen Bier auch tun werden.

Kate Rizzo von Greene & Heaton Literary Agency, der es zu verdanken ist, dass dieses Buch um die Welt gehen wird. Und vielleicht darüber hinaus!

Dem ganzen Team von Macmillan für seinen Esprit und seinen Enthusiasmus. Ohne **Robin Harvie**, **Nicholas Blake** und **Will Atkins** wäre *Das Universum in deiner Hand* niemals so lesbar geworden, wie es ist, und ich wäre nicht so stolz darauf, wie ich es bin.

Bevor ich **Stephen Hawking**, meinem Doktorvater, ein Exemplar dieses Buches überreichen konnte, musste ich sicherstellen, dass der Text keine Fehler mehr enthielt, und ich danke meinen Freunden aus der Wissenschaft, die großzügigerweise bereit waren, einen Teil ihrer kostbaren Zeit dem inhaltlichen Korrekturlesen zu widmen: **David Tong**, Professor für theoretische Physik an der Cambridge University; **James Sparks**, Professor für mathematische Physik an der Oxford University; **Andrew Tolley**, Assistenzprofessor für Physik an der Case Western Reserve University; **Cristiano Germani**, Ramón-y-Cajal-Forscher am Institut de Ciències del Cosmos der Universitat de Barcelona. Ich bin Ihnen allen zu Dank verpflichtet.

Es versteht sich von selbst, dass für jeden Fehler, der es ins veröffentlichte Buch geschafft haben sollte, ich allein verantwortlich bin.

Nachdem ich Ihnen, **Stephen Hawking**, ein Exemplar des Buches überreichen durfte, möchte ich diese Gelegenheit nutzen, um zum Ausdruck zu bringen, wie ehrenvoll es für mich ist, Ihnen danken zu dürfen: Sie haben mich mit den Wundern der theoretischen Physik bekannt gemacht. Was ich über unsere Wirklichkeit erfahren habe, habe ich zu allererst von Ihnen erfahren. Sie haben mir beigebracht, über unsere schöne Welt nachzudenken – eine Welt, die um so schöner ist, weil es Menschen gibt wie Sie!

Quellen

Bei einem Buch wie *Das Universum in deiner Hand* ist es schwer zu sagen, woher genau der Inhalt stammt. Ich habe die Theorien nicht entwickelt, aber ich habe mir alle Mühe gegeben, sie zu erläutern.

Ich denke, der größte Teil des Materials geht auf Lehrbücher für Fortgeschrittene und auf Diskussionen zurück, die ich mit Stephen Hawking und anderen brillanten Lehrern führen durfte.

Was ich weiß, basiert aber zweifellos auch auf Vorlesungen und Vorträgen, die ich in meiner Zeit am Department of Applied Mathematics and Theoretical Physics (DAMTP) der Cambridge University gehört habe, am California Institute of Technology (Caltech) in Pasadena und am Kavli Institute of Theoretical Physics in Santa Barbara, wo ich jedes Jahr etwa einen Monat mit Stephen und seinen anderen Doktoranden (Thomas Hertog, James Sparks and Oisín Mac Conamhna) verbrachte. Ich kann nicht alle wissenschaftlichen Artikel auflisten, die ich während der Arbeit an *Das Universum in deiner Hand* auf arXiv.org gelesen habe – es wären viel zu viele.

Ich führe aber im Folgenden, ohne Anspruch auf Vollständigkeit, einige bemerkenswerte Lehrwerke an, die ich oft zu Rate gezogen habe. Es handelt sich wohlgemerkt nicht um leicht lesbare, populärwissenschaftliche Bücher. Sie sind aber phantastisch, und weil sie für mich so wichtig waren, möchte ich sie hier nennen:

Birrell, N. D.; P. C. W. Davies: *Quantum Fields in Curved Space*, Cambridge (Cambridge University Press) 1984.

Chandrasekhar, Subrahmanian: *The Mathematical Theory of Black Holes*, New York (Oxford University Press) 1998.

Frolov, Valeri P.; Igor D. Novikov: *Black Hole Physics: Basic Concepts and New Developments*, Dordrecht (Springer) 1998.

Gibbons, Gary W.; Stephen W. Hawking (Hgg.): *Euclidean Quantum Gravity*, Singapur (World Scientific) 1993.

Green, Michael B.; John H. Schwarz; Edward Witten: *Superstring Theory* (2 Bde.), Cambridge (Cambridge University Press) 1987.

Hawking, Stephen W.; George R. Ellis: *The Large Scale Structure of Space-Time*, London (Cambridge University Press) 1975.

Misner, Charles W.; Kip S. Thorne; John Archibald Wheeler: *Gravitation*, San Francisco (W. H. Freeman) 1973.

Peskin, Michael E.; Daniel V. Schroeder: *An Introduction to Quantum Field Theory*, Reading (Addison-Wesley) 1995.

Polchinski, Joseph Gerard: *String Theory* (2 Bde.), Cambridge (Cambridge University Press) 2000.

Rovelli, Carlos: *Quantum Gravity*, Cambridge (Cambridge University Press) 2007.

Wald, Robert M.: *General Relativity*, Chicago (University of Chicago Press) 1984.

Weinberg, Steven: *The Quantum Theory of Fields* (3 Bde.), Cambridge (Cambridge University Press) 1995.

Zee, Anthony: *Quantum Field Theory in a Nutshell*, Princeton (Princeton University Press) 2010.

Abbildungsnachweis:

Seite 71: © akg-images/Emilio Segre Visual Archives/American Institute of Physics/Science Photo Library